教育部高等学校电子信息类专业教学指导委员会规划教材

高等学校电子信息类专业系列教材·新形态教材

电路与模拟电子技术基础

（第2版）

杨凌　主编

高晖　张同锋　杜娟　副主编

清华大学出版社

北京

内 容 简 介

本书较为精练地整合了"电路理论"和"模拟电子技术"两门课程,主要内容包括:绪论、直流电路、正弦交流电路、常用半导体器件、放大电路基础、集成运算放大器、负反馈及其稳定性、集成运算放大器的应用、直流稳压电源、在系统可编程模拟器件及其开发平台。

本书在内容选取上本着"电路"为"模拟电子技术"服务的原则,兼顾深度和广度,力求具有较宽的覆盖面并保证合理的深度;注重基础理论的同时兼顾技术的先进性;体系结构新颖,文字简练流畅;例题和习题富有思考性和启发性,并在书后附有部分习题参考答案。

本书适合作为高等学校计算机科学与技术、人工智能、机械电子工程等专业的"电路与模拟电子技术""模拟电子技术基础"等课程的教材,也适合作为高等职业院校电子类专业相关课程的参考教材。

图书在版编目(CIP)数据

电路与模拟电子技术基础/杨凌主编. —2 版. —北京:清华大学出版社,2022.3(2024.8重印)

高等学校电子信息类专业系列教材·新形态教材

ISBN 978-7-302-59362-1

Ⅰ. ①电⋯　Ⅱ. ①杨⋯　Ⅲ. ①电路理论－高等学校－教材 ②模拟电路－电子技术－高等学校－教材　Ⅳ. ①TM13 ②TN710

中国版本图书馆 CIP 数据核字(2021)第 210644 号

策划编辑:盛东亮
责任编辑:钟志芳
封面设计:李召霞
责任校对:时翠兰
责任印制:刘　菲

出版发行:清华大学出版社

网　　　址:https://www.tup.com.cn,https://www.wqxuetang.com
地　　　址:北京清华大学学研大厦 A 座　　　邮　　编:100084
社 总 机:010-83470000　　　　　　　　　　邮　　购:010-62786544
投稿与读者服务:010-62776969,c-service@tup.tsinghua.edu.cn
质量反馈:010-62772015,zhiliang@tup.tsinghua.edu.cn
课件下载:https://www.tup.com.cn,010-83470236

印 装 者:三河市铭诚印务有限公司
经　　销:全国新华书店
开　　本:185mm×260mm　　　印　　张:18.25　　　字　　数:441 千字
版　　次:2017 年 12 月第 1 版　2022 年 4 月第 2 版　　印　　次:2024 年 8 月第 4 次印刷
印　　数:4201～5400
定　　价:59.00 元

产品编号:089111-01

高等学校电子信息类专业系列教材

序
FOREWORD

  我国电子信息产业销售收入总规模在 2013 年已经突破 12 万亿元,行业收入占工业总体比重已经超过 9%。电子信息产业在工业经济中的支撑作用凸显,更加促进了信息化和工业化的高层次深度融合。随着移动互联网、云计算、物联网、大数据和石墨烯等新兴产业的爆发式增长,电子信息产业的发展呈现了新的特点,电子信息产业的人才培养面临着新的挑战。

  (1) 随着控制、通信、人机交互和网络互联等新兴电子信息技术的不断发展,传统工业设备融合了大量最新的电子信息技术,它们一起构成了庞大而复杂的系统,派生出大量新兴的电子信息技术应用需求。这些“系统级”的应用需求,迫切要求具有系统级设计能力的电子信息技术人才。

  (2) 电子信息系统设备的功能越来越复杂,系统的集成度越来越高。因此,要求未来的设计者应该具备更扎实的理论基础知识和更宽广的专业视野。未来电子信息系统的设计越来越要求软件和硬件的协同规划、协同设计和协同调试。

  (3) 新兴电子信息技术的发展依赖于半导体产业的不断推动,半导体厂商为设计者提供了越来越丰富的生态资源,系统集成厂商的全方位配合又加速了这种生态资源的进一步完善。半导体厂商和系统集成厂商所建立的这种生态系统,为未来的设计者提供了更加便捷却又必须依赖的设计资源。

  教育部 2012 年颁布了新版《高等学校本科专业目录》,将电子信息类专业进行了整合,为各高校建立系统化的人才培养体系,培养具有扎实理论基础和宽广专业技能的、兼顾“基础”和“系统”的高层次电子信息人才给出了指引。

  传统的电子信息学科专业课程体系呈现“自底向上”的特点,这种课程体系偏重对底层元器件的分析与设计,较少涉及系统级的集成与设计。近年来,国内很多高校对电子信息类专业课程体系进行了大力度的改革,这些改革顺应时代潮流,从系统集成的角度,更加科学合理地构建了课程体系。

  为了进一步提高普通高校电子信息类专业教育与教学质量,贯彻落实《国家中长期教育改革和发展规划纲要(2010—2020 年)》和《教育部关于全面提高高等教育质量若干意见》(教高〔2012〕4 号)的精神,教育部高等学校电子信息类专业教学指导委员会开展了“高等学校电子信息类专业课程体系”的立项研究工作,并于 2014 年 5 月启动了“高等学校电子信息类专业系列教材”(教育部高等学校电子信息类专业教学指导委员会规划教材)的建设工作。其目的是推进高等教育内涵式发展,提高教学水平,满足高等学校对电子信息类专业人才培养、教学改革与课程改革的需要。

  本系列教材定位于高等学校电子信息类专业的专业课程,适用于电子信息类的电子信息工程、电子科学与技术、通信工程、微电子科学与工程、光电信息科学与工程、信息工程及其相近专业。经过编审委员会与众多高校多次沟通,初步拟定分批次(2014—2017 年)建设约 100 门课程教材。本系列教材将力求在保证基础的前提下,突出技术的先进性和科学的前沿性,体现创新教学和工程实践教学;将重视系统集成思想在教学中的体现,鼓励推陈出新,采用"自顶向下"的方法编写教材;将注重反映优秀的教学改革成果,推广优秀的教学经验与理念。

为了保证本系列教材的科学性、系统性及编写质量,本系列教材设立顾问委员会及编审委员会。顾问委员会由教指委高级顾问、特约高级顾问和国家级教学名师担任,编审委员会由教育部高等学校电子信息类专业教学指导委员会委员和一线教学名师组成。同时,清华大学出版社为本系列教材配置优秀的编辑团队,力求高水准出版。本系列教材的建设,不仅有众多高校教师参与,也有大量知名的电子信息类企业支持。在此,谨向参与本系列教材策划、组织、编写与出版的广大教师、企业代表及出版人员致以诚挚的感谢,并殷切希望本系列教材在我国高等学校电子信息类专业人才培养与课程体系建设中发挥切实的作用。

吕志伟 教授

前 言
PREFACE

本书是在第 1 版使用的基础上，密切跟踪学科发展态势，充分考虑人工智能等专业相关课程的教学需求，并广泛听取多所院校用书师生的反馈意见，总结提高、修改增删而成的。

除继续保持第 1 版的特点外，在修订时，本着"必需"和"够用"的原则，制定了"精选内容，优化体系；保证基础，体现先进；突出应用，利于教学"的修订方针。特别注重进一步处理好教材内容"经典与现代""理论与工程""内容多与学时少"的关系，力求使第 2 版更具系统性、先进性和适用性。具体工作如下：

（1）增加了绪论，使读者更为清晰地了解课程所涵盖的电路理论以及电子科学技术的发展脉络。

（2）削弱基本放大电路的知识内容，将 5.5 节、5.7.3 节和 5.7.4 节标记为选讲内容。

（3）进一步突出集成电路，如在第 5 章中增加 5.6.5 节内容，介绍集成功率放大器的相关知识。

（4）加强反馈理论与技术，将第 7 章的标题更改为"负反馈及其稳定性"，同时增加 7.6 节内容，介绍负反馈放大电路的稳定性问题。

（5）弱化与非电专业相关性较小的电路知识，将有源滤波电路（8.2 节）的内容标记为选讲内容。

（6）以 Multisim 14 为例，重新修订附录 A 的内容，介绍 Multisim 14 的新增仿真功能。

（7）除提供全部章节的课件外，针对课程的重点和难点内容，制作了 27 个微课视频，第 2 版以新形态教材呈现。

书中标记为"※"的内容可供使用本书的师生灵活选用。

本书由杨凌任主编，高晖、张同锋和杜娟任副主编。本书的出版获得兰州大学教材建设基金资助，作者在此深表感谢。

由于作者水平有限，书中不妥之处在所难免，敬请读者批评和指正。

作 者

2022 年 1 月

本书常用符号说明

一、电压和电流符号的规定

U_C、I_C	大写字母、大写下标表示直流量
u_c、i_c	小写字母、小写下标表示交流量瞬时值
u_C、i_C	小写字母、大写下标表示交、直流量的瞬时总量
U_c、I_c	大写字母、小写下标表示交流量有效值
U_{cm}、I_{cm}	大写字母、小写下标表示电压和电流交流分量幅值
$\dot{U}_c$、$\dot{I}_c$	大写字母上面加点、小写下标表示正弦相量
ΔU_C、ΔI_C	分别表示直流电压和电流的变化量
Δu_C、Δi_C	分别表示瞬时电压和电流的变化量

二、基本符号

$\dot{A}_u$	电压放大倍数
$\dot{A}_{us}$	源电压放大倍数
$\dot{A}_i$	电流放大倍数
$\dot{A}_{is}$	源电流放大倍数
$\dot{A}_r$	互阻放大倍数
$\dot{A}_g$	互导放大倍数
$\dot{A}_{uf}$、$\dot{A}_{if}$、$\dot{A}_{rf}$、$\dot{A}_{gf}$	分别表示反馈放大电路的电压、电流、互阻、互导放大倍数
A_{ud}	差模电压放大倍数
A_{uc}	共模电压放大倍数
B	三极管的基极
BW	通频带（3dB 带宽）
BW_G	单位增益带宽
C	三极管的集电极
C	电容
C_B、C_D、C_J	分别表示 PN 结的势垒电容、扩散电容和结电容
$C_{b'e}$、$C_{b'c}$	分别表示三极管的发射结电容、集电结电容
D	二极管、场效应管的漏极

D_Z	稳压管
E	三极管的发射极
E	能量
E_{g0}	禁带宽度
$\dot{F}$	反馈系数
f、f_0	分别表示频率、谐振频率
f_L	下限截止($-3dB$)频率
f_H	上限截止($-3dB$)频率
G	场效应管的栅极
G	电导
g_m	低频跨导
I	直流电流或正弦电流的有效值
$\dot{I}$	正弦电流有效值相量
i	交流电流、正弦交流电流瞬时值
I_m	正弦电流最大值
$\dot{I}_m$	正弦电流最大值相量
I_{BQ}、I_{CQ}、I_{EQ}	分别表示三极管的基极、集电极、发射极的直流工作点电流
I_{DQ}	场效应管的漏极直流工作点电流
i_B、i_C、i_E	分别表示三极管的基极、集电极、发射极的总瞬时值电流
i_D	场效应管的漏极总瞬时值电流
i_s	信号源电流,交流电流源电流
I_{IB}	输入偏置电流
I_{IO}	输入失调电流
I_L	三相电路线电流
I_P	三相电路相电流
I_S	PN 结的反向饱和电流,直流电流源电流
I_{DSS}	结型、耗尽型场效应管在 $u_{GS}=0$ 时的 I_D 值
I_D	二极管电流、场效应管的漏极电流
I_F、I_R	分别表示正向电流、反向电流
I_Z	稳压管正常工作时的参考电流
I_{ZM}	稳压管的最大允许工作电流
I_{CBO}	三极管发射极开路时的集电结反向饱和电流
I_{CEO}	三极管基极开路时的穿透电流
I_{CM}	三极管集电极最大允许电流
K_{CMR}	共模抑制比
L	电感
N	电子型半导体
P	空穴型半导体

P	直流功率、正弦交流平均功率(有功功率)
P_{max}	最大平均功率
p	瞬时功率
P_C	三极管集电极耗散功率
P_{CM}	三极管集电极最大允许功耗
P_V	直流电源供给的功率
P_{om}	最大输出功率
q	电荷量
Q	静态工作点、品质因数、无功功率
R、R_s、R_L	分别表示电阻、信号源内阻、负载电阻
R_i	放大电路的交流输入电阻
R_o	放大电路的交流输出电阻
R_{id}	差模输入电阻
R_{ic}	共模输入电阻
R_{od}	差模输出电阻
R_{oc}	共模输出电阻
R_f	反馈电阻
R_{if}	反馈电路的闭环输入电阻
R_{of}	反馈电路的闭环输出电阻
$r_{bb'}$	三极管的基区体电阻
r_{be}	三极管的输入电阻
r_z	稳压管的动态电阻
S	视在功率
S_R	运算放大器的转换速率
T	晶体三极管的符号
T	温度,周期
T_r	变压器
t	时间
U	直流电压、正弦电压有效值
u	交流电压、正弦交流电压瞬时值
$\dot{U}$	正弦电压有效值相量
U_m	正弦电压最大值
$\dot{U}_m$	正弦电压最大值相量
U_S	直流电压源电压
u_s	交流电压源电压
$\dot{U}_s$	正弦交流电源有效值相量
U_L	三相电路线电压
U_P	三相电路相电压

U_{BQ}、U_{CQ}、U_{EQ}	分别表示三极管的基极、集电极、发射极直流工作点电位
U_{GQ}、U_{DQ}、U_{SQ}	分别表示场效应管的栅极、漏极、源极直流工作点电位
U_T	热力学电压
U_Z	稳压管的稳压值
u_i、u_o	分别表示交流输入、输出电压
u_{BE}、u_{CE}	分别表示三极管的基-射、集-射极间总瞬时值电压
u_{be}、u_{ce}	分别表示三极管的基-射、集-射极间交流电压分量
u_{GS}、u_{DS}	分别表示场效应管的栅-源、漏-源极间总瞬时值电压
u_{gs}、u_{ds}	分别表示场效应管的栅-源、漏-源极间交流电压分量
$\dot{U}_i$、$\dot{U}_o$	分别表示交流输入、输出电压的有效值相量
$\dot{U}_{be}$、$\dot{U}_{ce}$	分别表示三极管基-射、集-射极间交流电压的有效值相量
$\dot{U}_{gs}$、$\dot{U}_{ds}$	分别表示场效应管栅-源、漏-源极间交流电压的有效值相量
$U_{(BR)CEO}$	三极管基极开路时,集电极-发射极之间的反向击穿电压
$U_{(BR)CBO}$	三极管发射极开路时,集电结的反向击穿电压
$U_{(BR)EBO}$	三极管集电极开路时,发射结的反向击穿电压
$U_{CE(sat)}$	三极管的饱和压降
$U_{GS(th)}$	增强型 MOSFET 的开启(阈值)电压
$U_{GS(off)}$	结型 FET 或耗尽型 MOSFET 的夹断电压
$U_{(BR)GSO}$	场效应管漏极开路时,栅-源之间的反向击穿电压
u_{id}	差模输入电压
u_{ic}	共模输入电压
U_{IO}	输入失调电压
X、X_L、X_C	分别表示电抗、感抗、容抗
Z、$|Z|$	分别表示阻抗、阻抗的模

三、其他符号

α、$\bar{\alpha}$	三极管的共基极电流增益(传输系数)
β、$\bar{\beta}$	三极管的共发射极电流增益(放大系数)
μ	磁导率
ε	介电常数
φ、φ_0	分别表示相位差、初相位
ω	角频率
rad	弧度
Φ	磁通
Ψ	磁链
η	效率

目 录
CONTENTS

绪　　论

1.1　电路理论概述

"电路"通常是指实际的电系统及其模型。**电路理论是研究静止和运动电荷的电磁学理论的特例**，这是一个极其美妙的领域，在这一领域内，数学、物理学、信息工程、电气工程及自动控制工程等学科和谐共生。电路理论深厚的理论基础和广泛的应用使其自诞生起便始终保持着持久旺盛的生命力。

1.1.1　历史的回顾

人类很早就认识了电磁现象，如"磁石召铁""琥珀拾芥"。早在古代，我国就有人发现了电和磁的现象，在 11 世纪发明了指南针。大约在公元前 600 年，古希腊人第一次发现了电场。1785 年，法国科学家查利·奥古斯丁·库仑(C. A. de Coulomb)由实验得出静止点电荷相互作用力的规律，即**库仑定律**，使电学的研究从定性进入定量阶段，建立了电学史上一块重要的里程碑。表 1-1 列出了经典电磁学理论发展史上一些关键事件。

表 1-1　经典电磁学理论发展简史

年份	人物及事件
1785	查利·奥古斯丁·库仑(C. A. de Coulomb)发现了电荷间的相互作用规律(库仑定律)，对电荷进行了定量的定义
1800	亚历山德罗·伏特(Alessandro Volta)发明了伏特电堆，使电流的连续成为可能
1820	汉斯·克里斯蒂安·奥斯特(H. C. Oersted)发现了电流的磁效应
1825	安德烈·玛丽·安培(André-Marie Ampère)提出了描述电流与磁之间关系的安培定律
1826	乔治·西蒙·欧姆(G. S. Ohm)提出了欧姆定律
1827	安德烈·玛丽·安培(André-Marie Ampère)将其电磁现象的研究综合在《电动力学现象的数学理论》一书中，这是电磁学史上一部重要的经典论著
1831	迈克尔·法拉第(M. Faraday)成功证明了法拉第电磁感应定律
1832	约瑟夫·亨利(J. Henry)发现了自感现象
1833	海因里希·楞次(Heinrich Friedrich Emil Lenz)建立了确定感应电流方向的定则(楞次定则)
1840 1842	詹姆斯·普雷斯科特·焦耳(J. P. Joule)与海因里希·楞次分别独立地确定了电流热效应定律(焦耳-楞次定律)

续表

年份	人物及事件
1845	古斯塔夫·罗伯特·基尔霍夫(G. R. Kirchhoff)提出了稳恒电路网络中电流、电压、电阻关系的两个定律,即著名的基尔霍夫电流定律(KCL)和基尔霍夫电压定律(KVL),同时还确定了网孔回路分析法的原理
1873	詹姆斯·克拉克·麦克斯韦(J. C. Maxwell)的巨著 *Treatise on Electricity and Magnetism* 问世,系统总结了人类 19 世纪中叶前后对电磁现象的研究成果,建立起完整的电磁学理论
1883	莱昂·夏尔·戴维南(L. C. Thevenin)提出了等效电压源定律,即著名的戴维南定理
1894	斯坦因梅茨(C. P. Steinmetz)将复数理论应用于电路计算
1899	亚瑟·肯内利(A. Kennelly)解决了丫-△变换,可用于简化电路分析
1904	拉塞尔(Alexander Russell)提出对偶原理
1911	海维赛德(O. Heaviside)提出阻抗概念,从而建立起正弦稳态交流电路的分析方法
1915	瓦格纳(K. W. Wagner)和坎贝尔(G. A. Canbell)分别独立地发明了滤波器设计方法
1918	弗特斯克(Charles LeGeyt Fortescue)提出了三相对称分量法
1921	布里辛格(Breisig)提出了四端网络(双口网络)及黑箱的概念
1924	福斯特(Foster)提出了电抗定理
1926	卡夫穆勒(Kupfmuller)提出了瞬态响应的概念
1933	诺顿(L. Norton)提出了戴维南定理的对偶形式——诺顿定理
1948	特勒根(B. D. H. Tellegen)提出了回转器理论,回转器后来于 1964 年由施诺依(B. A. Shenoi)首先用晶体管实现
1952	特勒根(B. D. H. Tellegen)确立了电路理论中除了 KCL 和 KVL 之外的另一个基本定理——特勒根定理

  电路理论最初是属于物理学中电磁学的一个分支。科学家将以欧姆定律为约束的元件示性关系和以基尔霍夫定律为约束的元件互连关系视为电路学科的基本"公理",并将电路看成是以理想化的集总参数元件组成的系统,进而对各种抽象的(理想化的)基本元件集合组成的结构(系统)进行研究,这一过程使得电路问题中各种复杂的实际器件或设备被简单抽象的基本元件及其组合模拟或等值替代了,这些基本元件就是逐步归纳出来的电阻、电容、电感和电源等。

1.1.2 电路分析方法

  目前分析电路的方法主要有四大类:时域分析、频域分析、拓扑分析和计算机辅助分析。

  时域分析法的先驱是英国物理学家和电子工程师海维赛德(O. Heaviside)(图 1-1),它是人们在电路理论发展初期使用的方法。海维赛德发现使用符号"p"作为微分算子同时又当作一个代数变量运算的方法在对某些电路问题分析时既方便又有效,这是一套将微分方程转换为普通代数方程的方法,然而他并未给出这种方法的严密论证,因而受到同时代一些主要数学家的批评。后来,当人们在数学家拉普拉斯(Pierre Simon de Laplace)(图 1-2)1780 年的遗著中找到运算微积分与复平面上的积分之间的关系时,来自数学界的批评才宣告结束。而后,海维赛德的运算微积分就被拉普拉斯变换导出的新形式所取代,因此后人将用于电路分析的运算微积分方法称为拉普拉斯变换。

图 1-1 海维赛德(1850—1925)

图 1-2 拉普拉斯(1749—1827)

虽然早在 1822 年,法国数学家傅里叶(J. Fourier)(图 1-3)在研究热流问题时就解决了傅里叶分析的数学基础,随后也有许多学者将傅里叶级数、傅里叶积分和波谱的概念引入电路分析中,但真正标志着频域分析法诞生的里程碑是 1945 年波特(H. W. Bode)(图 1-4)的著作 *Network Analysis and Feedback Amplifier Design* 的问世。波特不但成功地阐明了有源电路的网孔和节点分析,而且把复变函数的理论严谨地应用于电路分析中,从而将电路的物理行为确切地展示在复平面上。同时他还论证了实部与虚部的关系,对策动点阻抗函数和转移(传递)函数进行了讨论,并且创立了用对数坐标表达这类函数的幅值、相位与频率变量的关系图,即著名的波特图。傅里叶分析后来又发展到非周期函数,并与拉普拉斯变换联系在一起,从而形成了电路分析的**频域分析法**。

图 1-3 傅里叶(1768—1830)

图 1-4 波特(1905—1982)

拓扑分析法其实最早是由基尔霍夫(图 1-5)和麦克斯韦(图 1-6)开创的,早在 1847 年,基尔霍夫就首先使用"树"来研究电路,只是由于当时其论点太过深奥,致使该方法在电路分析中的实际应用停滞了近百年。直到 20 世纪 50 年代以后,拓扑分析法才广泛应用于电路学科,1953 年,麻省理工学院的吉耶曼(E. Guillemin)教授发表了其重要著作 *Introductory Circuit Theory*,书中引入网络图论的基本原理来系统列写电路分析方程,对电路进行时域和频域分析,着重强调时间响应、自然频率、阻抗函数特性和零点极点的概念,以及网络综合理论等。1961 年,塞舒(S. Seshu)和列德(M. B. Reed)出版了第一本图论在电网络中应用的专著——*Linear Graphs and Electrical Networks*。

图 1-5　基尔霍夫(1824—1887)　　　　　　　　图 1-6　麦克斯韦(1831—1879)

随着计算机的飞速发展,电子设计自动化(electronic design automation,EDA)技术已成为电子学领域的重要学科。EDA 技术自 20 世纪 70 年代开始发展,其标志是美国加利福尼亚大学伯克利(Berkeley)分校开发的 SPICE(simulation program with integrated circuit emphasis)于 1972 年研制成功,并于 1975 年推出实用化版本,于 1988 年被定义为美国国家工业标准,成为享有盛誉的电子电路计算机辅助分析设计工具。与此同时,各种以 SPICE 为核心的商用仿真软件应运而生,常用的有 PSpice、EWB 和 Multisim。其中,Multisim 是 EWB 的新产品,它以 Windows 为基础,符合工业标准,不但具有 SPICE 的仿真标准环境,而且具有形象化的极其真实的虚拟仪器,无论界面的外观还是内在的功能,都达到了最高水平。本书选用 Multisim 作为基本工具,在各章的最后一节提供电路的应用实例,旨在使读者熟悉电路的**计算机仿真分析**方法。

1.2　电子科学技术发展简史

现代电子科学技术的诞生最早可追溯到 1883 年美国发明家爱迪生(T. A. Edison)发现的热电子效应(图 1-7)。经过了一个多世纪的历程,它已经成为当代科学技术发展的一个重要标志。

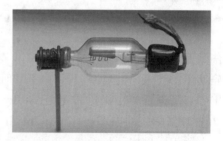

(a) 爱迪生(1847—1931)　　　　　　　(b) 热电子效应示意图

图 1-7　爱迪生发明了热电子效应

表 1-2 列出了电子科学技术发展经历的主要阶段及重大事件。

表 1-2　电子科学技术发展简史

发展阶段	年份	重要人物及事件
电子管时代	1904	英国物理学家约翰·安布罗斯·弗莱明(J. A. Fleming)利用热电子效应制成了电子二极管
	1906	美国发明家李·德福雷斯特(Lee de Forest)发明了电子三极管
	1937—1939	美国的约翰·文森特·阿塔那索夫(John V. Atanasoff)和他的研究生克利福特·贝瑞(Clifford E. Berry)设计并完成了世界上第一台电子数字计算机——ABC(Atanasoff-Berry Computer)
	1946	宾夕法尼亚大学的莫克利(John W. Mauchly)和艾克特(J. Presper Eckert)负责成功研制出 ENIAC(Electronic Numerical Integrator and Calculator),ENIAC 是电子管应用的一个经典范例
晶体管时代	1947	美国贝尔实验室的威廉·肖克利(William Shockley)、约翰·巴丁(John Bardeen)和沃特·布拉顿(Walter Brattain)研制出世界上第一只点接触型锗晶体管(图 1-8)。电子科学技术真正的突飞猛进源于晶体管的诞生
	1949	威廉·肖克利(William Shockley)提出了结型晶体管理论
	1950	威廉·肖克利(William Shockley)与其合作者研制出第一只双极结型晶体管(BJT)
	1952	威廉·肖克利(William Shockley)与其合作者研制出第一只锗结型场效应晶体管(JFET)
	1956	美国贝尔实验室研制出晶闸管,也即可控硅整流器
	1960	美国贝尔实验室的江大元(Dawon Kahng)和马丁·阿塔拉(Martin Atalla)博士研发出首个绝缘栅型场效应晶体管(MOSFET),它在随后出现的集成电路领域获得了重要应用
集成电路时代	1958	美国仙童(Fairchild)半导体公司的罗伯特·诺伊斯(Robert Noyce)和戈登·摩尔(Gordon Moor)与德州仪器(Texas Instrument)公司的杰克·基尔比(Jack Kilby)间隔数月分别发明了集成电路(Integrated Circuit,IC)(图 1-9)。IC 的发明,开创了微电子学的历史
	1964	美国仙童(Fairchild)半导体公司的鲍伯·韦勒(Bob Widlar)研制出第一个单片集成运算放大器 μA702,并于 1965 年改进推出 μA709。集成运放的诞生,标志着电子线路理论趋于成熟
	1965	Intel 公司创始人之一戈登·摩尔(Gordon Moor)预言了集成电路的发展趋势,提出了"摩尔定律"
	1967	鲍伯·韦勒(Bob Widlar)设计推出采用有源负载和外接电容进行频率补偿的运放 LM101
	1968	新入职美国仙童(Fairchild)半导体公司的戴维·富拉格(Dave Fullagar)在仔细研究 LM101 的结构后,设计推出 μA741(图 1-10),它是史上最成功的运算放大器,几乎成为行业标准
	1971	英特尔(Intel)公司研制出第一个微处理器 4004(图 1-11),集成了 2300 只晶体管,其计算能力相当于 ENIAC,标志着 IC 进入大规模集成(Large Scale Integration,LSI)电路时代

续表

发展阶段	年份	重要人物及事件
集成电路时代	1972	英特尔(Intel)公司研制出第一个8位微处理器8008,集成了3098只晶体管
	1976	16KB DRAM 和 4KB SRAM 问世
	1979	英特尔(Intel)公司推出主频为5MHz的8088微处理器,1981年,IBM基于8088推出全球第一台PC(图1-12),标志着IC进入超大规模集成(Very Large Scale Integration,VLSI)电路时代,VLSI电路的成功研制,是微电子技术的一次飞跃,也是衡量一个国家科学技术和工业发展水平的重要标志
	1993	16MB Flash 和 256MB DRAM 研制成功,它集成了1000万个晶体管,标志着IC进入特大规模集成(Ultra Large Scale Integration,ULSI)电路时代。ULSI电路的集成组件数为 $10^7 \sim 10^9$
	1994	集成1亿元件的1GB DRAM研制成功,标志着IC进入巨大规模集成(Giga Scale Integration,GSI)时代。GSI电路的集成组件数在 10^9 以上
	2012	数十亿级别的晶体管处理器已经得到商用。半导体制造工艺从32nm水平跃升到22nm,目前最先进的制造工艺已经达到了7nm的数量级

(a) 世界上第一只点接触型锗晶体管　　　(b) 肖克利(中坐)、巴丁(左站)和布拉顿

图1-8　世界上第一只晶体管及其发明者

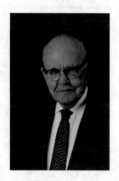

(a) 基尔比(1923—2005)　　　(b) 基尔比研制的第一块集成电路——相移振荡器

图1-9　基尔比及其研制的世界上第一块集成电路

图 1-10 双极型运放 μA741

图 1-11 英特尔 4004 微处理器

(a) IBM推出全球第一台PC IBM5150

(b) 比尔·盖茨和IBM5150

图 1-12 全球第一台 PC

1.3 电信号与电子系统

宇宙万物以及人类的活动中,包含着各种各样的信息。例如,环境气候中的温度、气压、风速等,机械运动中的力、位移、振动等,人类的语音、脉搏、呼吸等。信号就是上述信息的载体或表达形式,信号的物理量形式是多种多样的,通常都是与时间有关的。从信号处理的实现技术来看,目前最便于实现的是电信号的处理,所以在处理各种非电信号时,通常通过各种传感器将其转换成电信号,以达到信息的提取、传送、变换、存储等目的。

1.3.1 电信号

电信号是指随时间而变化的电压 u 或电流 i,因此在数学描述上可将它表示为时间 t 的函数,即 $u=f(t)$ 或 $i=f(t)$,并可画出其波形。电子电路中的信号均为电信号,通常分为模拟信号和数字信号,如图 1-13 所示。

模拟信号在时间和数值上均具有连续性,即对应于任意的时间值 t 均有确定的函数值 u 或 i,并且 u 或 i 的幅值是连续取值的,如图 1-13(a)所示。

数字信号在时间和数值上均具有离散性,u 或 i 的变化在时间上不连续,总是发生在离散的瞬间,且它们的数值是一个最小量值的整数倍,并以此倍数作为数字信号的数值,如图 1-13(b)所示。

应当指出,大多数物理量转换成的电信号均为模拟信号。在信号处理时,模拟信号和数字信号之间通常需要相互转换。例如,用计算机处理信号时,由于计算机只能识别数字信号,所以需要通过模/数(A/D)转换器将模拟信号转换为数字信号;由于负载常需模拟信号驱动,所以需要通过数/模(D/A)转换器将数字信号转换为模拟信号。

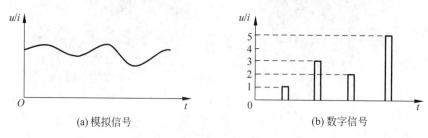

图 1-13　模拟信号与数字信号

本书所涉及的信号多为模拟信号。

1.3.2　电子系统

通常将能够产生、传输、采集或处理电信号,由若干相互连接、相互作用的基本电路组成的电路整体称为**电子系统**。

在现代工业生产领域,电子系统必须要与其他物理系统相结合,才能构成完整的实用系统。下面以图 1-14 所示的光导纤维拉制塔为例,简要说明电子系统在现代工业生产中的作用和地位。光导纤维因具有信息传输容量大、传输损失小、抗干扰能力强等优点,目前广泛应用于现代有线通信网。光纤拉制塔是光纤生产的主要设备之一,它能够以 $600\sim1000\mathrm{m/min}$ 的高速,将直径为 $40\sim60\mathrm{mm}$ 的石英预制棒连续拉制成直径为 $125\mu\mathrm{m}$、长为 $100\sim200\mathrm{km}$ 的光纤,是一种高效率、低成本、高度自动化的光纤生产设备。

图 1-14 中以矩形框标出的都是电子系统,可以看出,整个拉丝塔是由多个电子系统与机械、动力、热工、激光等多种物理系统共同组成的。图中各个非电子的物理系统或者作为物理量的测量与传感,或者作为被控制的伺服机构而动作。由于**物理量在电子系统中比在其他物理系统中更易于实现检测、处理、分析与变换,且控制也更为灵活**,所以电子系统在整个控制系统中负责完成复杂的信号处理并控制驱动机构的任务。各个电子系统通过通信控制系统与一台工业控制计算机相联,生产者通过计算机键盘与显示器实现人机对话,完成对生产过程的监视与调控。

为了进一步了解电子系统的一般组成,图 1-15 以拉丝塔中石英预制棒加热炉温度控制系统为例,画出了它的组成框图。图中虚线框内是一台可编程逻辑控制器(Programmable Logic Controller,PLC),它是一种可根据不同要求配备相应组合部件和控制程序的典型电子系统。

加热炉的功能是把石英预制棒底部尖端加热至 2200℃ 左右的某一固定温度值(具体取决于光纤拉制强度),使其处于熔融状态,在光纤重力和拉丝塔下部拉丝盘的作用下拉制成光纤。显然,保持加热炉温度的稳定对保证光纤直径的准确性至关重要。当外界因素,如气温、炉外的冷却水温、电源电压等发生微小波动时,都会使炉内温度偏离预置值而波动,其变化曲线如图 1-16 所示。

图 1-15 中的高温计把温度的变化转化成微弱的电压变化,该电压信号经放大、滤波后,

送入取样-保持电路,经 A/D 转换器把模拟电压信号转换成与温度变化相应的数字编码信号,然后,微处理机系统可根据加热炉的热力学模型和适当的控制模型进行计算,得到相应的控制输出数字编码信号。该信号经 D/A 转换器转换成相应的模拟电压信号,以驱动电压/电流转换器,适当改变加热电流,使偏离的炉温得到不断修正。显然,图 1-15 是一个热力学系统和电子系统相结合的控制系统,驱动系统工作的是温度信号,而在电子系统中贯穿始终的是对电信号的各种处理与变换。

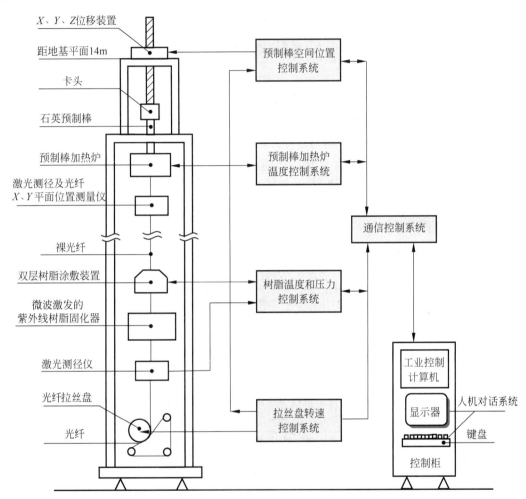

图 1-14 光导纤维拉制塔控制系统示意图

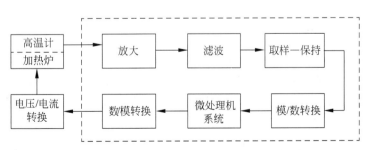

图 1-15 石英预制棒加热炉温度控制系统框图

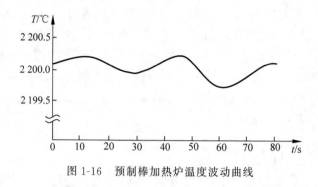

图 1-16　预制棒加热炉温度波动曲线

1.4　模拟电路和数字电路

由 1.3.1 节可知,电子电路中的信号分为模拟信号和数字信号,因此电子电路的基本内容包括两大部分:模拟电路和数字电路。这两大部分之间既有联系又有区别。例如,组成两类电路的最基本元件都是晶体管,主要包括双极型晶体管(Bipolar Junction Transistor,BJT)和单极型场效应晶体管(Field Effect Transistor,FET)等,这是它们的共同之处。但是,两者之间又有明显的区别和各自的特点。表 1-3 概括了模拟电路与数字电路之间的主要区别。

表 1-3　模拟电路与数字电路的主要区别

指　标	模　拟　电　路	数　字　电　路
工作信号	模拟量	数字量
电路功能	实现模拟信号的放大、变换、产生等	在输入、输出的数字信号之间实现一定的逻辑关系
对电路参数、电源电压等的要求	要求比较严格,与精度有关	允许有较大的误差
晶体管的作用	放大元件	开关元件
晶体管的工作区	主要在放大区(恒流区)	主要在截止区和饱和区(可变电阻区)
主要分析设计方法	图解法、等效电路法、EDA 等	逻辑代数、真值表、卡诺图、状态转换图、EDA 等

当今的许多应用都是由混合模式的集成电路和系统组成的,它们依赖模拟电路与物理世界对接,而数字电路则用作处理和控制。虽然其中模拟电路或许仅占芯片面积的一小部分,但它往往却是芯片设计中极具挑战性的部分,并且对整个系统的性能起着关键性作用。这要求模拟设计师必须用明确的数字工艺为实现模拟功能的任务构思出具有独创性的解决方案,例如,滤波中的开关电容技术和数据转换中的 Σ-D 技术就是典型的例子。此外,即使是纯数字电路,当它们推向运算极限时,也必然呈现出模拟的行为特性。因此,对模拟电路

设计原理和技术的牢固掌握,在任何电子系统(无论是数字还是纯模拟)设计中都是一笔宝贵的财富。

思考题与习题

【1-1】 简述模拟信号和数字信号的区别。

【1-2】 简述模拟电路和数字电路的主要区别。

第 2 章

CHAPTER 2

直 流 电 路

在电子技术领域,人们可以通过电路来完成各种任务。不同电路具有不同功能。例如:供电电路用来传输电能;整流电路可将交流电变成直流电;滤波电路可以"滤掉"附加在有用信号上的噪声,完成信号处理任务;计算机中的存储器电路能存储原始数据、中间结果和最终结果,具有存储功能等。电路种类繁多,其功能和分类方法也很多。然而,即使电路结构不同,最复杂的和最简单的电路之间仍有着最基本的共性,遵循着相同的规律。本章以最简单的直流电路为例讨论电路的基本概念、基本定律以及常用分析方法。

2.1 电路的基本概念

2.1.1 电路的组成

电路是电流的通路,它是为了某种需要由某些电气元件或设备按一定方式组合起来的。

不管电路的具体形式如何变化,也不管电路有多么复杂,它都是由一些最基本的部件组成的。例如,日常生活中最常用的手电筒电路就是一个最简单的电路,如图 2-1 所示。

手电筒电路示意图体现了所有电路的共性。由图 2-1 可以看出,组成电路的基本部件如下。

1. 电源

电源是电路中电能的来源,如手电筒中的干电池。电源的功能是将其他形式的能量转换为电能。例如,电池将化学能转换为电能;发电机将机械能转换成电能等。

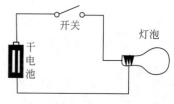

图 2-1 手电筒电路示意图

2. 负载

用电设备也叫负载,它将电能转换成其他形式的能量。例如,手电筒中的灯泡就是负载,它将电能转换为光能。其他用电设备,如电动机将电能转换为机械能,电阻炉将电能转换为热能等。在直流电路中,负载主要是电阻性负载,它的基本性质是当电流流过时呈现阻力,即具有一定的电阻,并将电能转换为热能。

3. 中间环节

中间环节主要是指连接导线和控制电路通、断的开关电器,以及保障安全用电的保护电器(如熔断器等)。它们将电源和负载连接起来,构成电流通路。

所有电路从本质上来说都是由以上三部分组成的。因此,**电源、负载、中间环节总称为**

组成电路的"三要素"。

2.1.2　实际电路和电路模型

组成电路的实际部件很多,诸如发电机、变压器、电池、晶体管以及各种电阻器和电容器等。它们在工作过程中都和电磁现象有关,例如,白炽灯除了具有电阻性质(消耗电能)外,当通过电流时,它周围产生磁场,因而又兼有电感的性质。用这些实际部件组成电路时,如果不分主次,把各种性质都考虑在内,问题就非常复杂,给分析电路带来很大困难,甚至无法进行。

为了便于对实际电路进行分析,必须在一定的条件下对实际部件加以理想化,突出其主要的电磁特性,而忽略其次要因素,用一个足以表征其主要性质的模型(model)来表示它。这样,实际电路就可近似地看作是由这些理想元件所组成的电路,通常称为实际电路的电路模型。

各种理想元件都用一定的符号图形表示,图 2-2 为三种基本理想元件的符号图形。

有了理想元件和电路模型的概念后,便可将图 2-1 所示的实际手电筒电路抽象为图 2-3 所示的电路模型。其中,干电池用电动势 E 和内阻 R_0 表示,灯泡用负载电阻 R_L 表示。今后所分析的都是指电路模型,简称电路。

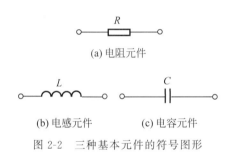

(a) 电阻元件

(b) 电感元件　　(c) 电容元件

图 2-2　三种基本元件的符号图形

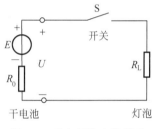

图 2-3　手电筒的电路模型

2.1.3　电路中的基本物理量及参考方向

用来表示电路状态的基本物理量有电压、电流、电功率等。

1. 电流

电流是带电粒子在外电场的作用下做有秩序的移动而形成的,常用 I 或 i 表示。

电流的实际方向是客观存在的,**习惯上规定正电荷运动的方向为电流的实际方向。**

在分析较复杂的直流电路时,往往事先难于判断某支路中电流的实际方向。对于交流电路,其方向随时间而变,在电路图上也无法用一个箭标表示它的实际方向。因此,在分析和计算电路时,往往任意选定某一方向作为电流的参考方向或称为正方向。所选的参考方向并不一定与电流的实际方向一致。在参考方向选定之后,电流之值便有正、负之分。如图 2-4 所示,当电流的实际方向与其参考方向一致时,电流为正值;反之,当电流的实际方向与其参考方向相反时,电流则为负值。必须注意,**不标出电流的参考方向,谈论电流的正负是没有意义的**,务必养成在着手分析电路时先标出参考方向的习惯。

在国际单位制(SI)中,电流的单位是 A(安培),1s(秒)内通过导体横截面的电荷(量)为 1C(库仑)时,则电流为 1A。计量微小的电流时,以 mA(毫安)或 μA(微安)为单位,$1mA = 10^{-3}A$,$1\mu A = 10^{-6}A$。

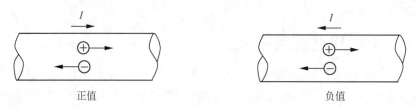

图 2-4　电流的参考方向

2. 电压

电场力把单位正电荷从 a 点移到 b 点所做的功称为两点之间的电压,常用 U 或 u 表示。

电压又称为电位差,它总是和电路中的两个点有关,**电压的方向规定为由高电位端("＋"极性)指向低电位端("－"极性),即为电位降低的方向。**

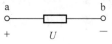

图 2-5　电压的参考极性

在电路中,同样往往难以事先判断元件两端电压的真实极性,因此,也要选定电压的参考方向,如图 2-5 所示。一旦参考极性选定之后,电压便有正、负之分。当算得的电压为正值,说明电压的真实极性与假定的参考极性相同;当算得的电压为负值,则说明电压的真实极性与参考极性相反。同样,**不标出电压的参考极性,谈论其正、负也是没有意义的。**

在国际单位制中,电压的单位是 V(伏特)。当电场力把 1C 的电荷量从一点移到另一点所做的功为 1J(焦耳)时,则该两点间的电压为 1V。计量微小的电压时,以 mV(毫伏)或 μV(微伏)为单位;计量高电压时,以 kV(千伏)为单位。

如前所述,在分析电路时,电压和电流都要假定参考方向,而且可任意假定,互不相关。但是,为了分析方便,常常采用关联的参考方向,即让元件上电压和电流的参考方向取为一致,如图 2-6(a)所示。当然也可采用非关联参考方向,即让元件上的电压和电流的参考方向互不相关,如图 2-6(b)所示。

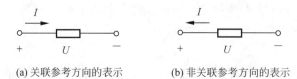

(a) 关联参考方向的表示　　　(b) 非关联参考方向的表示

图 2-6　关联与非关联参考方向的表示

3. 功率

电路的基本作用之一是实现能量的传递,**用功率(power)来表示能量变化的速率**,常用 P 或 p 来表示。

在直流情况下,当电压、电流为关联参考方向时,有

$$P = UI \tag{2-1}$$

此时,若 $P>0$,元件为吸收功率;若 $P<0$,则为产生功率。

根据功率的正、负可以判断电路中哪个元件是电源,哪个元件是负载。在关联参考方向下,若 $P<0$,可断定该元件为电源;若 $P>0$,可断定该元件为负载。

在国际单位制中,功率的单位是 W(瓦)或 kW(千瓦)。若 1s 时间内转换 1J 的能量,则功率为 1W。

2.2　电路的基本定律

电路的基本定律阐明了一段或整个电路中各部分电压、电流等物理量之间的关系,是分析、计算电路的理论基础和基本依据,电路的基本定律主要包括欧姆定律和基尔霍夫定律。

2.2.1　欧姆定律

欧姆定律(Ohm's Law)表明流过电阻的电流与其端电压成正比,而与本身的阻值成反比。在图 2-7(a)所标定的关联参考方向下,欧姆定律可表示为

$$\frac{U}{I} = R \qquad (2\text{-}2)$$

或

$$U = RI \qquad (2\text{-}3)$$

式中,R 即为该段电路的电阻。

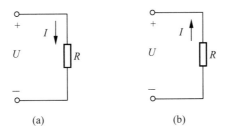

图 2-7　欧姆定律

在国际单位制中,电阻的单位是 Ω(欧姆)。当电路两端的电压为 1V,通过的电流为 1A 时,则该段电路的电阻为 1Ω。计量高电阻时,则以 kΩ(千欧)或 MΩ(兆欧)为单位。

对欧姆定律做以下几点说明。

(1) 欧姆定律还可用电导参数表示为

$$I = GU \qquad (2\text{-}4)$$

式中

$$G = \frac{1}{R} \qquad (2\text{-}5)$$

称为电导。电导 G 表示元件传导电流的能力,其单位是 S(西门子)。

(2) 当电压和电流取为非关联参考方向,如图 2-7(b)所示时,欧姆定律可表示为

$$U = -RI \quad \text{或} \quad I = -GU \qquad (2\text{-}6)$$

(3) 欧姆定律只适用于线性电阻元件,而不适用于非线性元件。

2.2.2　基尔霍夫定律

欧姆定律表明了电路中某一局部的电压、电流关系。而基尔霍夫定律(Kirchhoff's

Law)则是从电路的全局和整体上,阐明了各部分电压、电流之间必须遵循的规律,为了说明基尔霍夫定律的内容,首先介绍有关的几个术语。

(1) 支路。电路中的每条分支称为支路,一条支路流过一个电流,称为支路电流。如图 2-8 所示的电路中共有三条支路。

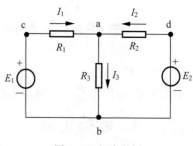

图 2-8　电路举例

(2) 节点。电路中三条或三条以上的支路相连接的点称为节点。如图 2-8 所示的电路中共有两个节点 a 和 b。

(3) 回路。由一条或多条支路组成的闭合路径称为回路。如图 2-8 所示的电路中共有三个回路:abca、abda 和 adbca,一个电路至少要有一个回路。

基尔霍夫定律包括两条定律:基尔霍夫电流定律(KCL)和基尔霍夫电压定律(KVL)。

1. 基尔霍夫电流定律

基尔霍夫电流定律是有关节点电流的定律,用来确定连接在同一节点上的各支路电流之间的关系。其内容如下:

在任一瞬时,对电路中的任一节点而言,流入某节点的电流总和等于流出该节点的电流总和。例如,在图 2-8 所示电路中,对节点 a,可以列出下式

$$I_1 + I_2 = I_3$$

或将上式改写成

$$I_1 + I_2 - I_3 = 0$$

即

$$\sum I = 0 \tag{2-7}$$

式(2-7)表明,**在任一瞬时,流经电路任一节点的电流的代数和恒等于零**。在这里,对电流的"代数和"做了这样的规定:参考方向流入节点的电流取正号,流出节点的电流取负号,当然也可做相反的规定。

根据计算的结果,有些支路的电流可能是负值,这是由于所选定的电流的参考方向与实际方向相反所致的。

【例 2-1】　在图 2-9 中,已知 $I_1 = 2A$,$I_2 = -3A$,$I_3 = -2A$,试求 I_4。

【解】　应用 KCL 可列出下式

$$I_1 - I_2 + I_3 - I_4 = 0$$

代入已知电流有

$$2 - (-3) + (-2) - I_4 = 0$$

解得

$$I_4 = 3A$$

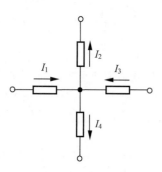

图 2-9　例 2-1 的电路

由本例可见,KCL 方程中有两套符号,I 前面的正负号是由 KCL 方程根据电流的参考方向而确定的,括号内数字前面的正负号则表示电流本身数值的正负。

KCL 不仅适用于电路中某一节点,它还可推广应用到包

围部分电路的任一假设的闭合面。如图 2-10 所示的闭合面包围的是一个三角形电路,它有三个节点,应用 KCL 可列出下列各式

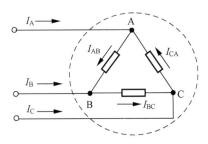

$$I_A = I_{AB} - I_{CA}$$

$$I_B = I_{BC} - I_{AB}$$

$$I_C = I_{CA} - I_{BC}$$

将上面三式相加,则有

$$I_A + I_B + I_C = 0 \quad 或 \quad \sum I = 0$$

图 2-10 KCL 的推广应用

可见,在任一瞬时,通过任一闭合面的电流的代数和也恒等于零。

2. 基尔霍夫电压定律

基尔霍夫电压定律应用于回路,它用来确定回路中各段电压之间的关系,其内容如下:

在任一时刻,沿任一回路环行方向(顺时针或逆时针),回路中各支路电压的代数和恒等于零。 KVL 的数学表述为

$$\sum U = 0 \tag{2-8}$$

在列写 KVL 方程时,应首先规定回路的环行方向。之后规定沿该环行方向电位降取正号,电位升取负号,当然也可做相反的规定。

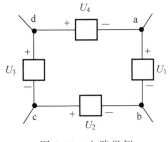

图 2-11 电路举例

图 2-11 是某个电路中的一个闭合回路,各方块表示电路元件,参考方向已经标出。

若设顺时针方向为回路环行方向(由 a 出发经 b、c、d 回到 a),且规定沿顺时针方向电位降为正,电位升为负,则 KVL 方程为

$$U_1 - U_2 - U_3 + U_4 = 0$$

若按逆时针方向列写 KVL 方程(规定沿逆时针方向电位降为正,电位升为负),则有

$$-U_4 + U_3 + U_2 - U_1 = 0$$

应该说明,不论按何种环行方向列写 KVL 方程,均不影响计算结果。

【例 2-2】 求图 2-12 中的 U_1 和 U_2。已知 $U_3 = +20\text{V}$,$U_4 = -5\text{V}$,$U_5 = +5\text{V}$,$U_6 = +10\text{V}$。

【解】 列出 abcda 回路的 KVL 方程求 U_1。取顺时针为回路的环行方向,则有

$$U_1 - U_6 - U_5 + U_3 = 0$$

$$U_1 - (+10) - (+5) + (+20) = 0$$

$$U_1 = -5\text{V}$$

列出 aeba 回路的 KVL 方程求 U_2。依然取顺时针为回路的环行方向,可得

$$U_4 + U_2 - U_1 = 0$$

$$(-5) + U_2 - (-5) = 0$$

$$U_2 = 0$$

由此例可知,列写 KVL 方程时同样涉及两套符

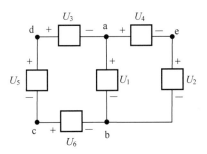

图 2-12 例 2-2 的电路

号,U 前面的正负号是由 KVL 方程根据回路的环行方向及电压的参考极性而确定的,括号内数字前面的正负号则表示电压数值的正负,它决定于各元件电压的真实极性与参考极性是否一致。

求 U_2 时也可选 ebcdae 回路,取顺时针为回路的环行方向,则 KVL 方程为

$$U_2 - U_6 - U_5 + U_3 + U_4 = 0$$
$$U_2 - (+10) - (+5) + (+20) + (-5) = 0$$
$$U_2 = 0$$

这说明在计算电路中两点之间的电压降时与所选取的路径无关。

KVL 方程不仅仅适用于实在的闭合回路,而且也适用于假想的闭合回路,例如,为了求图 2-13 中的 U,可列出下列方程

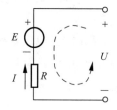

$$E - RI - U = 0$$

从而求得

$$U = E - RI$$

图 2-13　KVL 的推广应用

从这里应进一步认识到,KVL 方程的实质是考察各点电位的变化规律,只要计算电位变化时是首尾相接,即各段电压构成闭合路径就可以了,不必一定要由具体支路构成封闭回路。

2.3　电源的工作状态

电源有三种可能的工作状态:带载、开路和短路。

2.3.1　带载工作状态

将图 2-14 中的开关合上,接通电源与负载,这就是电源的带载工作状态。下面讨论相关的几个问题。

1. 电压和电流

应用欧姆定律,可得电路中的电流

$$I = \frac{E}{R_0 + R_L} \tag{2-9}$$

和负载电阻两端的电压

$$U = R_L I$$

并由上两式可求得

$$U = E - R_0 I \tag{2-10}$$

式(2-10)表明:电源的端电压小于电动势,两者之差为电流通过电源内阻所产生的电压降 $R_0 I$,电流愈大,端电压下降得愈多。图 2-15 为电源的外特性曲线,它表明了电源端电压 U 与输出电流 I 之间的关系,其斜率与电源内阻 R_0 有关。当 $R_0 \ll R_L$ 时,则有

$$U \approx E$$

上式表明,当电源内阻远小于负载电阻时,电源的端电压随电流(负载)的变动不大,说明此时电源的带载能力强。

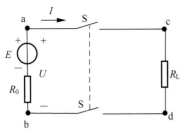

图 2-14 电源的带载工作状态

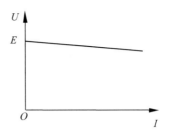

图 2-15 电源的外特性曲线

2. 功率与功率平衡

式(2-10)两边各项乘以 I，有

$$UI = EI - R_0 I^2 \tag{2-11}$$

即

$$P = P_E - \Delta P \tag{2-12}$$

式中，$P = UI$ 是电源输出的功率，供给负载使用；$P_E = EI$ 是电源产生的功率；$\Delta P = R_0 I^2$ 是电源内阻上消耗的功率。

式(2-12)表明：当电源正常带载时，它产生的能量分别被电源内阻 R_0 和负载 R_L 所消耗，电路满足能量守恒定律。

2.3.2 开路(空载)状态

图 2-14 所示电路中，当开关断开时，电源处于开路(空载)状态，见图 2-16。开路时外电路的电阻对电源来说等于无穷大，因此电路中的电流为 0。这时电源的端电压(称为开路电压或空载电压 U_0)等于电源电动势，电源不输出电能。

电源开路时的特征可用下列各式表示

$$\begin{cases} I = 0 \\ U = U_0 = E \\ P = 0 \end{cases} \tag{2-13}$$

2.3.3 短路状态

图 2-14 所示电路中，当电源的两端 a 和 b 由于某种原因而连在一起时，电源被短路，见图 2-17。电源短路时，外电路的电阻可视为 0，所以电源的端电压也为 0。此时，电流不再流过负载，由于在电流的回路中仅有很小的电源内阻 R_0，所以此时的电流很大，此电流称为短路电流 I_S。短路电流可能使电源遭受机械的与热的损伤或损坏。短路时电源所产生的电能全被其内阻所消耗。

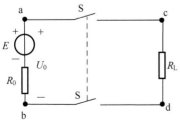

图 2-16 电源开路

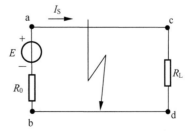

图 2-17 电源短路

电源短路时的特征可用下列各式表示

$$
\begin{cases}
U = 0 \\
I = I_s = \dfrac{E}{R_0} \\
P = 0, \quad P_E = \Delta P = R_0 I^2
\end{cases}
\tag{2-14}
$$

短路通常是一种严重事故,应尽力预防。产生短路的原因往往是由于绝缘损坏或接线不慎,因此经常检查电气设备和线路的绝缘情况是一项很重要的安全措施。此外,为了防止短路事故所引起的后果,通常在电路中接入熔断器或自动断路器,以便发生短路时能迅速将故障电路拆除。

2.4　受控源

受控源是一种特殊类型的电源,但它与 2.3 节所述电源不同,2.3 节所述电源常称为独立源,它可以独立地对外电路提供能量,而受控源则不能。

受控源的特点是:它的电压或电流受电路中其他支路的电压或电流控制,当控制的电压或电流消失或等于 0 时,受控电源的电压或电流也将等于 0。

根据受控电源是电压源还是电流源,以及受电压控制还是受电流控制,受控电源可分为电压控制电压源(VCVS)、电流控制电压源(CCVS)、电压控制电流源(VCCS)和电流控制电流源(CCCS)四种类型,四种理想受控电源的模型如图 2-18 所示。

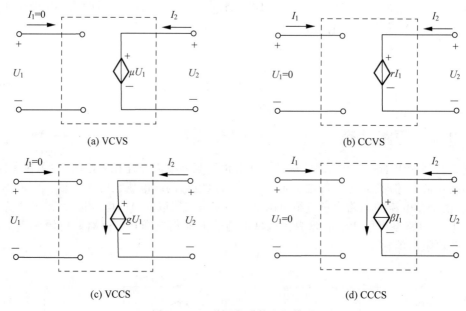

图 2-18　四种理想受控电源模型

为了与独立源相区别,用菱形符号表示受控源,图中的"＋""－"号和箭头分别表示电压和电流的参考方向,μ、r、g 和 β 称为控制系数,显然,当这些系数为常数时,被控制量和控制量成正比,这种受控源就是线性受控源。这里 μ 和 β 是没有量纲的常数,r 具有电阻的量纲,g 具有电导的量纲。

受控源和独立源虽然都是电源,但它们在电路中的作用是不同的。独立源是作为电路的输入(激励),代表了外界对电路的作用,由此在电路中产生电压和电流(响应);而受控源不能作为电路的一个独立的激励,它只反映电路中某处的电压或电流受另一处电压或电流控制的关系,这种控制关系是很多电子器件在工作过程中所发生的物理现象,故很多电子器件都用受控源作为模型。例如,晶体三极管的基极电流对集电极电流的控制关系可用一个电流控制电流源的模型来表征;一个电压放大器则可用一个电压控制电压源的模型来表征等。

2.5　电路中电位的计算

在分析电子电路时,通常要用到"电位"的概念。例如,对于晶体二极管来说,当它的阳极电位高于阴极电位时,二极管才导通,否则就截止。在讨论三极管的工作状态时,也要分析各个电极电位的高低,本节讨论"电位"的概念及其计算方法。

从本质上说,电位与电压是同一个概念,**电路中某一点的电位就是该点到参考点的电压**。在电位这个概念中,一个十分重要的因素就是参考点,在电路图中,参考点用符号"⊥"表示,通常参考点的电位为0,故参考点又称为"零电位点"。在工程上常选大地作为参考点,即认为大地电位为0。在电子电路中常选一条特定的公共线作为参考点,这条公共线是很多元件的汇集处且和机壳相连,这条线也叫"地线",虽然它并不与大地真正相连。

在计算电路中各点电位时,参考点可以任意选取,如图 2-19 所示。

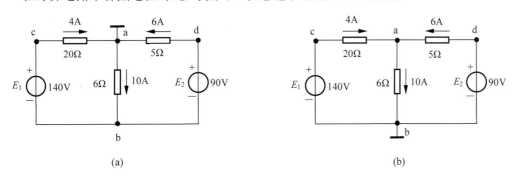

图 2-19　电路中电位的计算

在图 2-19(a)中,选 a 点为参考点,即 $U_a = 0$,可以算出电路中各点的电位分别为

$$U_b = U_{ba} = -10 \times 6 = -60(\mathrm{V})$$

$$U_c = U_{ca} = 4 \times 20 = +80(\mathrm{V})$$

$$U_d = U_{da} = 6 \times 5 = +30(\mathrm{V})$$

在图 2-19(b)中,选 b 点为参考点,即 $U_b = 0$,这时算出电路中各点的电位分别为

$$U_a = U_{ab} = 10 \times 6 = +60(\mathrm{V})$$

$$U_c = U_{cb} = +140\mathrm{V}$$

$$U_d = U_{db} = +90\mathrm{V}$$

由上面的计算结果可以看出,参考点选取不同,电路中各点的电位值也不同。但是应该

明白,无论参考点如何选取,电路中任意两点间的电压值是不变的。因此,**电路中各点电位的高低是相对的,而两点间的电压值是绝对的**。

有了电位的概念,为了简化电路,常常略去电源,而在其处标以电位值。例如,图 2-19(b)所示电路可以简化为如图 2-20 所示的形式。

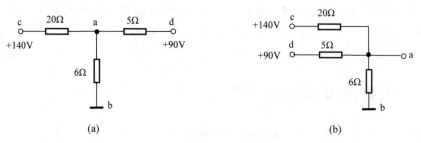

图 2-20　图 2-19(b)的简化电路

【例 2-3】　试计算图 2-21(a)所示电路中 B 点的电位。

【解】　图 2-21(a)的电路可以化成图 2-21(b)所示的形式,由图 2-21(b)容易求得

$$I = \frac{U_A - U_C}{R_1 + R_2} = \frac{6 - (-9)}{(100 + 50) \times 10^3} A = 0.1 \times 10^{-3} A = 0.1 mA$$

$$U_B = U_A + U_{BA} = U_A - R_2 I = 6V - (50 \times 10^3) \times (0.1 \times 10^{-3}) V$$
$$= 6V - 5V = +1V$$

或

$$U_B = U_C + U_{BC} = U_C + R_1 I = -9V + (100 \times 10^3) \times (0.1 \times 10^{-3}) V$$
$$= -9V + 10V = +1V$$

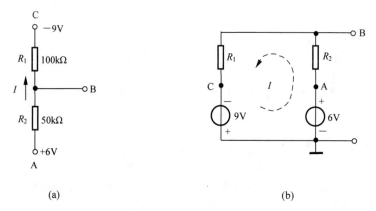

图 2-21　例 2-3 的电路

2.6　复杂电路的基本分析方法

分析与计算电路要应用欧姆定律和基尔霍夫定律,但有时由于电路过于复杂,计算过程极为繁杂。因此,要根据电路的结构特点寻找分析与计算的简便方法,本节重点讨论两种最基本的电路分析原理,并扼要介绍含受控源及非线性电阻的电路分析方法。

2.6.1 叠加原理

叠加原理(superposition theorem)是线性电路的一个重要性质和基本特征,它不仅可以用来分析计算复杂电路,而且也是解决线性问题的普遍原理,其内容如下:

对于线性电路,任何一条支路的响应(电压或电流)均可看成是每个独立源(电压源和电流源)单独作用时,在此支路所产生的响应的代数和。

下面举例说明叠加原理的应用。

例如,若要求图 2-22(a)中的支路电流 I_1,可以列出基尔霍夫方程组为

$$\begin{cases} I_1 + I_2 - I_3 = 0 \\ R_1 I_1 + R_3 I_3 - E_1 = 0 \\ R_2 I_2 + R_3 I_3 - E_2 = 0 \end{cases}$$

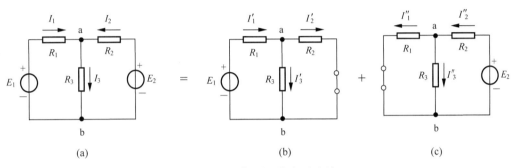

图 2-22 叠加原理的应用示例

而后解之,得

$$I_1 = \frac{R_2 + R_3}{R_1 R_2 + R_2 R_3 + R_3 R_1} E_1 - \frac{R_3}{R_1 R_2 + R_2 R_3 + R_3 R_1} E_2 \tag{2-15}$$

若应用叠加原理求解 I_1,则可如下进行。

(1) 考虑 E_1 单独作用,此时将 E_2 短接,如图 2-22(b)所示,求 R_1 支路的电流 I'_1。

$$I'_1 = \frac{E_1}{R_1 + R_2 /\!/ R_3} = \frac{R_2 + R_3}{R_1 R_2 + R_2 R_3 + R_3 R_1} E_1 \tag{2-16}$$

(2) 考虑 E_2 单独作用,此时将 E_1 短接,如图 2-22(c)所示,求 R_1 支路的电流 I''_1。

$$I''_1 = \frac{E_2}{R_2 + R_1 /\!/ R_3} \cdot \frac{R_3}{R_1 + R_3} = \frac{R_3}{R_1 R_2 + R_2 R_3 + R_3 R_1} E_2 \tag{2-17}$$

(3) 求 I'_1 与 I''_1 的代数和,便得到 I_1。

$$I_1 = I'_1 - I''_1 \tag{2-18}$$

这里,I'_1 取"+"号,I''_1 取"−"号,这是因为 I'_1 与 I_1 的参考方向一致,而 I''_1 与 I_1 的参考方向相反的缘故。应该注意,在对响应分量进行叠加时,若其方向与总响应参考方向一致,取"+"号,相反则取"−"号。

最后需要强调的一点是,考虑电路中某个独立源单独作用时,应将其余独立源作"零值"处理,即独立电压源短接,而独立电流源开路,但它们的内阻仍应计算在内。

2.6.2 等效电源定理

在有些情况下,只需计算一个复杂电路中某一支路的电流或电压,这时,可以将该支路

划出。相对于该支路之外的那一部分不管有多复杂,均可用一个线性有源二端网络(其中含

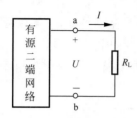

图 2-23　有源二端网络

有独立源)来表示,如图 2-23 所示,它对所要计算的这个支路而言,仅相当于一个电源,因为它对这个支路提供电能。因此,这个有源二端网络一定可以化简为一个等效电源。

一个电源可以用两种电路模型来表示,电压源模型和电流源模型,因此,就有两个著名的等效电源定理。

1. 戴维南定理

任何一个线性有源二端网络均可用一个电动势为 E 的理想电压源和内阻 R_0 串联的电源来等效代替,如图 2-24 所示,其中等效电源的电动势 E 就是有源二端网络的开路电压 U_0,内阻 R_0 等于去掉有源网络中所有独立源后所得到的无源网络 a、b 两端之间的等效电阻。

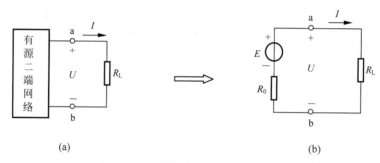

(a)　　　　　　　　　(b)

图 2-24　应用戴维南定理的等效电路

下面举例说明戴维南定理的应用。

【例 2-4】　电路如图 2-22(a)所示,已知 $E_1=140\text{V}$,$E_2=90\text{V}$,$R_1=20\Omega$,$R_2=5\Omega$,$R_3=6\Omega$,试用戴维南定理计算支路电流 I_3。

【解】　(1)根据戴维南定理,图 2-22(a)的电路可化成图 2-25(a)所示的形式。可见,求解 I_3 的关键问题是确定 E 及 R_0。

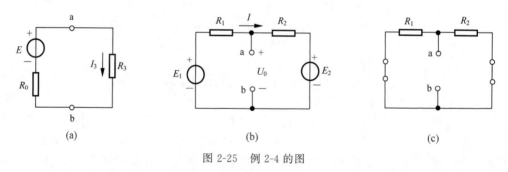

(a)　　　　　　　(b)　　　　　　　(c)

图 2-25　例 2-4 的图

(2)电动势 E 的确定。E 即开路电压 U_0,它是将负载 R_3 开路后 a、b 两端之间的电压,如图 2-25(b)所示,由图可得

$$I=\frac{E_1-E_2}{R_1+R_2}=\frac{140-90}{20+5}=2(\text{A})$$

于是

$$E = U_0 = E_1 - R_1 I = 140 - 20 \times 2 = 100 (\text{V})$$

或

$$E = U_0 = E_2 + R_2 I = 90 + 5 \times 2 = 100 (\text{V})$$

（3）内阻 R_0 的确定。求 R_0 时应将有源二端网络转换为无源网络，即将有源网络中的独立电压源作短路处理，而独立电流源作开路处理，如图 2-25(c) 所示，由图可以看出，对 a、b 两端来说，R_1、R_2 是并联的，因此

$$R_0 = R_1 /\!/ R_2 = 20 /\!/ 5 = 4 (\Omega)$$

（4）求 I_3，由图 2-25(a) 可得

$$I_3 = \frac{E}{R_0 + R_3} = \frac{100}{4 + 6} = 10 (\text{A})$$

2. 诺顿定理

任何一个线性有源二端网络均可用一个电流为 I_S 的理想电流源和内阻 R_0 并联的电源来等效代替，如图 2-26 所示，其中等效电源的电流 I_S 就是有源二端网络的短路电流，内阻 R_0 等于去掉有源二端网络中所有独立源后所得到的无源网络 a、b 两端之间的等效电阻。

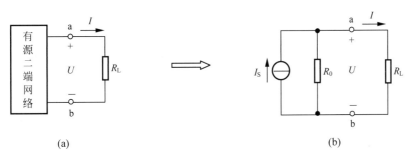

图 2-26 应用诺顿定理的等效电路

下面以举例方式说明该定理的应用。

【例 2-5】 试用诺顿定理求例 2-4 中的支路电流 I_3。

【解】 （1）根据诺顿定理，图 2-22(a) 的电路可化成图 2-27(a) 所示的形式。可见，求解 I_3 的关键问题是确定 I_S 及 R_0。

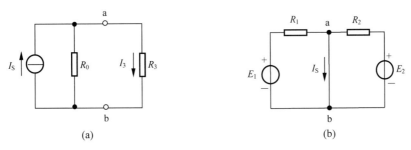

图 2-27 例 2-5 的图

（2）I_S 的确定。I_S 为有源二端网络的短路电流，即将 a、b 两端短接后其中的电流，如图 2-27(b) 所示，由图可得

$$I_S = \frac{E_1}{R_1} + \frac{E_2}{R_2} = \frac{140}{20} + \frac{90}{5} = 25 (\text{A})$$

（3）内阻 R_0 的确定。方法与例 2-4 相同,此处不再赘述。

$$R_0 = 4\Omega$$

（4）由图 2-27(a)确定 I_3。

$$I_3 = \frac{R_0}{R_0 + R_3}I_s = \frac{4}{4+6} \times 25 = 10(\text{A})$$

可见,应用两种定理求出的 I_3 结果一样,从而给人们一个启示,在分析计算电路时,可以采用不同的方法,应视电路的具体情况确定最简单、最有效的方法。

2.6.3 含受控源电阻电路的分析

在电路分析中,对受控源的处理与独立源无原则区别,前面所介绍的叠加定理和等效电源定理都可以用来分析含受控源的电路。但要注意一些特殊问题,由于受控源具有"受控"这一特性,必须注意以下两点:一是将电路进行化简时,当受控源保留时,同时要保留受控源的控制量;二是在应用叠加定理和等效电源定理时,所有受控源均应保留,不能像独立源那样处理。

1. 受控源的等效变换

受控电压源与电阻串联可以跟受控电流源与电阻并联组合进行等效变换,其方法和独立源的等效互换基本相同。但变换时注意不要消去控制量,只能在把控制量先转换为其他不含被消去的量以后,才能消去控制量。

【例 2-6】 图 2-28(a)所示为含有受控源的电路,求对于端口 ab 的等效电路。

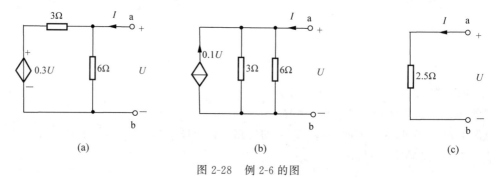

(a)   (b)   (c)

图 2-28 例 2-6 的图

【解】 利用等效变换,首先将受控电压源与电阻的串联组合等效变换为受控电流源与电阻并联组合电路,如图 2-28(b)所示,列出节点 a 的 KCL 方程如下

$$I = \frac{U}{6} + \frac{U}{3} - 0.1U = 0.4U$$

此即为端口 ab 的端口电压与电流的关系。也就是说,若在端口 ab 施加电源电压 U,则端口电流 I 应由上式决定。因此,整个电路好比一个 $\frac{1}{0.4\text{S}} = 2.5\Omega$ 的电阻,如图 2-28(c)所示,它就是原电路的等效电路。

此例说明,通过电路分析可以找到含受控源电路的端口电压与端口电流之间存在的比例关系,这时可以把这个比值作为电阻值,即把该受控源电路等效为一个线性电阻,这种方法常称为"外加电源法"。因此可概括为:**一个无源二端网络对外可等效为一个电阻**,该等效电阻的计算有两种方法：其一是当无源二端网络内不含受控源时,可采用串、并联进行等效变换；其二是当无源二端网络内含有受控源时,可采用外加电源法求等效电阻。

【例 2-7】 图 2-29(a)所示为含有受控源的电路,求 ab 端的等效电路。

【解】 采用外加电源法求电路的等效电阻。端口上的 U 和 I,可认为外加电压源 U,求电流 I,或外加电流源 I 求电压 U,常用前者。列出图 2-29(a)的 KCL、KVL 方程如下

$$\begin{cases} U = 3I + 10I_1 \\ I = I_1 - 3I_1 \end{cases}$$

联立求解得到端口 ab 的电压、电流的关系为：$U = -2I$。由此可得到端口 ab 的电压、电流的比值,即等效电阻 $R_0 = \dfrac{U}{I} = -2\Omega$。整个 ab 端的电路等效为一个负电阻,如图 2-29(b)所示。含受控源电路等效为一个负电阻时,说明该电路向外电路供出能量。

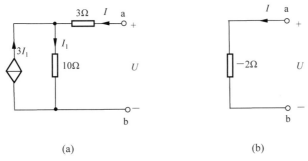

(a)　　　　　　　　　　　　(b)

图 2-29　例 2-7 的图

2. 含受控源电阻电路的分析

分析含受控电压源的电阻电路,以前所介绍的电路分析方法均适用,但有些方法要注意一些特殊问题,下面结合例题说明。

【例 2-8】 电路如图 2-30(a)所示,试用叠加定理求电压 U。

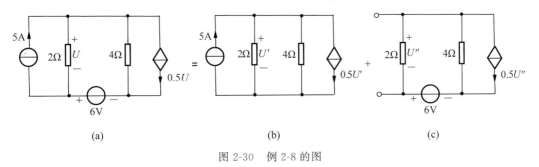

(a)　　　　　　　　　(b)　　　　　　　　(c)

图 2-30　例 2-8 的图

【解】 由于受控源具有"受控"特性,**在应用叠加定理时,不能像处理独立源那样处理受控源**,在独立源单独作用于电路时,受控源必须保留,且控制关系、控制系数均不变。因此,可按叠加定理画出图 2-30(b)和(c)。

在图 2-30(b)中,可列出 KCL 方程如下

$$\frac{U'}{2} + \frac{U'}{4} + 0.5U' = 5$$

解得

$$U' = 4\text{V}$$

在图 2-30(c)中,可列出 KCL 方程如下

$$\frac{U''}{2} + \frac{U'' + 6}{4} + 0.5U'' = 0$$

解得

$$U'' = -1.2\text{V}$$

所以

$$U = U' + U'' = 4 + (-1.2) = 2.8(\text{V})$$

【例 2-9】 图 2-31(a)所示电路,试用戴维南定理求 3V 电压源中的电流 I_0。

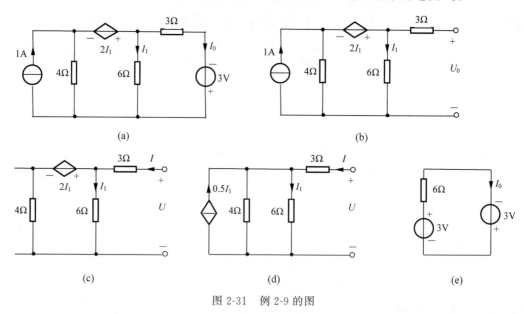

图 2-31 例 2-9 的图

【解】 移去 3V 的电压源支路,得到有源二端网络,如图 2-31(b)所示,在图中应用 KCL 和 KVL,可求出 $I_1 = 0.5\text{A}$,由此可得开路电压

$$U_0 = 6I_1 = 3\text{V}$$

应用外加电源法求含受控源二端网络的等效电阻时,有源二端网络内的独立源应为 0,电路如图 2-31(c)所示。将图 2-31(c)中的受控电压源与电阻的串联支路等效为受控电流源与电阻的并联支路,如图 2-31(d)所示,由图可列出 KCL、KVL 方程如下

$$\begin{cases} 0.5I_1 + I - I_1 - \dfrac{6I_1}{4} = 0 \\ U = 3I + 6I_1 \end{cases}$$

联立上述方程,可求得电路的等效电阻

$$R_0 = \frac{U}{I} = 6\Omega$$

应用戴维南定理,接上移去的 3V 电压源支路,得到图 2-31(e),由此可求出

$$I_0 = \frac{3 + 3}{6} = 1(\text{A})$$

※2.6.4 非线性电阻电路的分析

包含非线性电阻元件的电路称为非线性电阻电路。严格地说,实际电路元件都是非线性的,分析非线性电阻电路的基本依据依然是基尔霍夫定律和元件的伏安特性关系。

1. 非线性电阻元件

非线性电阻元件的伏安关系不满足欧姆定律,而遵循某种特定的非线性函数关系,一般来说,可用下列函数式来表示

$$u = f(i) \tag{2-19}$$

或

$$i = g(u) \tag{2-20}$$

其电路符号如图 2-32(a)所示。

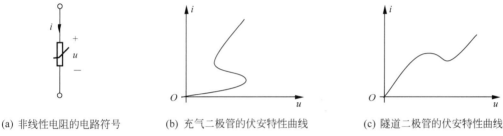

(a) 非线性电阻的电路符号　　　(b) 充气二极管的伏安特性曲线　　　(c) 隧道二极管的伏安特性曲线

图 2-32　非线性元件符号和伏安特性曲线

对于式(2-19)来说,电阻元件的端电压是其电流的单值函数,对于同一电压,电流可能是多值的,例如图 2-32(b)所示充气二极管的伏安特性,此种元件称为流控型的非线性电阻。

对于式(2-20)来说,电阻元件的电流是其端电压的单值函数,对于同一电流,电压可能是多值的,例如图 2-32(c)所示隧道二极管的伏安特性,此种元件称为压控型的非线性电阻。

另一种非线性电阻属于"单调型",其伏安特性是单调增长或单调下降的,它既是流控型又是压控型。典型的实例是 PN 结二极管,其电路符号及其伏安特性如图 2-33 所示。

(a) 电路符号　　　　　　　　　(b) 伏安特性曲线

图 2-33　二极管的电路符号及其伏安特性曲线

从图 2-33(b)所示的伏安特性看出,当二极管的端电压方向如图 2-33(a)所示时,伏安特性为第一象限的曲线;当外加电压反向时,电流很小,如第三象限的曲线所示。说明施加于二极管的电压方向不同时,流过它的电流完全不同,故称这种非线性元件具有单向性。如

果电流电压关系与方向无关,即伏安特性曲线对称于原点,则称为双向元件。双向元件接入电路时,两个端子互换不会影响电路工作,而互换单向元件的两个端子就会产生完全不同的结果,所以两个端子必须明确区分,不能接错。

非线性电阻的伏安特性不是一条通过原点的直线,特性曲线上每一点的电压与电流的比值不同,且由于电压变化引起的电流变化亦不同。为说明元件某一点的工作特性,满足计算上的需要,引入静态电阻和动态电阻的概念,它们的定义分别为

$$R = \frac{u}{i} \tag{2-21}$$

$$R_d = \frac{du}{di} \tag{2-22}$$

显然静态电阻 R 与动态电阻 R_d 一般都是电压和电流的函数。对于图 2-32(b)、图 2-32(c) 的曲线均有一下倾段,在这段范围内,电流随电压的增加而下降,其动态电阻为负值。因而工作在这段范围内的元件具有"负电阻"的特性。

2. 非线性电阻电路的图解法

对非线性电阻,欧姆定律不适用。对非线性电路,叠加定理不适用。以前介绍的线性电路的分析计算方法,对非线性电路一般是不适用的。基尔霍夫定律与元件性质无关,它同样是分析计算非线性电路的依据。图解法是根据基尔霍夫定律、借助于非线性电阻元件的伏安特性曲线,用作图方法求解电路的一种方法,它是分析简单非线性电阻电路的常用方法之一。

图 2-34(a)所示是一非线性电阻电路,已知电源电压 U_S、线性电阻 R_i,非线性电阻元件的伏安特性如图 2-34(b)所示,求出电路中的电流 i 和非线性电阻上的电压 u。计算一个非线性电阻与线性电阻串联的电路,常采用图解法。对于非线性电阻电路,应用戴维南定理,一般均能等效变换为图 2-34(a)所示的单回路形式的电路。

对于图 2-34(a),根据 KVL 列出电路方程如下

$$u = U_S - R_i i \tag{2-23}$$

此方程就是图 2-34(a)虚线矩形框所表示的有源二端网络的伏安特性,它在 u-i 平面上表示一条直线,如图 2-34(b)中的直线①,其斜率为 $-\dfrac{1}{R_i}$,在电子电路中,直流电压源通常表示偏置电压,而 R_i 表示负载,所以由式(2-23)确定的直线称为直流负载线。

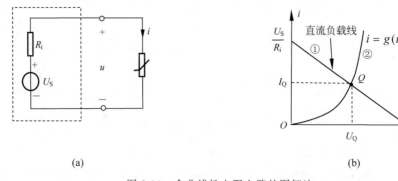

(a)   (b)

图 2-34 含非线性电阻电路的图解法

设非线性电阻的伏安特性为

$$i = g(u) \tag{2-24}$$

式(2-24)与图 2-34(b)中的曲线②对应,图中直线①与曲线②的交点 $Q(U_Q、I_Q)$同时满足式(2-23)和式(2-24),它就是电路的直流工作点,或称**静态工作点**。利用非线性电阻的伏安特性和线性有源二端网络的外特性直线相交的图解法常称为曲线相交法。

如果图 2-34 所示电路的非线性电阻的伏安特性 $i = g(u)$如图 2-35 所示,用曲线相交法解得电路有三个解答,即交点 Q_1、Q_2 和 Q_3。

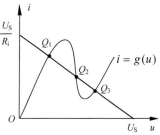

图 2-35 曲线相交点的三个解答

【**例 2-10**】 图 2-36(a)所示为晶体三极管电路,其电路模型如图 2-36(b)所示。已知 $U_C = 20\text{V}$,$R_C = 6\text{k}\Omega$。三极管的伏安特性曲线如图 2-36(c)所示,它是流入集电极 C 的电流 i_C 与 u_{CE}(集电极与发射极之间的电压)间的关系,这个关系因基极电流 i_B 的不同而不同。图中表示了几个不同的 i_B 值的曲线。现设 $i_B = 40\mu\text{A}$,求三极管的电流 i_C 与电压 u_{CE}。

【**解**】 由图 2-36(b)可得

$$u_{CE} = U_C - R_C i_C = 20 - 6i_C$$

上式在 u-i 平面上表示为一条直线,画在图 2-36(c)中。找出 $i_B = 40\mu\text{A}$ 时三极管的伏安特性曲线,利用曲线相交法得到交点 Q,该点就是所求的静态工作点。由图 2-36 可求出三极管的电流与电压为

$$i_C = 1.8\text{mA}$$

$$u_{CE} = 9\text{V}$$

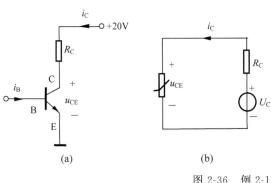
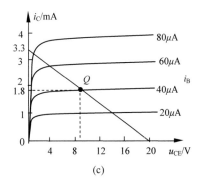

图 2-36 例 2-10 的图

思考题与习题

【2-1】 什么是关联参考方向?什么是非关联参考方向?

【2-2】 在图 2-37 中,$U_{ab} = -3\text{V}$,试问 a、b 两点中哪点电位高?

【2-3】 图 2-38 中各方框均表示闭合电路中的某一元件,其中各电压、电流的参考方向在图中已标出,且已知(a)$U = -1\text{V}$,$I = 2\text{A}$;(b)$U = -2\text{V}$,$I = 3\text{A}$;(c)$U = 4\text{V}$,$I = 2\text{A}$;

(d)$U=-1V,I=2A$。试判断哪些是电源？哪些是负载？

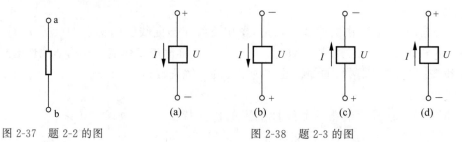

图 2-37 题 2-2 的图   图 2-38 题 2-3 的图

【2-4】 电路如图 2-39 所示，已知 $U_1=5V,U_2=4V,U_6=-3V,U_7=-2V$; $I_1=5A$，$I_2=2A,I_7=-3A$。

(1) 试求 U_3、U_4、U_5 和 I_5、I_4。

(2) 试写出计算 U_{ad} 的三个表达式，并利用(1)的结果验证：计算电路中任意两点间的电压与所选取的路径无关。

【2-5】 电路如图 2-40 所示，试计算开关 S 断开和闭合时 A 点的电位。

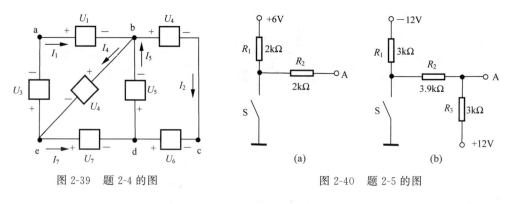

图 2-39 题 2-4 的图   图 2-40 题 2-5 的图

【2-6】 试用叠加原理计算图 2-41 所示电路中标出的电压 U 和电流 I。

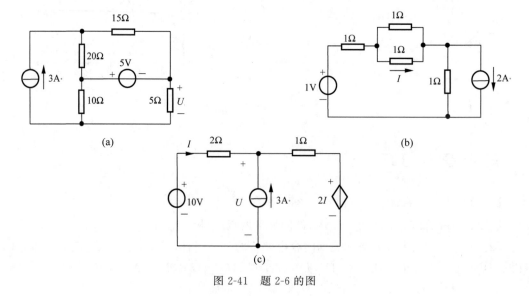

图 2-41 题 2-6 的图

【2-7】 试用戴维南定理求图 2-42 所示电路中流过 R_L 的电流 I。已知 R_L 分别为 12Ω、24Ω、48Ω。

【2-8】 图 2-43 是常见的分压电路,试分别用戴维南定理和诺顿定理求负载电流 I_L。

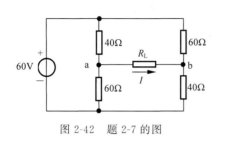

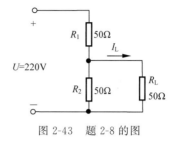

图 2-42 题 2-7 的图   图 2-43 题 2-8 的图

【2-9】 求图 2-44 所示各电路的输入电阻 R_i。

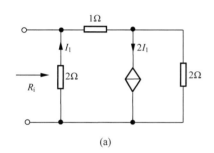

(a)

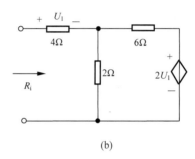

(b)

图 2-44 题 2-9 的图

【2-10】 图 2-45(a)所示电路,非线性电阻伏安关系如图 2-45(b)所示。求电压 u 和电流 i_1。

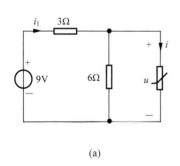

(a)

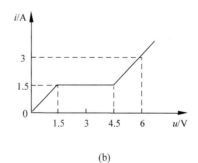

(b)

图 2-45 题 2-10 的图

第3章

CHAPTER 3

正弦交流电路

　　所谓正弦交流电路,是指含有正弦电源(激励)而且电路各部分产生的电压和电流(响应)均按正弦规律变化的电路。在生产和生活上所用的交流电,一般都是指正弦交流电,因此,正弦交流电路是电路理论很重要的一部分内容。本章重点讨论正弦交流电的基本概念、相量分析方法、简单正弦交流电路分析、谐振现象及三相交流电的基本知识。

3.1　交流电的基本概念

　　交流电是指大小和方向随时间做周期性往复变化的电压和电流。图 3-1 给出了几种周期性交流电的波形。

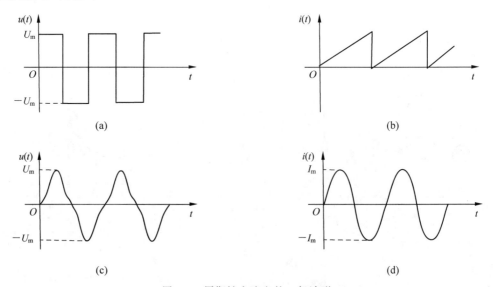

图 3-1　周期性交流电的一般波形

　　图 3-1(d)所示的交流电,其大小和方向随时间按正弦规律变化,称为正弦交流电,它是最常用的交流电。例如,发电厂提供的电能是正弦交流电的形式;在收音机里为了听到语音广播信号用到的"高频载波"是正弦波形;正弦信号发生器输出的信号电压,也是随时间按正弦规律变化的。

3.1.1　正弦交流电的三要素

图 3-2 示出了正弦量(以电流 i 为例)的一段变化曲线,该曲线可用下式表示

$$i = I_m \sin(\omega t + \varphi_0) \tag{3-1}$$

式中,i 表示交流电流的瞬时大小,称瞬时值;I_m 是瞬时值中最大的值,称幅值;ω 表示正弦电流的角频率;φ_0 表示正弦电流的初相位。**幅值、角频率、初相位合称为正弦量的"三要素"**,它们分别表示正弦交流电变化的幅度、快慢和初始状态。下面分别给予详细说明。

1. 幅值

幅值是瞬时值中的最大值,又称为最大值或峰值,通常用 I_m 或 U_m 表示,它们是与时间无关的常数。

2. 角频率

角频率是表示正弦量变化快慢的一个物理量,为了说明角频率的概念,先了解周期 T 和频率 f 的含义。

周期 T 是正弦量变化一周所需要的时间,周期 T 越大,波形变化越慢;反之,周期 T 越小,波形变化越快。周期 T 的单位是 s(秒)。

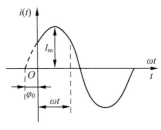

图 3-2　正弦波形

频率 f 表示每秒时间内正弦量重复变化的次数。f 越大,正弦量变化越快,反之越慢。频率的单位是 Hz(赫兹),较高的频率用 kHz(千赫)和 MHz(兆赫)表示。$1\text{kHz} = 10^3\text{Hz}$,$1\text{MHz} = 10^6\text{Hz}$。

周期 T 和频率 f 互为倒数,即

$$T = \frac{1}{f} \quad \text{或} \quad f = \frac{1}{T} \tag{3-2}$$

中国发电厂提供的电能规定频率 $f = 50\text{Hz}$,即每变化一周需要的时间为

$$T = \frac{1}{50} = 0.02(\text{s})$$

正弦量变化一个周期,相当于正弦函数变化 2π 弧度,角频率 ω 表示正弦量每秒变化的弧度数,单位是 rad/s(弧度/秒),角频率与周期的关系为

$$\omega T = 2\pi$$

即

$$\omega = \frac{2\pi}{T} = 2\pi f \tag{3-3}$$

中国电力系统提供的正弦交流电的频率 $f = 50\text{Hz}$,即角频率

$$\omega = 100\pi\text{rad/s} = 314\text{rad/s}$$

3. 初相位

式(3-1)中的 $\omega t + \varphi_0$ 称为正弦量的相位角,简称相位,相位角是时间的函数。当 $t = 0$ 时,正弦量的相位称为初相位,又称初相角。**初相位 φ_0 的大小和正负,与选择的时间起点有关。**

通常规定正弦量由负值变化到正值经过的零点为该正弦量的零点,离计时起点($t = 0$)最近的正弦量零点到计时起点之间对应的电角度即为初相位 φ_0。φ_0 的正负可以这样确

定：当正弦量的初始瞬时值为正时，φ_0 为正；初始瞬时值为负时，φ_0 为负。或从正弦零点所处的位置来看，如果离计时起点最近的正弦零点在纵轴的左侧时，φ_0 为正；若在右侧时，φ_0 为负。两种方法所得结果相同。图 3-3 给出了几种不同初相位的正弦电压波形。

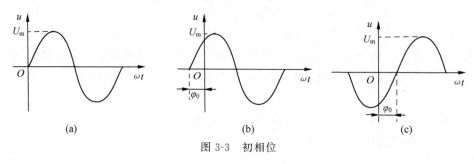

图 3-3　初相位

图 3-3(a) 中，$\varphi_0 = 0$；图 3-3(b) 中，$\varphi_0 > 0$；图 3-3(c) 中，$\varphi_0 < 0$。

由上述初相位 φ_0 的定义可知，其取值范围为 $-\pi < \varphi_0 < \pi$。

3.1.2　正弦交流电的相位差

两个同频率的正弦交流电在任何瞬时的相位之差或初相位之差称为相位差，用 φ 表示。

图 3-4 中，u 和 i 的波形可用下式表示

$$\begin{cases} u = U_m \sin(\omega t + \varphi_1) \\ i = I_m \sin(\omega t + \varphi_2) \end{cases} \tag{3-4}$$

u 和 i 的相位差为

$$\varphi = (\omega t + \varphi_1) - (\omega t + \varphi_2) = \varphi_1 - \varphi_2 \tag{3-5}$$

可见，相位差 φ 的大小与时间 t、角频率 ω 无关，它仅取决于两个同频正弦量的初相位。

当两个同频正弦量的计时起点($t=0$)改变时，它们的相位和初相位随之改变，但两者的相位差始终不变。

由图 3-4 可见，因为 u 和 i 的初相位不同(不同相)，所以它们的变化步调是不一致的，即不是同时到达正的幅值和零值。图中 $\varphi > 0$($\varphi_1 > \varphi_2$)，所以 u 较 i 先到达正的幅值，称 u 比 i 超前 φ 角，或者 i 比 u

图 3-4　相位差

滞后 φ 角。图 3-5 示出了几种特殊的相位关系。

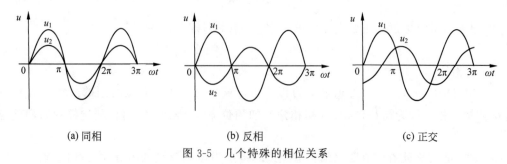

(a) 同相　　　　　　　　　(b) 反相　　　　　　　　　(c) 正交

图 3-5　几个特殊的相位关系

图 3-5(a)中，$\varphi=0$，称 u_1 和 u_2 同相；图 3-5(b)中，$\varphi=\pi$，称 u_1 和 u_2 反相；图 3-5(c)中，$\varphi=\dfrac{\pi}{2}$，称 u_1 和 u_2 正交。

3.1.3　正弦交流电的有效值

无论从测量还是使用上，用瞬时值或最大值表示交流电在电路中产生的效果（如热、机械、光等效应）既不确切也不方便。为了使交流电的大小能反映它在电路中做功的效果，常用有效值表示交流电量的量值，如常用的交流电压 220V、380V 等都是指有效值。

有效值是从电流的热效应来规定的，因为在电路中电流常表现出其热效应。若某一周期电流 i 通过电阻 R（如电阻炉）在一个周期内产生的热量，和另一直流电流 I 通过同样大小的电阻在相等时间内产生的热量相等，那么，i 的有效值在数值上就等于 I。因此可得

$$\int_0^T Ri^2\,\mathrm{d}t = RI^2 T$$

由此得出交流电流的有效值

$$I = \sqrt{\frac{1}{T}\int_0^T i^2\,\mathrm{d}t} \tag{3-6}$$

若 $i = I_\mathrm{m}\sin\omega t$，则

$$I = \sqrt{\frac{1}{T}\int_0^T I_\mathrm{m}^2\sin^2\omega t\,\mathrm{d}t} = \frac{I_\mathrm{m}}{\sqrt{2}} = 0.707I_\mathrm{m} \tag{3-7}$$

同理

$$U = \frac{U_\mathrm{m}}{\sqrt{2}} = 0.707U_\mathrm{m} \tag{3-8}$$

$$E = \frac{E_\mathrm{m}}{\sqrt{2}} = 0.707E_\mathrm{m} \tag{3-9}$$

式(3-7)～式(3-9)表明，正弦交流电的有效值等于它的最大值的 0.707 倍，按照规定，有效值都用大写字母表示。

所有交流用电设备铭牌上标注的额定电压、额定电流都是有效值，一般交流电流表和电压表的刻度也是根据有效值来标定的。

【例 3-1】　在某电路中，$i = 100\sin\left(6280t - \dfrac{\pi}{4}\right)\mathrm{mA}$。（1）试指出它的频率、周期、角频率、幅值、有效值及初相位各为多少？（2）画出该电流的波形图。

【解】　（1）角频率。

$$\omega = 6280\,\mathrm{rad/s}$$

频率

$$f = \frac{\omega}{2\pi} = \frac{6280}{2\times3.14} = 1000(\mathrm{Hz})$$

周期

$$T = \frac{1}{f} = \frac{1}{1000} = 0.001(\mathrm{s})$$

幅值

$$I_m = 100 \text{mA}$$

有效值

$$I = 0.707 \, I_m = 70.7 \text{mA}$$

初相位

$$\varphi_0 = -\frac{\pi}{4}$$

（2）该电流的波形如图 3-6 所示。

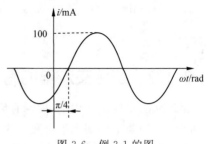

图 3-6　例 3-1 的图

3.2　正弦量的相量表示方法

如 3.1 节所述，一个正弦量具有幅值、角频率、初相位三个特征量(三要素)，它可用三角函数式(见式(3-1))或正弦波形(见图 3-2)来表示，但用这两种方法来计算正弦交流电的和或差时，运算过程烦琐，很不方便。因此，在电路领域，常用相量表示正弦量，相量表示法的基础是复数，就是用复数表示正弦量。

3.2.1　用旋转相量表示正弦量

设有一正弦电压 $u = U_m \sin(\omega t + \varphi_0)$，如图 3-7(b)所示，用旋转相量表示的方法如下。

以直角坐标系的 O 点为原点，取相量的长度为振幅 U_m，相量的起始位置与横轴正方向之间的夹角为初相位 φ_0，并以角频率 ω 绕原点按逆时针方向旋转，这样，该相量在旋转的过程中，它每一瞬时在纵轴上的投影即代表正弦电压在该时刻的瞬时值，如图 3-7(a)所示。

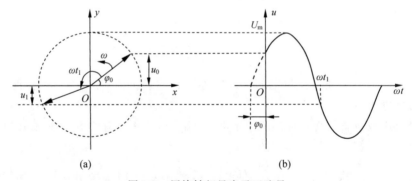

图 3-7　用旋转相量表示正弦量

例如，$t=0$ 时，$u_0 = U_m \sin\varphi_0$；$t=t_1$ 时，$u_1 = U_m \sin(\omega t_1 + \varphi_0)$。

如上所述，正弦量可用一条旋转的有向线段表示，而有向线段可用复数表示，所以正弦量也可用复数表示。为了与一般的复数相区别，把表示正弦量的复数称为相量，并在大写字母上打"·"表示，例如，正弦电压 $u = U_m \sin(\omega t + \varphi_0)$ 的相量表示式为

$$\dot{U}_m = U_m(\cos\varphi_0 + j\sin\varphi_0) = U_m e^{j\varphi_0} = U_m \angle \varphi_0 \tag{3-10}$$

或

$$\dot{U} = U(\cos\varphi_0 + j\sin\varphi_0) = U e^{j\varphi_0} = U \angle \varphi_0 \tag{3-11}$$

$\dot{U}_{\mathrm{m}}$ 是电压的幅值相量,$\dot{U}$ 是电压的有效值相量。注意,**相量只是表示正弦量,而不是等于正弦量**。另外,式(3-10)或式(3-11)中只有两个特征量,即模和幅角,也就是正弦量的幅值(或有效值)和初相位。由于在线性电路中,电路的输入和输出均为同频率的正弦量,频率是已知的或特定的,可不必考虑,只需求出正弦量的幅值(或有效值)和初相位即可。

3.2.2　相量图

按照各个正弦量的大小和相位关系用初始位置的有向线段画出的若干个相量的图形,称为相量图。**在相量图上能形象地看出各个正弦量的大小和相互间的相位关系**。例如,图 3-4 中用正弦波形表示的两个正弦量,若用相量图表示则如图 3-8 所示。

由图 3-4 容易看出,电压相量 $\dot{U}$ 比电流相量 $\dot{I}$ 超前 φ 角,即正弦电压 u 比正弦电流 i 超前 φ 角。

关于相量表示法作以下几点说明。

(1)只有正弦周期量才能用相量表示,相量不能表示非正弦周期量。

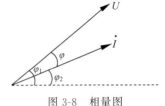

图 3-8　相量图

(2)只有同频率的正弦量才能画在同一相量图上,不同频率的正弦量不能画在同一相量图上,否则就无法进行比较和计算。

(3)在相量图中,可以用幅值相量,也可化为有效值相量,但是必须注意,有效值相量在纵轴上的投影不再代表正弦量的瞬时值。

(4)作相量图时,各相量的相对位置很重要。一般任选一个相量为参考相量,通常把它画在直角坐标系的横轴位置上,其余各相量的位置,则以与这个参考相量之间的相位差来确定,如图 3-8 所示。

3.2.3　正弦交流电路的相量分析方法

在交流电路的分析计算中,常常需要将几个同频率的正弦量相加或相减。如图 3-9 所示的电路中,已知两正弦电流 $i_1 = I_{1\mathrm{m}}\sin(\omega t + \varphi_1)$,$i_2 = I_{2\mathrm{m}}\sin(\omega t + \varphi_2)$,试确定 $i = i_1 + i_2$。

求解总电流 i 的方法很多,可用三角函数式求解,也可用复数式求解,还可用正弦波形求解,这里仅讨论相量图求解法,其具体方法如下。

如图 3-10 所示,首先做出表示电流 i_1 和 i_2 的相量 $\dot{I}_{1\mathrm{m}}$ 和 $\dot{I}_{2\mathrm{m}}$,然后以 $\dot{I}_{1\mathrm{m}}$ 和 $\dot{I}_{2\mathrm{m}}$ 为两邻边做一平行四边形,其对角线即为总电流 i 的幅值相量 $\dot{I}_{\mathrm{m}}$,对角线与横轴正方向(参考相量)之间的夹角即为初相位 φ_0。这就是相量运算中的**平行四边形法则**。

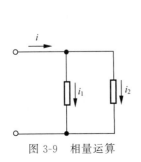

图 3-9　相量运算

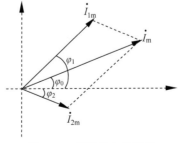

图 3-10　相量的加法运算

如果要进行正弦量的减法运算,仍可利用平行四边形法则。例如,在图 3-9 中,若已知 $i = I_m \sin(\omega t + \varphi_0)$,$i_2 = I_{2m} \sin(\omega t + \varphi_2)$,求 $i_1 = i - i_2$。

这时,首先用相量表示 i 和 i_2。根据相量关系知道,求 $i - i_2$ 可通过求 $\dot{I}_m - \dot{I}_{2m}$ 得到,因减相量等于加负相量,故合成相量 $\dot{I}_{1m} = \dot{I}_m + (-\dot{I}_{2m})$。所以,以 $\dot{I}_m$ 和 $-\dot{I}_{2m}$ 为两邻边作一平行四边形,其对角线即为 i_1 的相量,如图 3-11 所示。

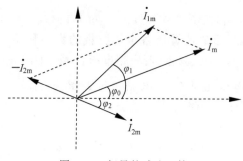

图 3-11　相量的减法运算

由上述可见,利用相量法进行正弦量的加、减运算十分简便,相量法是分析正弦交流电路的常用工具。

3.3　交流电路中的基本元件

电阻、电感与电容是组成电路的基本元件。本节重点讨论在正弦交流电路中,三种元件中电压与电流的一般关系及能量的转换问题。

3.3.1　电阻元件

图 3-12 中,u 和 i 为关联参考方向,根据欧姆定律得出

$$i = \frac{u}{R}$$

或

$$u = Ri \qquad (3-12)$$

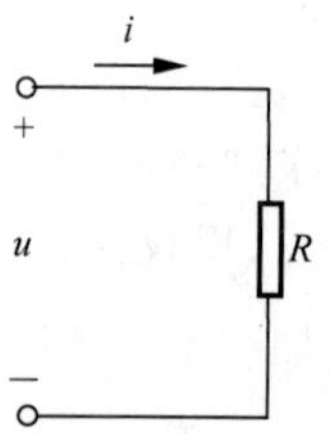

式(3-12)表明,电阻元件上的电压与通过它的电流成线性关系。

若式(3-12)两边同时乘以 i,并积分,则得

$$\int_0^t ui\,dt = \int_0^t Ri^2\,dt$$

上式表明电能全部消耗在电阻上,转换为热能。

图 3-12　电阻元件

3.3.2　电感元件

图 3-13(a)所示是一个电感线圈,图 3-13(b)是电感元件的符号。

当电感线圈中通过电流 i 时,在线圈内部和外部建立磁场形成磁通 Φ(电感具有储存磁场能量的性质),Φ 与线圈 N 匝都交链,线圈各匝相链的磁通总和称为磁链 Ψ,当线圈中没有铁磁材料时,Ψ 或 Φ 与 i 成正比关系,即

$$\Psi = N\Phi = Li \quad 或 \quad L = \frac{\Psi}{i} = \frac{N\Phi}{i} \quad\quad (3\text{-}13)$$

当通过线圈的磁通（磁链）发生变化时，线圈中要产生感应电动势 e_L，根据法拉第电磁感应定律（感应电动势等于回路包围的磁链变化率的负值）得

$$e_L = -\frac{\mathrm{d}\Psi}{\mathrm{d}t} = -N\frac{\mathrm{d}\Phi}{\mathrm{d}t} \quad\quad (3\text{-}14)$$

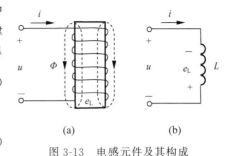

图 3-13　电感元件及其构成

将磁链 $\Psi = Li$ 代入上式中，则得

$$e_L = -L\frac{\mathrm{d}i}{\mathrm{d}t} \quad\quad (3\text{-}15)$$

e_L 称为自感电动势。式（3-15）表明，当电流的正值增大，即 $\frac{\mathrm{d}i}{\mathrm{d}t} > 0$ 时，e_L 为负值，表明 e_L 的实际方向与电流的方向相反，这时 e_L 要阻碍电流的增大；反之，当电流的正值减小，即 $\frac{\mathrm{d}i}{\mathrm{d}t} < 0$ 时，e_L 为正值，表明 e_L 的实际方向与电流的方向相同，这时 e_L 要阻碍电流的减小。可见，自感电动势具有阻碍电流变化的性质。

电感 L 的单位是 H（亨利）或 mH（毫亨），线圈的电感与线圈的尺寸、匝数以及附近介质的导磁性能有关。例如，有一密绕的长线圈，其横截面积为 $S(\mathrm{m}^2)$，长度为 $l(\mathrm{m})$，匝数为 N，介质的磁导率为 $\mu(\mathrm{H/m})$，则其电感 $L(\mathrm{H})$ 为

$$L = \frac{\mu S N^2}{l} \quad\quad (3\text{-}16)$$

由图 3-13(b)可列出 KVL 方程为

$$u + e_L = 0$$

即

$$u = -e_L = L\frac{\mathrm{d}i}{\mathrm{d}t} \qu\quad (3\text{-}17)$$

式（3-17）表明，电感元件上的电压与通过它的电流成导数关系。当线圈中通过不随时间变化的恒定电流（即在直流电路稳定状态下）时，其上电压为零，因此，**电感元件在直流电路中可视为短路**。

最后，讨论一下电感元件中的能量转换问题。将式（3-17）两边乘 i，并积分，得

$$\int_0^t ui\,\mathrm{d}t = \int_0^t Li\,\mathrm{d}i = \frac{1}{2}Li^2 \quad\quad (3\text{-}18)$$

式中的 $\frac{1}{2}Li^2$ 为磁场能量。式（3-18）表明，当电感元件中的电流增大时，磁场能量增大，在此过程中电能转换为磁能，即电感元件从电源取用能量；当电流减小时，磁能转换为电能，即电感元件向电源放还能量。

3.3.3　电容元件

图 3-14(a)是电容元件的符号，电容元件是实际电容器的理想模型。实际电容器的种类和规格很多，然而就其构成的基本原理来说，都是由被绝缘介质隔离的两片平行金属极板组

成的,两极板用金属导线引出,如图 3-14(b)所示。

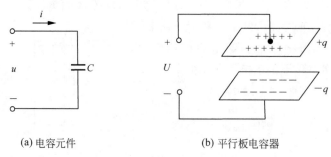

(a) 电容元件　　　　　　　　(b) 平行板电容器

图 3-14　电容元件及其构成

当两极板间加电源时,与电源正极相连的金属板上就要积聚正电荷+q,而与负极相连的金属板上就要积聚负电荷-q,正、负电荷的电量是相等的(电容具有储存电场能量的性质)。电容器极板上所积聚的电量 q 与其上电压成正比,即

$$\frac{q}{u} = C \tag{3-19}$$

式中,C 称为电容,电容的单位是 F(法拉)。当将电容器充上 1V 的电压时,极板上积累了 1C 的电荷量,则该电容器的电容就是 1F。由于法拉的单位太大,工程上多采用 μF(微法)或 pF(皮法),$1\mu F = 10^{-6} F$,$1pF = 10^{-12} F$。

电容器的电容与极板的尺寸及其间介电常数有关。例如,有一极板间距离很小的平行板电容器,其极板面积为 $S(\mathrm{m}^2)$,板间距离为 $d(\mathrm{m})$,其间介质的介电常数为 $\varepsilon(\mathrm{F/m})$,则其电容 $C(\mathrm{F})$ 为

$$C = \frac{\varepsilon S}{d} \tag{3-20}$$

当极板上的电荷量 q 或电压 u 发生变化时,在电路中就要引起电流

$$i = \frac{\mathrm{d}q}{\mathrm{d}t} = C\frac{\mathrm{d}u}{\mathrm{d}t} \tag{3-21}$$

式(3-21)是在 u 和 i 为关联参考方向下(见图 3-14(a))得出的,否则要加一个负号。

当电容器两端加恒定电压(直流稳定状态)时,由式(3-21)可知,$i=0$,因此,**在直流电路中,电容元件可视作开路**。

将式(3-21)两边乘 u,并积分,可得

$$\int_0^t ui\,\mathrm{d}t = \int_0^t Cu\,\mathrm{d}u = \frac{1}{2}Cu^2 \tag{3-22}$$

式中的 $\frac{1}{2}Cu^2$ 为电容极板间的电场能量。式(3-22)表明,当电容元件上的电压增大时,电场能量增大,在此过程中电容元件从电源取用能量,电容处于充电状态;当电压减小时,电场能量减小,这时电容元件向电源放还能量,电容处于放电状态。

表 3-1 列出了电阻元件、电感元件和电容元件在几个方面的特征,希望有助于读者以比较的方式加深理解。

表 3-1 电阻、电感和电容元件的特征

特征	元件		
	电阻元件	电感元件	电容元件
电压与电流的关系	$u = Ri$	$u = L \dfrac{di}{dt}$	$i = C \dfrac{du}{dt}$
参数意义	$R = \dfrac{u}{i}$	$L = \dfrac{N\Phi}{i}$	$C = \dfrac{q}{u}$
能量	$\displaystyle\int_0^t Ri^2 \, dt$	$\dfrac{1}{2} Li^2$	$\dfrac{1}{2} Cu^2$

【例 3-2】 如图 3-15(a)所示电路,电流源 $i(t)$ 的波形如图 3-15(b)所示。(1)试画出电感元件中产生的自感电动势 e_L 和两端电压 u 的波形;(2)试计算在电流增大的过程中电感元件从电源吸取的能量和在电流减小的过程中它放出的能量。

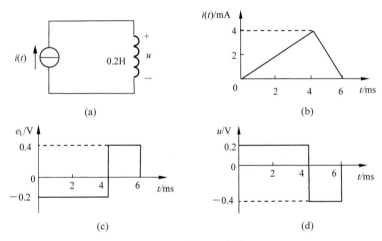

图 3-15 例 3-2 的图

【解】 (1)电流 $i(t)$ 的函数表达式如下。

$$i(t) = \begin{cases} t \, \text{mA}, & 0 \leqslant t \leqslant 4\text{ms} \\ (-2t + 12) \, \text{mA}, & 4\text{ms} \leqslant t \leqslant 6\text{ms} \end{cases}$$

可分段计算 e_L 及 u。

当 $0 \leqslant t \leqslant 4\text{ms}$ 时

$$e_L = -L \frac{di}{dt} = -0.2\text{V}$$

$$u = -e_L = 0.2\text{V}$$

当 $4\text{ms} \leqslant t \leqslant 6\text{ms}$ 时

$$e_L = -L \frac{di}{dt} = -0.2 \times (-2) = 0.4(\text{V})$$

$$u = -e_L = -0.4\text{V}$$

e_L 和 u 的波形分别如图 3-15(c)、图 3-15(d)所示,由图可以看出,当电感电流变化率 (di/dt) 为正值时,电感电压 u 也为正值;当电感电流变化率为负值时,电感电压也为负值。

显然,电感电压与电流波形并不相同。

(2) 在电流增大的过程中电感元件所吸取的能量和在电流减小的过程中所放出的能量是相等的,即为 $t \leqslant 4\text{ms}$ 时的磁能。

$$\frac{1}{2}Li^2 = \frac{1}{2} \times 0.2 \times (4 \times 10^{-3})^2 = 1.6 \times 10^{-6} (\text{J})$$

3.4 单一参数的正弦交流电路

分析各种交流电路时,必须首先掌握单一参数(电阻、电感、电容)交流电路中电压与电流之间的关系,因为其他电路无非是一些单一参数电路的组合而已。

3.4.1 纯电阻电路

图 3-16(a)是一个线性电阻元件的交流电路。

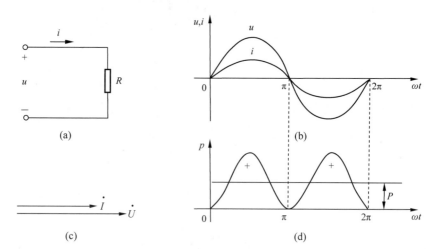

图 3-16 电阻元件的交流电路

电压 u 和电流 i 的参考方向如图 3-16(a)所示,两者的关系由欧姆定律确定,即

$$u = Ri$$

为了分析方便起见,选择电流经过零点并向正值增加的瞬间作为计时起点($t=0$),即设

$$i = I_m \sin\omega t \tag{3-23}$$

为参考相量,则

$$u = Ri = RI_m \sin\omega t = U_m \sin\omega t \tag{3-24}$$

也是一个同频率的正弦量。

比较式(3-23)、式(3-24)可以看出,在纯电阻交流电路中,电流与电压是同相的(相位差 $\varphi = 0$),其波形如图 3-16(b)所示。

在式(3-24)中

$$U_m = RI_m$$

或

$$\frac{U_m}{I_m} = \frac{U}{I} = R \tag{3-25}$$

由此可见,在纯电阻正弦交流电路中,电压与电流的幅值(或有效值)的比值,就是电阻 R。

若用相量表示电压与电流的关系,则为

$$\dot{U} = U e^{j0°}, \quad \dot{I} = I e^{j0°}$$

$$\frac{\dot{U}}{\dot{I}} = \frac{U}{I} e^{j0°} = R$$

或

$$\dot{U} = R\dot{I} \tag{3-26}$$

式(3-26)是欧姆定律的相量形式,电压和电流的相量图如图 3-16(c)所示。

下面讨论纯电阻正弦交流电路中的功率问题。在任意瞬间,电压瞬时值 u 与电流瞬时值 i 的乘积,称为**瞬时功率**,用小写字母 p 表示,即

$$p = p_R = ui = U_m I_m \sin^2 \omega t = \frac{U_m I_m}{2}(1 - \cos 2\omega t) = UI(1 - \cos 2\omega t) \tag{3-27}$$

由式(3-27)可见,p 是由两部分组成的,第一部分是常数 UI,第二部分是幅值为 UI 并以 2ω 的角频率随时间而变化的交变量 $UI\cos 2\omega t$。p 随时间变化的波形如图 3-16(d)所示。

在纯电阻正弦交流电路中,由于 u 和 i 同相,它们或同时为正,或同时为负,所以瞬时功率总是正值,即 $p \geqslant 0$。这表明外电路总是从电源取用能量,即电阻从电源取用电能并转换为热能,这是一种不可逆的能量转换过程。

在纯电阻正弦交流电路中,**平均功率**为

$$P = \frac{1}{T}\int_0^T p\,dt = \frac{1}{T}\int_0^T UI(1 - \cos 2\omega t)\,dt = UI = RI^2 = \frac{U^2}{R} \tag{3-28}$$

它表示一个周期内电路消耗电能的平均功率。

3.4.2　纯电感电路

图 3-17(a)为一电感线圈组成的交流电路,假定这个线圈中只有电感,而忽略线圈电阻,此即一纯电感电路。设电流为参考正弦量,即

$$i = I_m \sin \omega t$$

则

$$u = L\frac{di}{dt} = L\frac{d(I_m \sin \omega t)}{dt} = \omega L I_m \cos \omega t = \omega L I_m \sin(\omega t + 90°)$$

$$= U_m \sin(\omega t + 90°) \tag{3-29}$$

也是一个同频率的正弦量。

比较以上两式可知,在纯电感正弦交流电路中,电流的相位滞后电压 $90°$(相位差 $\varphi = +90°$)(通常规定,当电流滞后于电压时,相位差 φ 为正;当电流超前于电压时,相位差 φ 为负。这样规定是便于说明电路是电感性的还是电容性的),其波形如图 3-17(b)所示。

在式(3-29)中

$$U_m = \omega L I_m$$

或

$$\frac{U_m}{I_m} = \frac{U}{I} = \omega L \tag{3-30}$$

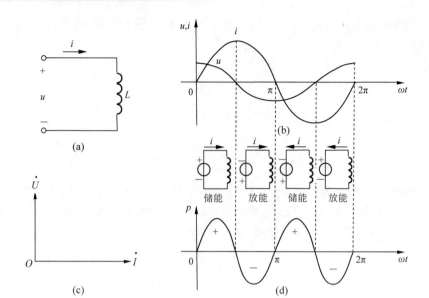

图 3-17 电感元件的交流电路

由此可见,在纯电感正弦交流电路中,电压与电流的幅值(或有效值)之比为 ωL,显然,它的单位是 Ω(欧姆)。当电压 U 一定时,ωL 愈大,则电流 I 愈小,可见 ωL 具有阻碍交流电流的性质,故称为**感抗**,通常用 X_{L} 表示,即

$$X_{\mathrm{L}} = \omega L = 2\pi f L \tag{3-31}$$

式(3-31)表明,感抗 X_{L} 与电感 L、频率 f 成正比。因此,电感线圈对高频电流的阻碍作用很大,而对直流则可视作短路,即对直流来讲,$X_{\mathrm{L}}=0$。

当 U 和 L 一定时,X_{L} 和 I 与 f 的关系如图 3-18 所示。应该注意的一点是,X_{L} 只是电压与电流的幅值或有效值之比,而非它们的瞬时值之比,即 $X_{\mathrm{L}} \neq \dfrac{u}{i}$。

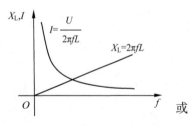

图 3-18 X_{L} 和 I 与 f 的关系

如果用相量表示电压与电流的关系,则为

$$\dot{U} = U\mathrm{e}^{\mathrm{j}90^\circ} \quad \dot{I} = I\mathrm{e}^{\mathrm{j}0^\circ}$$

$$\frac{\dot{U}}{\dot{I}} = \frac{U}{I}\mathrm{e}^{\mathrm{j}90^\circ} = \mathrm{j}X_{\mathrm{L}}$$

或

$$\dot{U} = \mathrm{j}X_{\mathrm{L}}\dot{I} = \mathrm{j}\omega L\dot{I} \tag{3-32}$$

式(3-32)表明,在纯电感正弦电路中,电压的有效值等于电流的有效值与感抗的乘积,在相位上电压比电流超前 90°,电压和电流的相量图如图 3-17(c)所示。

最后讨论纯电感正弦电路中的功率问题。

瞬时功率 p 为

$$p = p_{\mathrm{L}} = ui = U_{\mathrm{m}}I_{\mathrm{m}}\sin\omega t\sin(\omega t + 90^\circ) = U_{\mathrm{m}}I_{\mathrm{m}}\sin\omega t\cos\omega t$$

$$= \frac{U_{\mathrm{m}}I_{\mathrm{m}}}{2}\sin 2\omega t = UI\sin 2\omega t \tag{3-33}$$

由式(3-33)可见，p 是一个幅值为 UI 并以 2ω 的角频率随时间而变化的交变量，其波形如图 3-17(d)所示。

平均功率（又称**有功功率**）P 为

$$P = \frac{1}{T}\int_0^T p\,\mathrm{d}t = \frac{1}{T}\int_0^T UI\sin 2\omega t\,\mathrm{d}t = 0 \tag{3-34}$$

从图 3-17(d)可以看出，在第一个和第三个 1/4 周期内，电流值在增大，即磁场在建立，$p>0$，电感线圈从电源取用电能，并转换为磁能而储存在线圈的磁场内；在第二个和第四个 1/4 周期内，电流值在减小，即磁场在消失，$p<0$，线圈放出原先储存的磁能并转换为电能而归还电源。这是一种可逆的能量转换过程，线圈从电源取用的能量一定等于它归还给电源的能量，所以平均功率 $P=0$，这一点从功率波形图上也容易看出。

由上述可知，在纯电感正弦电路中，没有能量消耗，只有电源与电感之间的能量互换，这种能量互换的规模可用**无功功率** Q 来衡量。规定无功功率等于瞬时功率 p 的幅值，即

$$Q = UI = X_L I^2 \tag{3-35}$$

无功功率的单位是乏(var，相当于 V·A)或千乏(kvar，相当于 kV·A)。应该注意，它并不等于单位时间内互换了多少能量。

3.4.3　纯电容电路

图 3-19(a)为纯电容正弦交流电路，电路中电流 i 和电容器两端电压 u 的参考方向如图中所示。

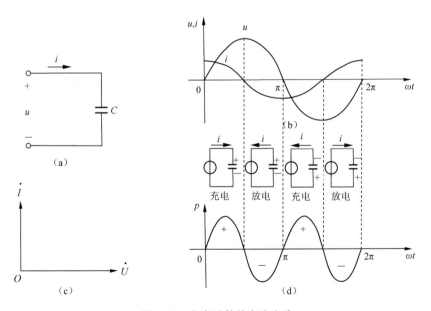

图 3-19　电容元件的交流电路

如果在电容器的两端加一正弦电压

$$u = U_{\mathrm{m}}\sin\omega t$$

则

$$i = C\frac{\mathrm{d}u}{\mathrm{d}t} = C\frac{\mathrm{d}(U_\mathrm{m}\sin\omega t)}{\mathrm{d}t} = \omega C U_\mathrm{m}\cos\omega t = \omega C U_\mathrm{m}\sin(\omega t + 90°)$$

$$= I_\mathrm{m}\sin(\omega t + 90°) \tag{3-36}$$

也是一个同频率的正弦量。

比较式(3-35)和式(3-36)可知,在纯电容正弦交流电路中,电流的相位超前于电压90°(相位差 $\varphi = -90°$)。电压和电流的波形如图3-19(b)所示。

在式(3-36)中

$$I_\mathrm{m} = \omega C U_\mathrm{m}$$

或

$$\frac{U_\mathrm{m}}{I_\mathrm{m}} = \frac{U}{I} = \frac{1}{\omega C} \tag{3-37}$$

由此可见,在纯电容正弦交流电路中,电压与电流的幅值(或有效值)之比为 $\dfrac{1}{\omega C}$,显然,它的单位是 Ω(欧姆)。当电压 U 一定时,$\dfrac{1}{\omega C}$ 愈大,则电流 I 愈小,可见 $\dfrac{1}{\omega C}$ 具有阻碍交流电流的性质,故称为**容抗**,通常用 X_C 表示,即

$$X_\mathrm{C} = \frac{1}{\omega C} = \frac{1}{2\pi f C} \tag{3-38}$$

式(3-38)表明,容抗 X_C 与电容 C、频率 f 成反比。这是因为电容愈大,在同样电压下,电容器所容纳的电荷量就愈大,因而电流愈大;当频率愈高时,电容的充放电速度愈快,在同样电压下,单位时间内电荷的移动量就愈多,因而电流愈大。所以,电容对高频电流所呈现的容抗愈小,而对直流($f = 0$)所呈现的容抗 $X_\mathrm{C} \to \infty$,可视为开路,因此,电容具有“通交隔直”的作用。

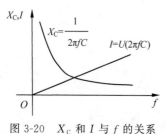

图3-20　X_C 和 I 与 f 的关系

当电压 U 和电容 C 一定时,X_C 和 I 与 f 的关系如图3-20所示。

如果用相量表示电压与电流的关系,则为

$$\dot{U} = U\mathrm{e}^{\mathrm{j}0°} \quad \dot{I} = I\mathrm{e}^{\mathrm{j}90°}$$

$$\frac{\dot{U}}{\dot{I}} = \frac{U}{I}\mathrm{e}^{-\mathrm{j}90°} = -\mathrm{j}X_\mathrm{C}$$

或

$$\dot{U} = -\mathrm{j}X_\mathrm{C}\dot{I} = -\mathrm{j}\frac{\dot{I}}{\omega C} = \frac{\dot{I}}{\mathrm{j}\omega C} \tag{3-39}$$

式(3-39)表明,在纯电容正弦电路中,电压的有效值等于电流的有效值与容抗的乘积,在相位上电压比电流滞后90°,电压和电流的相量图如图3-19(c)所示。

最后,讨论纯电容正弦电路中的功率问题。

瞬时功率 p 为

$$p = p_\mathrm{C} = ui = U_\mathrm{m}I_\mathrm{m}\sin\omega t\sin(\omega t + 90°) = U_\mathrm{m}I_\mathrm{m}\sin\omega t\cos\omega t$$

$$= \frac{U_\mathrm{m}I_\mathrm{m}}{2}\sin 2\omega t = UI\sin 2\omega t \tag{3-40}$$

由式(3-40)可见,p 是一个幅值为 UI 并以 2ω 的角频率随时间变化的交变量,其波形如图 3-19(d)所示。

平均功率(或有功功率)P 为

$$P = \frac{1}{T}\int_0^T p\,\mathrm{d}t = \frac{1}{T}\int_0^T UI\sin 2\omega t\,\mathrm{d}t = 0$$

上式说明,电容是不消耗能量的,在电源与电容之间只发生能量的互换,能量互换的规模用无功功率来衡量。

为了同纯电感电路的无功功率相比较,仍设电流为参考相量,即

$$i = I_{\mathrm{m}}\sin\omega t$$

则

$$u = U_{\mathrm{m}}\sin(\omega t - 90°)$$

于是

$$p = p_{\mathrm{C}} = ui = -UI\sin 2\omega t$$

因此,纯电容电路的**无功功率** Q 为

$$Q = -UI = -X_{\mathrm{C}}I^2 \tag{3-41}$$

即电容性电路的无功功率取负值,而电感性电路的无功功率取正值。

3.5　*RLC* 串联电路

3.4 节讨论了单一参数的正弦交流电路,然而,在实际电路中,不但存在电阻性元件,也存在感性及容性元件,本节将讨论电阻、电感与电容串联的正弦交流电路。

RLC 串联电路如图 3-21(a)所示,电路中的电流及各电压的参考方向如图中所示,由图可列出 KVL 方程如下

$$u = u_{\mathrm{R}} + u_{\mathrm{L}} + u_{\mathrm{C}} \tag{3-42}$$

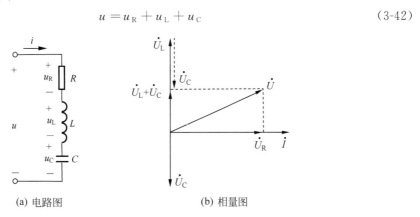

(a) 电路图　　　　(b) 相量图

图 3-21　*RLC* 串联电路

设电流 $i = I_{\mathrm{m}}\sin\omega t$ 为参考相量,则

$$u = u_{\mathrm{R}} + u_{\mathrm{L}} + u_{\mathrm{C}} = U_{\mathrm{m}}\sin(\omega t + \varphi) \tag{3-43}$$

也为同频率的正弦量,其幅值为 U_{m},与电流 i 之间的相位差为 φ。

将电压 u_{R}、u_{L}、u_{C} 用相量 $\dot{U}_{\mathrm{R}}$、$\dot{U}_{\mathrm{L}}$、$\dot{U}_{\mathrm{C}}$ 表示,把它们相加便得到电源电压 u 的相量 $\dot{U}$,见

图 3-21(b)。可见,电压相量$\dot{U}$、$\dot{U}_\mathrm{R}$ 及$(\dot{U}_\mathrm{L}+\dot{U}_\mathrm{C})$组成一个直角三角形,称为**电压三角形**,利用这个三角形可以方便地确定 u 的有效值 U 及相位差φ。

$$U=\sqrt{U_\mathrm{R}^2+(U_\mathrm{L}-U_\mathrm{C})^2}=\sqrt{(RI)^2+(X_\mathrm{L}I-X_\mathrm{C}I)^2}$$
$$=I\sqrt{R^2+(X_\mathrm{L}-X_\mathrm{C})^2}$$

或写为

$$\frac{U}{I}=\sqrt{R^2+(X_\mathrm{L}-X_\mathrm{C})^2} \tag{3-44}$$

由式(3-44)可见,在 RLC 串联正弦交流电路中,电压与电流的有效值(或幅值)之比为$\sqrt{R^2+(X_\mathrm{L}-X_\mathrm{C})^2}$,它的单位是 Ω(欧姆)。对电流起阻碍作用,称为电路的阻抗模,用 $|Z|$ 表示,即

$$|Z|=\sqrt{R^2+(X_\mathrm{L}-X_\mathrm{C})^2}=\sqrt{R^2+\left(\omega L-\frac{1}{\omega C}\right)^2} \tag{3-45}$$

可见,$|Z|$、R、$(X_\mathrm{L}-X_\mathrm{C})$之间也可用一个直角三角形——**阻抗三角形**来表示(见图 3-23)。

电源电压 u 和电流 i 之间的相位差 φ 为

$$\varphi=\arctan\frac{U_\mathrm{L}-U_\mathrm{C}}{U_\mathrm{R}}=\arctan\frac{X_\mathrm{L}-X_\mathrm{C}}{R} \tag{3-46}$$

由式(3-46)可以看出,φ 的大小决定于电路的参数。如果 $X_\mathrm{L}=X_\mathrm{C}$,则 $\varphi=0$,这时电流 i 与电压 u 同相,电路呈电阻性;如果 $X_\mathrm{L}>X_\mathrm{C}$,则 $\varphi>0$,这时电流 i 比电压 u 滞后 φ 角,电路呈感性;如果 $X_\mathrm{L}<X_\mathrm{C}$,则 $\varphi<0$,这时电流 i 比电压 u 超前 φ 角,电路呈容性。

如果用相量表示电压与电流的关系,则为

$$\dot{U}=\dot{U}_\mathrm{R}+\dot{U}_\mathrm{L}+\dot{U}_\mathrm{C}=R\dot{I}+\mathrm{j}X_\mathrm{L}\dot{I}-\mathrm{j}X_\mathrm{C}\dot{I}=[R+\mathrm{j}(X_\mathrm{L}-X_\mathrm{C})]\,\dot{I}$$

或

$$\frac{\dot{U}}{\dot{I}}=R+\mathrm{j}(X_\mathrm{L}-X_\mathrm{C}) \tag{3-47}$$

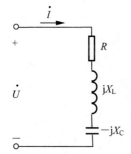

图 3-22 用相量和阻抗表
示的 RLC 电路

式中的 $R+\mathrm{j}(X_\mathrm{L}-X_\mathrm{C})$ 称为电路的**阻抗**,用大写的 Z 表示,即

$$Z=R+\mathrm{j}(X_\mathrm{L}-X_\mathrm{C})=|Z|\mathrm{e}^{\mathrm{j}\varphi} \tag{3-48}$$

可见,阻抗的实部为"阻",虚部为"抗",它既表示了电路中电压与电流之间大小关系(反映在阻抗模 $|Z|$ 上),也表示了相位关系(反映在幅角 φ 上)。"阻抗"是交流电路中非常重要的一个概念,必须很好地理解掌握。用电压和电流的相量及阻抗表示的 RLC 串联电路如图 3-22 所示。

最后,讨论 RLC 串联电路中的功率问题。

瞬时功率 p 为

$$p=ui=U_\mathrm{m}I_\mathrm{m}\sin(\omega t+\varphi)\sin\omega t=\frac{U_\mathrm{m}I_\mathrm{m}}{2}[\cos\varphi-\cos(2\omega t+\varphi)]$$
$$=UI\cos\varphi-UI\cos(2\omega t+\varphi) \tag{3-49}$$

平均功率(有功功率)P 为

$$P = \frac{1}{T}\int_0^T p\,\mathrm{d}t = \frac{1}{T}\int_0^T \left[UI\cos\varphi - UI\cos(2\omega t + \varphi) \right]\mathrm{d}t = UI\cos\varphi \tag{3-50}$$

在 RLC 串联电路中，电阻要消耗电能，而电感和电容要储放能量，它们与电源之间要进行能量互换，相应的**无功功率**可由式(3-35)、式(3-41)得出，即

$$Q = U_{\mathrm{L}}I - U_{\mathrm{C}}I = (U_{\mathrm{L}} - U_{\mathrm{C}})I = (X_{\mathrm{L}} - X_{\mathrm{C}})I^2 = UI\sin\varphi \tag{3-51}$$

式(3-50)、式(3-51)是计算正弦交流电路中有功功率和无功功率的一般公式。

由上述可知，一个交流发电机输出的功率不仅与发电机的端电压 u 及其输出电流 i 的有效值的乘积有关，而且还与负载的性质有关，所带负载不同(即电路参数不同)，u 和 i 之间的相位差 φ 就不同，在相同的 U 和 I 条件下，电路的有功功率和无功功率也就不同。式(3-50)中的 $\cos\varphi$ 称为**功率因数**。

在交流电路中，平均功率一般不等于电压与电流有效值的乘积，若将两者的有效值相乘，则得到所谓的**视在功率** S，即

$$S = UI = |Z|I^2 \tag{3-52}$$

视在功率的单位是 V·A(伏·安)或 kV·A(千伏·安)。

交流电气设备是按照规定了的额定电压 U_{N} 和额定电流 I_{N} 来设计和使用的，如变压器的容量就是以额定电压和额定电流的乘积，即所谓的视在功率 $S = U_{\mathrm{N}}I_{\mathrm{N}}$ 表示的。

由式(3-50)、式(3-51)及式(3-52)可知，P、Q、S 这三个功率之间有一定的关系，即

$$S = \sqrt{P^2 + Q^2} \tag{3-53}$$

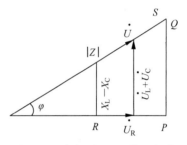

图 3-23　功率、电压、阻抗三角形

显然，它们也可用一个直角三角形——**功率三角形**来表示，如图 3-23 所示。

RLC 串联电路中的阻抗、电压及功率关系可以很直观地从图 3-23 来理解，引出这三个三角形的目的，主要是为了帮助分析和记忆。

【**例 3-3**】　图 3-21(a)所示电路中，已知 $R = 30\Omega$，$L = 127\mathrm{mH}$，$C = 40\mu\mathrm{F}$，电源电压 $u = 220\sqrt{2}\sin(314t + 20°)\mathrm{V}$。(1)求感抗 X_{L}、容抗 X_{C} 和阻抗模 $|Z|$；(2)确定电流的有效值 I 和瞬时值 i 的表达式；(3)确定各部分电压的有效值和瞬时值的表达式；(4)做相量图；(5)求有功功率 P 和无功功率 Q。

【**解**】　(1) $X_{\mathrm{L}} = \omega L = 314 \times 127 \times 10^{-3} = 40(\Omega)$

$$X_{\mathrm{C}} = \frac{1}{\omega C} = \frac{1}{314 \times 40 \times 10^{-6}} = 80(\Omega)$$

$$|Z| = \sqrt{R^2 + (X_{\mathrm{L}} - X_{\mathrm{C}})^2} = \sqrt{30^2 + (40 - 80)^2} = 50(\Omega)$$

(2) $I = \dfrac{U}{|Z|} = \dfrac{220}{50} = 4.4(\mathrm{A})$

确定瞬时值 i 的表达式需要知道 u 和 i 之间的相位差 φ。

$$\varphi = \arctan\frac{X_{\mathrm{L}} - X_{\mathrm{C}}}{R} = \frac{40 - 80}{30} = -53°$$

因为 $\varphi<0$，所以电路呈容性，电流 i 比电压 u 超前 φ 角，故 i 的表达式为

$$i=4.4\sqrt{2}\sin(314t+20°+53°)=4.4\sqrt{2}\sin(314t+73°)A$$

(3) $U_R=RI=30\times4.4=132(V)$

$\quad u_R=132\sqrt{2}\sin(314t+73°)V$

$\quad U_L=X_LI=40\times4.4=176(V)$

$\quad u_L=176\sqrt{2}\sin(314t+73°+90°)$

$\qquad =176\sqrt{2}\sin(314t+163°)V$

$\quad U_C=X_CI=80\times4.4=352(V)$

$\quad u_C=352\sqrt{2}\sin(314t+73°-90°)$

$\qquad =352\sqrt{2}\sin(314t-17°)V$

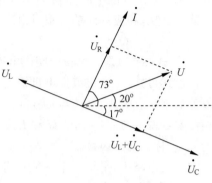

图 3-24　例 3-3 的图

(4) 相量图如图 3-24 所示。

(5) $P=UI\cos\varphi=220\times4.4\times\cos(-53°)=220\times4.4\times0.6=580.8(W)$

$\quad Q=UI\sin\varphi=220\times4.4\times\sin(-53°)=220\times4.4\times(-0.8)$

$\qquad =-774.4(V\cdot A)(电容性)$

3.6　正弦交流电路中的谐振

在具有电感和电容元件的交流电路中，电路两端的电压与其中的电流一般是不同相的（$\varphi\neq0$）。如果调节电路中的元件参数或电源的频率使它们同相（$\varphi=0$），这时电路中就会发生谐振现象。谐振有其有利的一面，也有其不利的方面，研究谐振的目的在于认识这种客观现象，并在生产实践中充分利用谐振的特征，同时预防它所产生的危害。谐振分为串联谐振和并联谐振，下面分别讨论这两种谐振的产生条件及其特征。

3.6.1　串联电路的谐振

在 3.5 节已经提到，在 RLC 串联电路（图 3-21(a)）中，当

$$X_L=X_C \quad 或 \quad 2\pi fL=\frac{1}{2\pi fC} \tag{3-54}$$

时，$\varphi=\arctan\dfrac{X_L-X_C}{R}=0$，即电源电压 u 与电路中的电流 i 同相，这时电路发生谐振，称为串联谐振。

1. 串联谐振的条件

式(3-54)是发生串联谐振的条件，并由此得出谐振频率

$$f=f_0=\frac{1}{2\pi\sqrt{LC}} \tag{3-55}$$

可见，调节 L、C 或电源频率 f 都能使电路发生谐振。

2. 串联谐振的特征

电路发生串联谐振时，具有以下特征。

（1）电路的阻抗模$|Z|=|Z_0|=\sqrt{R^2+(X_L-X_C)^2}=R$，其值最小，在电源电压 U 不变的前提下，电路中的电流达到最大值，即

$$I=I_0=\frac{U}{R}$$

图 3-25 分别画出了阻抗模$|Z|$和电流 I 随频率 f 变化的曲线。

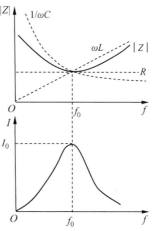

（2）电路呈纯阻性。电源供给电路的能量全被电阻所消耗，电源与电路之间不发生能量互换，能量的互换只发生在电感线圈与电容器之间。

（3）U_L 和 U_C 都高于电源电压 U，所以**串联谐振也称电压谐振**。通常用**品质因数 Q** 表示 U_L 和 U_C 与 U 的比值，即

$$Q=\frac{U_C}{U}=\frac{U_L}{U}=\frac{1}{\omega_0 CR}=\frac{\omega_0 L}{R} \qquad (3\text{-}56)$$

它表示在串联谐振时，电容或电感上的电压是电源电压的 Q 倍。

图 3-25　串联谐振时，$|Z|$ 和 I 随 f 变化的曲线

若 U_L 或 U_C 过高，可能会击穿电感线圈或电容器的绝缘材料，因此，在电力工程中应尽力避免发生串联谐振，但在无线电工程中，常利用串联谐振进行选频，并且抑制干扰信号。

3.6.2　并联电路的谐振

图 3-26 所示是电容器与电感线圈并联的电路。电路的等效阻抗为

$$Z=\frac{\dfrac{1}{\mathrm{j}\omega C}(R+\mathrm{j}\omega L)}{\dfrac{1}{\mathrm{j}\omega C}+(R+\mathrm{j}\omega L)}=\frac{R+\mathrm{j}\omega L}{1+\mathrm{j}\omega RC-\omega^2 LC}$$

1. 并联谐振的条件

若如图 3-26 所示的电路发生谐振，则电压 u 和电流 i 同相，即电路的等效阻抗为实数。一般在谐振时 $\omega L \gg R$，故

图 3-26　并联电路

$$Z\approx\frac{\mathrm{j}\omega L}{1+\mathrm{j}\omega RC-\omega^2 LC}=\frac{1}{\dfrac{RC}{L}+\mathrm{j}\left(\omega C-\dfrac{1}{\omega L}\right)} \qquad (3\text{-}57)$$

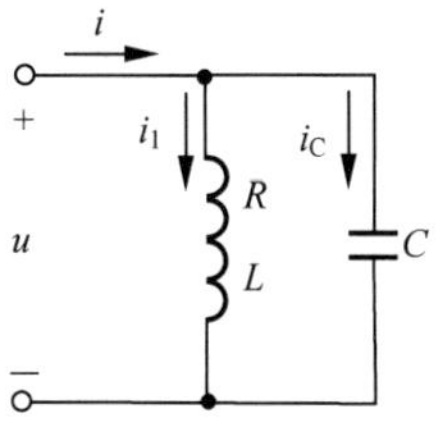

发生谐振时，$\omega_0 C-\dfrac{1}{\omega_0 L}\approx 0$，由此得并联谐振频率

$$\omega=\omega_0=\frac{1}{\sqrt{LC}} \qquad 或 \qquad f=f_0=\frac{1}{2\pi\sqrt{LC}}$$

与串联谐振频率近似相等。

2. 并联谐振的特征

电路发生并联谐振时，具有以下特征。

（1）电路的阻抗模$|Z|=|Z_0|=\dfrac{L}{RC}$，其值最大，在电源电压 U 不变的前提下，电路中的电流达到最小值，即

$$I = I_0 = \frac{U}{|Z_0|} = \frac{U}{\dfrac{L}{RC}}$$

图 3-27 为阻抗模 $|Z|$ 和电流 I 的随频率 f 变化的曲线。

（2）电路呈纯阻性。

（3）并联支路的电流比总电流大许多倍，所以**并联谐振**
又称电流谐振。通常用品质因数 Q 表示支路电流 I_1 和 I_C 与
总电流 I_0 的比值，即

$$Q = \frac{I_1}{I_0} = \frac{I_C}{I_0} = \frac{\omega_0 L}{R} = \frac{1}{\omega_0 CR} \tag{3-58}$$

并联谐振在无线电工程和工业电子技术中也常用到，例如
利用并联谐振时阻抗模高的特点进行选频或消除干扰信号。

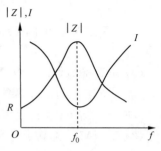

图 3-27　并联谐振时，$|Z|$ 和
I 随 f 变化的曲线

※3.7　三相交流电路

目前，交流电在动力方面的应用几乎都属于三相制。这是由于三相制在发电、输电和用
电方面都有许多优点。发电厂均以三相交流电的方式向用户供电。遇到有单相负载时，可
以使用三相中的任一相，如日常生活用电便是取自三相制中的一相。

3.7.1　三相交流电源

由三个幅值相等、频率相同、相位互差 120° 的单相交流电源所构成的电源称为三相交
流电源。三相交流电源一般来自三相交流发电机或变压器副边的三相绕组。图 3-28 是三
相交流发电机的示意图。

发电机的固定部分称为定子，其铁心的内圆周表面冲有沟槽，放置结构完全相同的三相
绕组 $U_1 U_2$、$V_1 V_2$、$W_1 W_2$。它们的空间位置互差 120°，分别称为 U 相、V 相、W 相。引出线
的始端用 U_1、V_1、W_1 表示，末端用 U_2、V_2、W_2 表示。

转动的磁极称为转子，转子铁心上绕有直流励磁绕组。当转子被原动机拖动做匀速转
动时，三相定子绕组切割转子磁场而产生三相交流电动势。

若将三个绕组的末端 U_2、V_2、W_2 连在一起引出一根连线称为**中性线** N（中性线接地时
又称为零线），三个绕组的始端 U_1、V_1、W_1 分别引出的三根线称为**端线** L_1、L_2、L_3（中性线
接地时又称为**火线**），这种连接称为电源的星形连接，如图 3-29 所示。

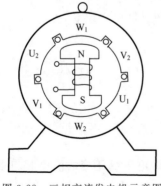

图 3-28　三相交流发电机示意图

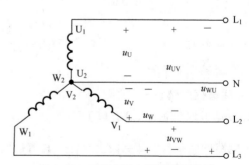

图 3-29　三相交流电源的星形连接

由三根端线和一根中性线所组成的供电方式称为三相四线制,只用三根端线组成的供电方式称为三相三线制。

三相电源每相绕组两端的电压称为**相电压**,其参考方向规定为从绕组始端指向末端,瞬时值分别用 u_U、u_V、u_W 表示,有效值用 U_P 表示。

三相交流电源相电压的瞬时值表达式为

$$\begin{cases} u_U = \sqrt{2}U_P\sin\omega t \\ u_V = \sqrt{2}U_P\sin(\omega t - 120°) \\ u_W = \sqrt{2}U_P\sin(\omega t - 240°) = \sqrt{2}U_P\sin(\omega t + 120°) \end{cases} \tag{3-59}$$

其波形图和相量图如图 3-30 所示。

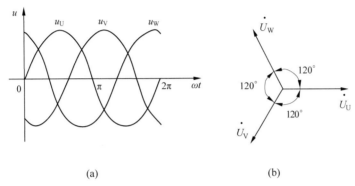

(a)   (b)

图 3-30   三相交流电源相电压的波形图和相量图

三相交流电源任意两根端线之间的电压称为**线电压**,分别用 u_{UV}、u_{VW}、u_{WU} 表示,其中的下标 UV、VW、WU 为各电压的参考方向。线电压和相电压之间的关系为

$$\begin{cases} u_{UV} = u_U - u_V \\ u_{VW} = u_V - u_W \\ u_{WU} = u_W - u_U \end{cases} \tag{3-60}$$

或用相量表示为

$$\begin{cases} \dot{U}_{UV} = \dot{U}_U - \dot{U}_V \\ \dot{U}_{VW} = \dot{U}_V - \dot{U}_W \\ \dot{U}_{WU} = \dot{U}_W - \dot{U}_U \end{cases} \tag{3-61}$$

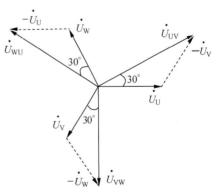

用相量法进行计算得到三个线电压也是对称三相电压,如图 3-31 所示。设 U_L 表示线电压的有效值,从相量图上可以看出

$$\frac{1}{2}U_L = U_P\cos 30° = \frac{\sqrt{3}}{2}U_P$$

即

$$U_L = \sqrt{3}U_P \tag{3-62}$$

则有

图 3-31   相电压与线电压的相量图

$$\begin{cases} u_{UV} = U_L \sin(\omega t + 30°) = \sqrt{3}\,U_P \sin(\omega t + 30°) \\ u_{VW} = U_L \sin(\omega t - 90°) = \sqrt{3}\,U_P \sin(\omega t - 90°) \\ u_{WU} = U_L \sin(\omega t + 150°) = \sqrt{3}\,U_P \sin(\omega t + 150°) \end{cases} \tag{3-63}$$

式(3-63)表明,三个线电压的有效值相等,均为相电压有效值的 $\sqrt{3}$ 倍。线电压的相位超前对应的相电压相位 30°。线电压、相电压均为三相电压。

通常的三相四线制低压供电系统线电压为 380V,相电压为 220V,可以提供两种电压供负载使用。一般常提到的三相供电系统的电源电压都是指其线电压。

3.7.2　三相负载的连接

根据三相负载所需电压不同,三相负载有两种连接方式:星形(丫)连接和三角形(△)连接。

若负载所需的电压是电源的相电压,像电照明负载、家用电器等,应当将负载接到端线与中线之间。当负载数量较多时,应当尽量平均分配到三相电源上,使三相电源得到均衡的利用,这就构成了负载的星形连接,如图 3-32(a)所示。

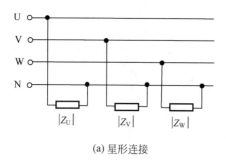

(a) 星形连接

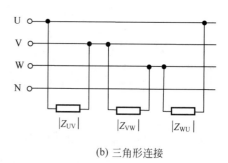

(b) 三角形连接

图 3-32　三相负载的两种连接方式

若负载所需的电压是电源的线电压,如电焊机、功率较大的电炉等,应当将负载接到端线与端线之间。当负载数量较多时,应当尽量平均分配到三相电源上,这就构成了负载的三角形连接,如图 3-32(b)所示。

若三相电源上接入的负载完全相同,即阻抗值相同、阻抗角相等的负载,称为三相对称负载,如三相电动机、三相变压器等,它们均有三个相同的绕组。

1. 负载的星形连接

图 3-33 为三相负载的星形连接。每相负载两端的电压是电源的相电压,每相负载中的电流称为**相电流** I_P(I_{UN}、I_{VN}、I_{WN});每根端线上的电流称为**线电流** I_L(I_U、I_V、I_W);中线上的电流称为**线电流** I_N。

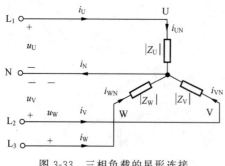

图 3-33　三相负载的星形连接

由图 3-33 可得各相负载电流的有效值为

$$\begin{cases} I_{UN} = \dfrac{U_{UN}}{|Z_U|} \\[2mm] I_{VN} = \dfrac{U_{VN}}{|Z_V|} \\[2mm] I_{WN} = \dfrac{U_{WN}}{|Z_W|} \end{cases} \tag{3-64}$$

各端线电流等于对应的各相电流,即

$$I_U = I_{UN} \quad I_V = I_{VN} \quad I_W = I_{WN} \tag{3-65}$$

根据 KCL 得中性线电流为

$$i_N = i_{UN} + i_{VN} + i_{WN} = i_U + i_V + i_W \tag{3-66}$$

$$\dot{I}_N = \dot{I}_U + \dot{I}_V + \dot{I}_W \tag{3-67}$$

下面分两种情况讨论。

(1) 对称三相负载。

阻抗值相等、阻抗角相等且为同性质的负载即为对称三相负载。即

$$|Z_U| = |Z_V| = |Z_W| = |Z_P| \tag{3-68}$$

$$\varphi_U = \varphi_V = \varphi_W = \varphi_P \tag{3-69}$$

对称三相负载星形连接时,各相电流大小相等,相位依次互差 120°,其电流瞬时值代数和、相量和均为零,中线电流为零,电流的波形图和相量图如图 3-34 所示。即

$$I_{UN} = I_{VN} = I_{WN} = I_P \tag{3-70}$$

$$i_N = i_{UN} + i_{VN} + i_{WN} = 0 \tag{3-71}$$

$$\dot{I}_N = \dot{I}_{UN} + \dot{I}_{VN} + \dot{I}_{WN} = 0 \tag{3-72}$$

因此,**星形连接的三相对称负载,中性线可以省去,采用三相三线制供电。** 低压供电系统中的动力负载(电动机)就采用这样的供电方式。

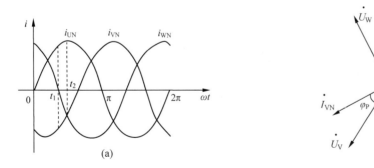

图 3-34 对称三相负载星形连接时电流的波形图和相量图

(2) 不对称三相负载。

三相负载不对称时,中性线电流不为 0,中性线不能省去,一定采用三相四线制供电。

中性线的存在,保证了每相负载两端的电压是电源的相电压,保证了三相负载能独立正常工作,各相负载有变化时都不会影响到其他相。如果中性线断开,中性线电流被切断,各相负载两端的电压会根据各相负载阻抗值的大小重新分配。有的相可能低于额定电压使负载不能正常工作;有的相可能高于额定电压以至将用电设备损坏,这是不允许的。因此,中

性线决不能断开,在中性线上不能安装开关、熔断器等装置。

2. 负载的三角形连接

图 3-35 为三相负载的三角形连接。每相负载两端的电压都是电源的线电压。各负载中流过的电流为负载的相电流,其有效值为

$$I_{UV} = \frac{U_{UV}}{|Z_{UV}|} \quad I_{VW} = \frac{U_{VW}}{|Z_{VW}|} \quad I_{WU} = \frac{U_{WU}}{|Z_{WU}|} \tag{3-73}$$

由基尔霍夫电流定律可确定各端线电流与各相电流之间的关系为

$$\dot{i}_U = \dot{i}_{UV} - \dot{i}_{WU} \quad \dot{i}_V = \dot{i}_{VW} - \dot{i}_{UV} \quad \dot{i}_W = \dot{i}_{WU} - \dot{i}_{VW} \tag{3-74}$$

假设三相负载为对称感性负载,每相负载上的电流均滞后于对应的电压 φ 角。图 3-36 示出了三角形连接时各相电流与各线电流的相量图。

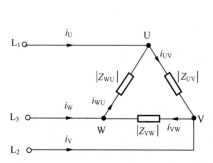

图 3-35　三相负载的三角形连接

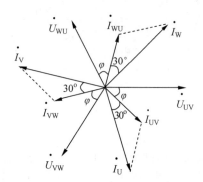

图 3-36　三相对称感性负载三角形连接时
各相电流及各线电流的相量图

由相量图可知,三个相电流、三个线电流均为数值相等、相位互差 120° 的三相对称电流,可以证明,线电流等于 $\sqrt{3}$ 倍的相电流,即

$$I_L = \sqrt{3} I_P \tag{3-75}$$

【例 3-4】　三相对称负载,每相 $R = 6\Omega$,$X_L = 8\Omega$,接到 $U_L = 380V$ 的三相四线制电源上,试分别计算负载做星形连接、三角形连接时的相电流和线电流。

【解】　负载做星形连接时,每相负载两端承受的是电源的相电压,即

$$U_{UN} = U_{VN} = U_{WN} = U_P = 220V$$

每相负载的阻抗值为

$$|Z| = \sqrt{R^2 + X_L^2} = \sqrt{6^2 + 8^2} = 10(\Omega)$$

相电流为

$$I_P = \frac{U_P}{|Z|} = \frac{220}{10} = 22(A)$$

线电流等于相电流,即

$$I_L = I_P = 22A$$

负载做三角形连接时,每相负载两端承受的是电源的线电压,即

$$U_{UV} = U_{VW} = U_{WU} = U_L = 380V$$

相电流为

$$I_P = \frac{U_P}{|Z|} = \frac{380}{10} = 38(A)$$

线电流等于$\sqrt{3}$倍相电流,即

$$I_L = \sqrt{3}\,I_P = \sqrt{3} \times 38 = 66(A)$$

3.7.3　三相电路的功率

三相交流电路可以看成是三个单相交流电路的组合,因此,三相交流电路的有功功率、无功功率为各相电路有功功率、无功功率之和。无论负载是星形连接还是三角形连接,当三相负载对称时,电路总的有功功率、无功功率均是每相负载有功功率、无功功率的 3 倍,即

$$P = 3P_P = 3U_P I_P \cos\varphi \tag{3-76}$$

$$Q = 3Q_P = 3U_P I_P \sin\varphi \tag{3-77}$$

在实际中,线电流的测量比较容易,因此,三相功率的计算常用线电流 I_L、线电压 U_L 表示,有

$$P = \sqrt{3}\,U_L I_L \cos\varphi \tag{3-78}$$

$$Q = \sqrt{3}\,U_L I_L \sin\varphi \tag{3-79}$$

而视在功率

$$S = \sqrt{P^2 + Q^2} = \sqrt{3}\,U_L I_L \tag{3-80}$$

【例 3-5】　计算例 3-4 中负载做星形、三角形连接时的有功功率、无功功率和视在功率。

【解】　负载做星形连接时

$$I_L = I_P = 22A \quad U_L = \sqrt{3}\,U_P = 380V$$

$$\cos\varphi = \frac{R}{|Z|} = \frac{6}{10} = 0.6 \quad \sin\varphi = \frac{X_L}{|Z|} = \frac{8}{10} = 0.8 \quad (\text{参考图 3-23 所示阻抗三角形})$$

$$P = \sqrt{3}\,U_L I_L \cos\varphi = \sqrt{3} \times 380 \times 22 \times 0.6 \approx 8688(W) \approx 8.7(kW)$$

$$Q = \sqrt{3}\,U_L I_L \sin\varphi = \sqrt{3} \times 380 \times 22 \times 0.8 \approx 11584(V \cdot A) \approx 11.6(kV \cdot A)$$

$$S = \sqrt{P^2 + Q^2} = \sqrt{3}\,U_L I_L = \sqrt{3} \times 380 \times 22 \approx 14480(V \cdot A) \approx 14.5(kV \cdot A)$$

负载做三角形连接时

$$I_L = 66A \quad U_L = 380V$$

$$P = \sqrt{3}\,U_L I_L \cos\varphi = \sqrt{3} \times 380 \times 66 \times 0.6 \approx 26063(W) \approx 26(kW)$$

$$Q = \sqrt{3}\,U_L I_L \sin\varphi = \sqrt{3} \times 380 \times 66 \times 0.8 \approx 34751(V \cdot A) \approx 34.8(kV \cdot A)$$

$$S = \sqrt{P^2 + Q^2} = \sqrt{3}\,U_L I_L = \sqrt{3} \times 380 \times 66 \approx 43438(V \cdot A) \approx 43(kV \cdot A)$$

思考题与习题

【3-1】 已知 $i_1 = 15\sin(314t + 45°)A$, $i_2 = 10\sin(314t - 30°)A$。

(1) 试问 i_1 和 i_2 的相位差等于多少?

(2) 画出 i_1 和 i_2 的波形图;

（3）比较 i_1 和 i_2 的相位，谁超前，谁滞后？

【3-2】 已知 $i_1=15\sin(100\pi t+45°)$A，$i_2=15\sin(200\pi t-15°)$A，两者的相位差为 $60°$，对不对？

【3-3】 10A 的直流电流和最大值 $I_m=12$A 的交流电流分别通入阻值相同的电阻，问在一个周期内哪个电阻的发热量大？

【3-4】 已知两正弦电流 $i_1=8\sin(314t+60°)$A，$i_2=6\sin(314t-30°)$A。试画出相量图。

【3-5】 有一个灯泡接在 $u=311\sin(314t+\pi/6)$V 的交流电源上，灯丝炽热时电阻为 484Ω。

（1）试写出流过灯丝的电流瞬时值表达式；

（2）如果每天用电 4 小时，每月按 30 天计，问一个月用电多少？

【3-6】 什么是感抗？它的大小与哪些因素有关？图 3-17(a)所示电路中，已知 $L=20$mH，$u=220\sqrt{2}\sin(314t+\pi/6)$V。

（1）试求感抗 X_L；

（2）写出电流瞬时值的表达式；

（3）计算电感的无功功率 Q_L；

（4）画出 $\dot{U}$、$\dot{I}$ 的相量图；

（5）若电源频率增大一倍，对感抗 X_L 和电流 i 有何影响？

【3-7】 什么是容抗？它的大小与哪些因素有关？图 3-19(a)所示电路中，已知 $u=220\sqrt{2}\sin100\pi t$V，$C=5\mu$F。

（1）试求容抗 X_C；

（2）写出电流瞬时值的表达式；

（3）计算电容的无功功率 Q_C；

（4）画出 $\dot{U}$、$\dot{I}$ 的相量图。

【3-8】 日光灯管与镇流器接到交流电源上，可以看成是 R、L 串联电路。若已知灯管的等效电阻 $R_1=280\Omega$，镇流器的电阻和电感分别为 $R_2=20\Omega$，$L=1.65$H，电源电压 $U=220$V。

（1）试求电路中的电流；

（2）计算灯管两端与镇流器上的电压，这两个电压加起来是否等于 220V？

【3-9】 图 3-37 所示电路中，除 A 和 V 外，其余电流表和电压表的读数在图上都已标出（都是指正弦量的有效值），试求电流表 A 和电压表 V 的读数。

【3-10】 电路如图 3-21(a)所示，若将其接到 15V 的交流电源上，设电阻 $R=10\Omega$，电感 $L=3$mH，$C=160$pF，求谐振时：

（1）f_0 和 Q；

（2）电流 I_0 和电感电压 U_L、电容电压 U_C。

【3-11】 在图 3-38 所示电路中，电源电压 $U=10$V，角频率 $\omega=3000$rad/s，调节电容使电路达到谐振。谐振时，电流 $\dot{I}_0=100$mA，电容电压 $\dot{U}_{C_0}=200$V，试求 R、L、C 的值及电路的品质因数。

【3-12】 三相交流电源做星形连接，若其相电压为 220V，线电压为多少？若线电压为

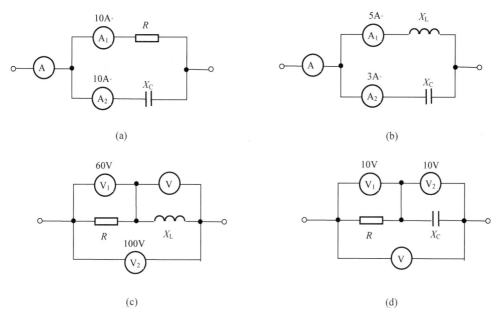

图 3-37　题 3-9 的图

220V,相电压为多少?

【3-13】　根据三相交流电源相电压与线电压的关系,若已知线电压,试写出相电压与线电压的关系式。

【3-14】　三相负载的阻抗值相等,是否就可以肯定它们一定是三相对称负载?

【3-15】　如图 3-39 所示,三只额定电压为 220V,功率为 40W 的白炽灯,做星形连接接在线电压为 380V 的三相四线制电源上,若将端线 L_1 上的开关 S 闭合和断开,对 L_2 和 L_3 两相的白炽灯亮度有无影响? 若取消中线成为三相三线制,L_1 线上的开关 S 闭合和断开,通过各相灯泡的电流各是多少?

【3-16】　三相对称负载,每相 $R=5\Omega$,$X_L=5\Omega$,接在线电压为 380V 的三相电源上,求三相负载做星形连接、三角形连接时,相电流、线电流、三相有功功率、三相无功功率各是多少?

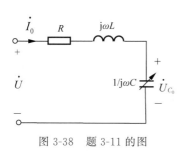

图 3-38　题 3-11 的图

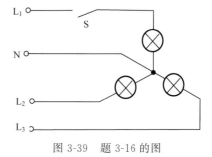

图 3-39　题 3-16 的图

第4章 常用半导体器件

CHAPTER 4

自 1947 年美国贝尔实验室发明晶体管以来,半导体器件在电子学领域获得了极为广泛的应用。在此基础上发展起来的集成电路技术,使电子技术的发展跨入了微电子时代,并且成为当代信息技术的重要组成部分。本章扼要介绍几种常用的半导体器件。

4.1 半导体基础知识

半导体是电阻率介于导体和绝缘体之间的物质,导体的电阻率低于 $10^{-5}\Omega\cdot\text{cm}$,绝缘体的电阻率为 $10^{14}\sim10^{22}\Omega\cdot\text{cm}$,半导体的电阻率在 $10^{-2}\sim10^{9}\Omega\cdot\text{cm}$。目前用来制造电子器件的半导体材料主要是硅(Si)、锗(Ge)和砷化镓(GaAs)等,其导电能力介于导体和绝缘体之间,而且,它们的导电性能会随温度、光照或掺杂而发生显著变化,这些迥异的特点说明,半导体的导电机理不同于其他物质,为了深入理解这些特点,必须从半导体的原子结构谈起。

4.1.1 本征半导体

1. 晶体的共价键结构

由原子物理知识可知,原子是由带正电荷的原子核和分层围绕原子核运动的电子组成的。其中,处于最外层轨道上运动的电子称为价电子(valence electron)。元素的许多物理和化学性质都是由价电子决定的,如导电性能等。原子序数不同的元素可以具有相同的价电子数,例如硅的原子序数是 14,锗的原子序数是 32,但它们的价电子都是 4 个,因此都是四价元素。硅和锗的原子结构模型分别如图 4-1(a)、图 4-1(b)所示。由于两者价电子数相同,所以呈现出非常相似的导电性能。为了突出价电子对半导体导电性能的影响,常把内层电子和原子核共同看成一个惯性核,硅和锗的惯性核都带 4 个正电子电量,周围是 4 个价电子,其简化原子结构模型如图 4-1(c)所示。

半导体与金属和许多绝缘体一样,均具有晶体结构。在硅和锗的单晶中,每个原子均和相邻的 4 个原子通过共用价电子以共价键形式紧密结合在一起,晶体的最终结构是四面体,如图 4-2(a)所示。图 4-2(b)是图 4-2(a)的二维晶格结构示意图。

纯净而且结构非常完整的单晶半导体称为本征半导体(intrinsic semiconductor)。实际上很难实现理想的本征半导体,在工程上常把杂质浓度很低的单晶半导体称为本征半导体。

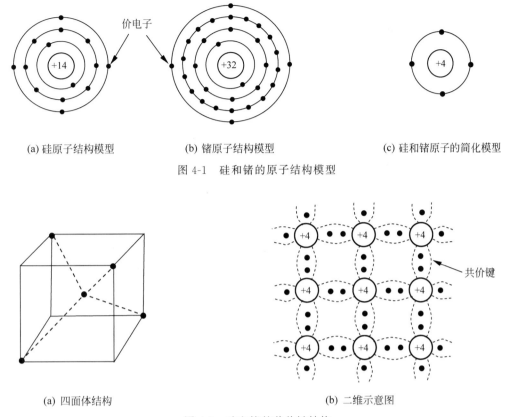

(a) 硅原子结构模型　　　　(b) 锗原子结构模型　　　　(c) 硅和锗原子的简化模型

图 4-1　硅和锗的原子结构模型

(a) 四面体结构　　　　　　　　　　　(b) 二维示意图

图 4-2　硅和锗的共价键结构

2. 本征半导体中的载流子

在热力学温度 $T=0$K(即 -273℃)且没有其他外界能量激发时,本征半导体的所有价电子均被束缚在共价键中,不存在自由运动的电子,因此不导电。当温度升高时,部分价电子获得热能而挣脱共价键的束缚,离开原子而成为自由电子(free electron),与此同时在原共价键位置上留下了与自由电子数目相同的空位,称为空穴(hole),如图 4-3 所示。原子因失掉一个价电子而带正电,或者说空穴带正电。空穴的出现是半导体区别于导体的一个重要特征。

本征半导体受外界能量激发产生"电子-空穴对"的过程称为**本征激发**。

热、光、电磁辐射等均可导致本征激发,其中热激发是半导体材料中产生本征激发的主要因素。为了摆脱共价键的束缚,价电子必须获得的最小能量 E_{g0} 称为禁带宽度。禁带宽度在 3~6eV 的物质属于绝缘体,半导体的禁带宽度在 1eV 左右。锗的 $E_{g0}=0.68$eV,硅的 $E_{g0}=1.1$eV。

如图 4-4 所示,若在本征半导体两端外加一电场,自由电子将产生定向运动,形成电子电流;同时,由于空穴失去了一个电子而呈现出一个正电荷的电性,所以相邻共价键内的电子在正电荷的吸引下会填补这个空穴,从而把空穴移到别处去,即空穴也可在整个晶体内自由移动。价电子定向地填补空穴,使空穴作相反方向的移动,从而形成空穴电流。因此,在本征半导体中存在两种极性的导电粒子:带负电荷的自由电子(简称电子)和带正电荷的空穴,统称为"**载流子**"。

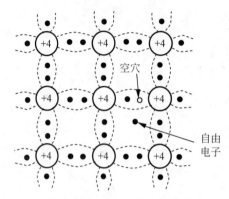

图 4-3 本征激发电子-空穴对

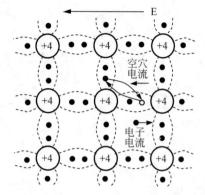

图 4-4 电子与空穴的运动形成电流

在本征半导体中,由于本征激发,不断地产生电子-空穴对。与此同时,又会有相反的过程发生,由于正、负电荷相互吸引,会使电子和空穴在运动过程中相遇,这时电子填入空位成为价电子,同时释放出相应的能量,从而失去一对电子、空穴,这一过程称为复合。

4.1.2 杂质半导体

本征半导体中载流子的浓度与原子浓度相比仍然很小,所以其导电性能很差,不能用来制造半导体管。为了提高半导体的导电性能,就必须提高载流子的浓度。为此可通过扩散工艺,**在本征半导体中掺入一定量的杂质元素,形成杂质半导体**(doped semiconductor),就能产生大量的载流子,从而使其导电性能发生明显的变化。根据所掺入杂质的不同,杂质半导体分为 N 型半导体和 P 型半导体两大类。

1. N 型半导体(电子型半导体)

在本征硅(或锗)晶体中掺入少量的五价元素,如磷、砷、锑等,便构成了 N 型半导体。此时,杂质原子替代了晶格中的某些硅原子,它的 5 个价电子中,除 4 个与周围相邻的硅原子组成共价键外,还多余 1 个价电子只能位于共价键外,如图 4-5 所示。由于这个键外电子受杂质原子的束缚很弱,以致在室温条件下,就能挣脱杂质原子核而成为自由电子,原来的中性杂质原子成为不能移动的正离子,此过程称为电离。五价杂质元素给出多余的价电子,称为**施主杂质**(donor)。施主杂质只产生自由电子而不产生空穴,这是与本征激发的区别。

N 型半导体中,自由电子的浓度远大于空穴浓度,所以称自由电子为多数载流子,简称**多子**(majority carriers),空穴为少数载流子,简称**少子**(minority carriers)。由于 N 型半导体主要依靠电子导电,所以又称为电子型半导体。

2. P 型半导体(空穴型半导体)

在本征硅(或锗)晶体中掺入少量的三价元素,如硼、铝、铟等,便构成了 P 型半导体。此时,杂质原子替代了晶格中的某些硅原子,它的 3 个价电子和相邻的 4 个硅原子组成共价键时,只有 3 个价电子是完整的,第 4 个共价键因缺少 1 个价电子而出现一个空穴,如图 4-6 所示。显然,这个空穴不是释放价电子形成的,因而它不会同时产生自由电子。可见,在 P 型半导体中,空穴是多子,电子是少子。由于 P 型半导体主要依靠空穴导电,所以又称为空穴型半导体。

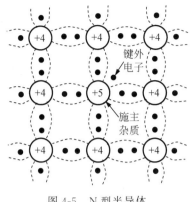

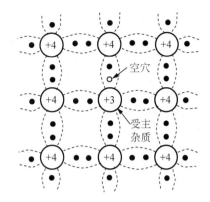

图 4-5　N 型半导体　　　　　　　　　　图 4-6　P 型半导体

三价杂质原子形成的空穴由相邻共价键中的价电子填补时,能"接受"一个电子,所以称为**受主杂质**(acceptor)。受主杂质接受一个电子后成为不能移动负离子,负离子不参与导电。

在 N 型半导体和 P 型半导体中的多子主要由杂质提供,与温度几乎无关,其浓度由掺入的杂质浓度决定;少子由本征激发产生,与温度和光照等外界因素有关。N 型和 P 型半导体多子所带电荷与少子及离子所带电荷相等,极性相反,故**杂质半导体对外整体呈电中性**。

3．杂质半导体中载流子的漂移运动和扩散运动

半导体中载流子的运动是杂乱无章的热运动,因而不形成电流。当有电场作用时,半导体中的载流子将产生定向运动,称为漂移运动。漂移运动产生的电流称为漂移电流。

当半导体局部受光照或有载流子从外界注入时,半导体内载流子浓度分布将不均匀。这时载流子将会从浓度高的区域向浓度低的区域运动。这种因浓度差而引起的定向运动称为扩散运动。扩散运动产生的电流称为扩散电流。

4.1.3　PN 结的形成及特性

通过掺杂工艺,把本征硅(或锗)片的一边做成 P 型半导体,另一边做成 N 型半导体,这样在它们的交界面处会形成一个很薄的特殊物理层,称为 PN 结。

1．PN 结的形成

当 P 型半导体和 N 型半导体相接触时,由于 P 区一侧的空穴多,而 N 区一侧的电子多,所以在其交界面处存在载流子的浓度差,由此将引起载流子的扩散运动,使 P 的空穴向 N 区扩散,N 区的电子向 P 区扩散,从而形成了由 P 区流向 N 区的扩散电流 I_D,如图 4-7(a)所示(为了简化,图中未画出少数载流子)。由 P 区扩散到 N 的空穴遇 N 区的电子被复合,而由 N 区扩散到 P 区的电子遇 P 的空穴被复合,这样,在交界面附近的 P 区和 N 区分别留下了不能移动的等量的受主负离子和施主正离子,通常把充满正、负离子的这个区域叫**空间电荷区**,如图 4-7(b)所示。

由于空间电荷区的出现,在交界面处产生了势垒电压,形成了一个由 N 区指向 P 区的内电场 E。该电场将阻碍上述的多子扩散运动,但它却有利于少子的漂移运动,使 P 区的电子向 N 区漂移,N 区的空穴向 P 区漂移,从而形成了由 N 区流向 P 区的漂移电流 I_T。

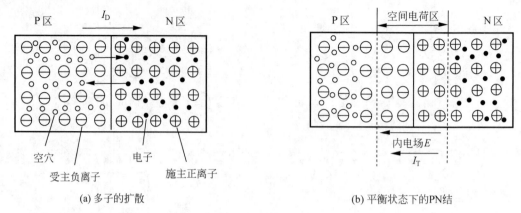

图 4-7 PN 结的形成

可见,在交界面处发生着多子的扩散和少子的漂移两种相对对立的运动。开始时,多子的扩散运动占优势,随着扩散运动的不断进行,交界面两侧留下的正、负离子逐渐增多,空间电荷区展宽,使内电场不断增强,结果使多子的扩散运动减弱,少子的漂移运动却逐渐增强。少子的漂移会使交界面两侧的正、负离子成对减少,空间电荷区变窄。当扩散运动和漂移运动达到动态平衡($I_D = I_T$)时,通过空间电荷区的净载流子数为零,因而流过 PN 结的净电流为零。平衡状态下,空间电荷区的宽度一定,如图 4-7(b)所示。

由于空间电荷区内没有载流子,所以也称为**耗尽区**(depletion region)。又因为空间电荷区形成的内电场对多子的扩散有阻挡作用,好像壁垒一样,所以又称它为**阻挡层**或**势垒区**(barrier region)。

2. PN 结的单向导电性

当 PN 结上无外加电压时,它处于动态平衡状态,称为平衡 PN 结。

当 PN 结外加正向电压 U_F(电源正极接 P 区,负极接 N 区),也叫**正向偏置**时,内电场被外电场削弱,空间电荷区变窄。有利于多子的相互扩散,不利于少子的相互漂移,平衡状态被打破,多子扩散起主要作用,流过 PN 结的正向电流 I_F 较大,PN 结导通,如图 4-8(a)所示。此时 PN 结上的压降较小,基本不随外电压的变化而变化。

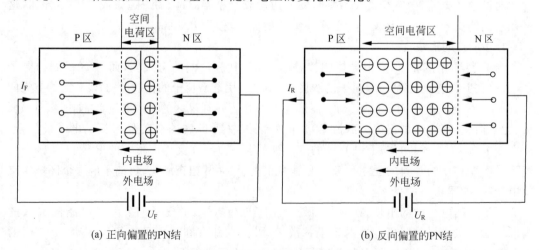

图 4-8 PN 结的单向导电性

当 PN 结外加反向电压 U_R(电源正极接 N 区,负极接 P 区),也叫**反向偏置**时,内电场被外电场增强,空间电荷区变宽。不利于多子的相互扩散,却有利于少子的相互漂移。平衡状态被打破,少子漂移起主要作用,流过 PN 结的反向电流 I_R(又称饱和电流 I_S)很小,可以认为 PN 结截止,即不导通。如图 4-8(b)所示。此时 PN 结上的压降随外电压的变化而变化。

3. PN 结的击穿特性

当加在 PN 结上的反向电压 U_R 超过一定值时,反向饱和电流急剧增大,这种现象称为击穿(breakdown)。发生击穿时所对应的反向电压 U_{BR} 称为反向击穿电压。PN 结发生反向击穿的机理可以分为两种:雪崩击穿和齐纳击穿。

(1)雪崩击穿。

当 PN 结外加反向电压增大时,阻挡层内部的电场增强,少子(即 N 区中的空穴和 P 区中的电子)漂移通过阻挡层时被加速,致使其动能增大,与晶体原子发生碰撞,从而把束缚在共价键中的价电子碰撞出来,产生电子-空穴对,这种现象称为**碰撞电离**。新产生的电子和空穴在强电场作用下,再去碰撞其他中性原子,又产生新的电子-空穴对,这就是载流子的倍增效应。如此连锁反应使得阻挡层中载流子的数量急剧增大,就像在陡峭的积雪山坡上发生雪崩一样,因此称为雪崩击穿。

(2)齐纳击穿。

当 PN 结宽度较窄时,其中载流子与中性原子相碰撞的机会极小,因而不容易发生雪崩击穿。但是,在这种阻挡层内,加上不大的反向电压,就能建立很强的电场(例如,加上 1V 反向电压时,阻挡层内的电场强度可达 $2.5 \times 10^5 \mathrm{V/cm}$),足以把阻挡层内中性原子的价电子直接从共价键中拉出来,产生电子-空穴对,这个过程称为**场致激发**。场致激发能够产生大量的载流子,使 PN 结的反向电流剧增,这种击穿称为齐纳击穿。

一般而言,对硅材料的 PN 结,$U_{BR} > 7\mathrm{V}$ 时为雪崩击穿;$U_{BR} < 5\mathrm{V}$ 时为齐纳击穿;U_{BR} 为 5~7V 时,两种击穿都有。

当 PN 结击穿后,若降低反偏压,PN 结仍可恢复,这种击穿称为**电击穿**。电击穿是可以利用的,稳压二极管便是根据这一原理制成的。当 PN 结击穿后,若继续增大反偏压,会使 PN 结因过热而损坏,这种击穿称为**热击穿**,应力求避免的。

4. PN 结的电容特性

当 PN 结两端加上交变电压且频率很高时,PN 结会呈现出电容特性。PN 结所表现出的电容量的大小与外加电压有关。

在 PN 结正向偏置时,为了维持正向电流,需要在 PN 结两边累积一定数量的由对方区域扩散过来的载流子,正向电流越大,累积的载流子数目越多。PN 结呈现出与正向电流大小成正比的电容效应,称为**扩散电容**,用符号 C_D 表示。扩散电容反映外加正向电压变化引起扩散区内累积的电荷量变化。

在 PN 结反向偏置时,空间电荷区的宽度随外加电压的大小而改变,即空间电荷的数目随外加电压的大小而改变。这就相当于电容器的充放电,即 PN 结相当于一个电容,称为**势垒电容**,用符号 C_B 表示。

由于扩散电容和势垒电容均并接在 PN 结上,所以 PN 结的总电容为两者之和,并称为 PN 结的结电容,用符号 C_J 表示。PN 结正偏时,结电容的大小主要由扩散电容决定;反偏时结电容的大小主要由势垒电容决定。

利用 PN 结的电容特性可以制造出变容二极管。

5. PN 结的温度特性

PN 结的特性对温度变化很敏感,当环境温度升高时,本征激发加剧,少数载流子的数目增多,反向饱和电流随之增大。

4.2 晶体二极管

将 PN 结加上相应的电极引线和管壳,便构成了晶体二极管,简称二极管。图 4-9 所示为几种常见二极管的外形。

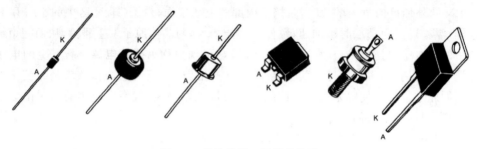

图 4-9 几种常见二极管的外形

4.2.1 二极管的分类、结构和符号

二极管的种类很多,可按不同的方式分类。

(1) 根据结构的不同,二极管可分为点接触型、面接触型和平面型。点接触型二极管由一根金属细丝和一块半导体的表面接触,并熔结在一起构成 PN 结,外加引线和管壳密封而成,如图 4-10(a)所示,由于其 PN 结面积很小,所以结电容很小,适用于在高频(几百兆赫)和小电流(几十毫安以下)条件下工作。面接触型二极管是用合金或扩散工艺制成 PN 结,外加引线和管壳密封而成,如图 4-10(b)所示,其 PN 结面积大,故结电容也大,适宜在低频条件下工作,可允许通过较大电流(可达上千安)。图 4-10(c)所示是硅工艺平面型二极管的结构图,是集成电路中常见的一种形式。

(2) 根据半导体材料的不同,二极管可分为硅管、锗管、砷化镓管等。

(3) 根据用途的不同,二极管可分为整流、检波、开关及特殊用途二极管等。

图 4-10(d)是二极管的电路符号,其中 P 区引线称为阳极(A),N 区引线称为阴极(K),箭头方向表示正向电流方向。

4.2.2 二极管的特性和主要参数

二极管实质上是一个 PN 结,具有单向导电性,其详细特性可根据伏安特性和性能参数来说明。

1. 伏安特性

实际二极管的伏安特性曲线如图 4-11 所示,由图可以看出**二极管是非线性器件**,其主要特性如下。

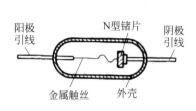

(a) 点接触型

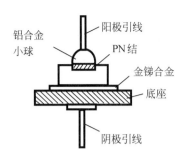

(b) 面接触型

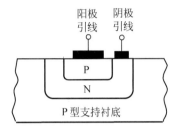

(c) 平面型

(d) 电路符号

图 4-10　晶体二极管的结构及符号

（1）正向特性。

当正向电压超过某一数值时,才有明显的正向电流,该电压称为门槛电压(又称死区电压)U_{th}。在室温下,硅管的 U_{th} 约为 0.5V,锗管约为 0.1V。正向导通时,硅管的压降为 0.6~0.8V,锗管为 0.1~0.3V。正向特性对应于图 4-11 中的①段。

（2）反向特性。

对应于图 4-11 中的②段,此时反向电流极小(硅管约在 0.1μA 以下,锗管约为几十微安),可认为二极管处于截止状态。

（3）反向击穿。

当反向电压增大到一定数值时,反向电流急剧增大,如图 4-11 中的③段,二极管被"反向击穿",此时所加的反向电压称为反向击穿电压 U_{BR}。U_{BR} 因管子的结构、材料的不同而存在很大的差异,一般在几十伏以上,有的甚至可超过千伏。

图 4-11　二极管的伏安特性曲线

2. 主要参数

器件参数是定量描述器件性能质量和安全工作范围的重要数据,是合理选择和正确使用器件的依据。二极管的主要参数如下。

（1）最大整流电流 I_F。

指二极管长期运行时允许通过的最大正向平均电流,其值与 PN 结的结面积和外界散热条件等有关。在规定散热条件下,二极管正向平均电流若超过此值,它会因结温升高而被烧坏。

（2）最高反向工作电压 U_{RM}。

指二极管不被击穿所容许的反向电压的峰值，一般取反向击穿电压的 1/2 或 2/3。

（3）最大反向电流 I_{RM}。

指二极管加最高反向工作电压时的反向电流。I_{RM} 越小，说明二极管的单向导电性越好，并且受温度的影响也越小。由图 4-11 可以看出，锗管的反向电流比硅管的大，其值为硅管的几十到几百倍。

除上述主要参数外，二极管还有结电容和最高工作频率等参数。

4.2.3　几种特殊的二极管

特殊二极管主要包括稳压二极管和发光二极管。

1. 稳压二极管

稳压二极管简称稳压管，它是利用特殊工艺制造的面结合型硅二极管，在电路中可以实现限幅、稳压等功能，其伏安特性曲线及电路符号如图 4-12 所示。

稳压管工作在反向击穿区，由图 4-12(a) 可以看出，此时尽管反向电流有很大的变化（ΔI_Z），而反向电压的变化（ΔU_Z）极小，利用这一特性可以实现稳压。反向击穿特性曲线愈陡，稳压性能愈好。需要说明的一点是，只要在外电路上采取限流措施，使反向击穿不致引起热击穿，稳压管就不会损坏，当外加反偏压撤除后，稳压管仍可恢复其单向导电性。稳压管的电路符号如图 4-12(b) 所示。

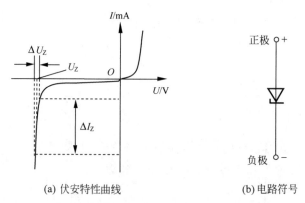

(a) 伏安特性曲线　　　　　　(b) 电路符号

图 4-12　稳压管的伏安特性曲线和电路符号

稳压管的主要参数如下。

（1）稳定电压 U_Z。

指稳压管正常工作时，稳压管两端的反向击穿电压。由于制作工艺的原因，即使同一型号的稳压管，其 U_Z 值的分散性也较大。使用时可根据需要测试挑选。

（2）稳定电流 I_Z。

指稳压管正常工作时的参考电流。工作电流小于此值时，稳压效果差，大于此值时，稳压效果好。

（3）最大稳定电流 I_{ZM}。

指稳压管的最大允许工作电流，若超过此值，稳压管可能因过热而损坏。

（4）动态电阻 r_Z。

定义为稳压管的电压变化量与电流变化量之比，即

$$r_Z = \frac{\Delta U_Z}{\Delta I_Z} \tag{4-1}$$

r_Z 越小，表明稳压管的稳压性能越好。

稳压管常用于提供基准电压或用于电源设备中，国产稳压管的常见型号为 2CW×× 和 2DW××。

2. 发光二极管

发光二极管（Light-Emitting Diode，LED）**是将电能转换为光能的一种半导体器件**。它是用砷化镓、磷化镓、磷砷化镓等半导体发光材料所制成的，其电路符号如图 4-13 所示。按发光类型的不同，LED 可分为可见光 LED、红外线 LED 和激光 LED。下面介绍常用的可见光 LED。

当发光二极管的 PN 结正向偏置时，载流子复合释放能量并以光子的形式放出，其发光的颜色决定于所用的半导体材料，常见的发光颜色有红、绿、黄、橙等，主要用于家用电器、电子仪器、电子仪表中做指示用。

图 4-13 发光二极管的符号

发光二极管的主要参数可分为光参数和电参数两类。电参数与普通二极管相同，不过其正向导通电压较高，为 2～6V，具体数值与材料有关。光参数有发光强度、发光波长等。

国产常见的发光二极管有 FG、BT、2EF、LD 等系列可供选择。

发光二极管除单作显示外，还常作为七段式或矩阵式显示器件。与其他显示器件相比，它具有体积小、重量轻、寿命长、光度强、工作稳定等优点，缺点是功耗较大。

4.3 晶体三极管

晶体三极管又称双极型晶体管（bipolar junction transistor，BJT），简称三极管，是一种应用很广泛的半导体器件。

4.3.1 三极管的分类、结构和符号

三极管的种类很多。按照工作频率分，有高频管、低频管；按照功率分，有大、中、小功率管；按照制作材料分，有硅管、锗管等；按照管子内部 PN 结组合方式的不同，可分为 NPN 型管和 PNP 型管两种。其中硅管多为 NPN 型管，锗管几乎全是 PNP 型管。虽然种类繁多，但从其外形来看，它们都有三个电极，常见的三极管外形如图 4-14 所示。

图 4-14 几种常见三极管的外形

图 4-15 是三极管的结构示意图和相应的电路符号。由图可以看出,它是由三层半导体构成的,形成了三个区,分别是**发射区**、**基区**和**集电区**;由三个区引出了三个电极,即**发射极 E**(emitter)、**基极 B**(base)和**集电极 C**(collector);在三个区的交界面形成了两个 PN 结,即**发射结 J$_e$**和**集电结 J$_c$**。

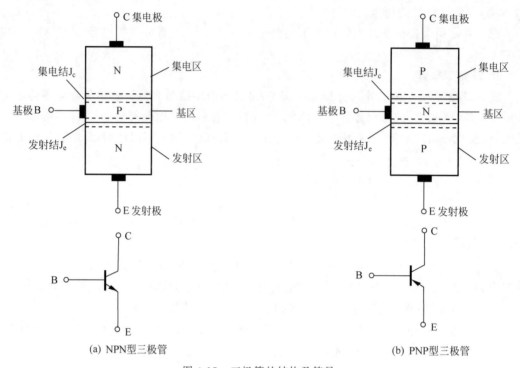

(a) NPN型三极管   (b) PNP型三极管

图 4-15 三极管的结构及符号

为了保证三极管具有电流放大作用,其结构工艺上应具备以下特点。

(1) 发射区重掺杂,其掺杂浓度远远高于基区和集电区的掺杂浓度。

(2) 基区很薄(几微米)且为轻掺杂。

(3) 集电区的面积比发射区大。

由此可见,三极管在结构上不具备电对称性,其 C、E 极不能互换使用。

NPN 型和 PNP 型三极管的符号区别在于发射极所标箭头的指向,**发射极箭头的指向表明了三极管导通时发射极电流的实际流向**。

4.3.2 三极管的电流分配与放大作用

三极管的电流放大作用是由内、外两种因素决定的,其内因就是 4.3.1 节中所述的结构特点,而外因是必须给三极管加合适的偏置电压,即给发射结加正向偏置电压,集电结加反向偏置电压。

1. 三极管内部载流子的传输过程

以 NPN 型三极管为例,在发射结正偏,集电结反偏的条件下,三极管内部载流子的运动情况可用图 4-16 说明。

（1）发射区向基区注入电子。

由于发射结 J_e 正偏，所以 J_e 两侧多子的扩散占优势，因而发射区的电子源源不断地越过 J_e 注入基区，形成电子注入电流 I_{EN}；与此同时，基区的空穴也向发射区注入，形成空穴注入电流 I_{EP}。由于发射区相对于基区是重掺杂，所以发射区电子的浓度远大于基区空穴浓度，因而满足 $I_{EN} \gg I_{EP}$，若忽略 I_{EP}，发射极电流 $I_E \approx I_{EN}$，其方向与电子注入方向相反。

（2）电子在基区边扩散边复合。

注入基区的电子，成为基区的非平衡少子，它在 J_e 处浓度最大，而在 J_c 处浓度最小（J_c 反偏，其边界处电子浓度近似为零），因此，在基区形成了非平衡电子的浓度差。在该浓度差的作

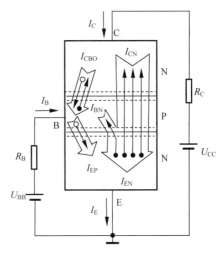

图 4-16　三极管内部载流子的传输示意图

用下，由发射区注入基区的电子将继续向 J_c 扩散。在扩散过程中，非平衡电子会与基区中的多子空穴相遇，使部分电子因复合而失去。但由于基区很薄且掺杂浓度又低，所以在基区被复合掉的电子数极少，绝大部分电子都能扩散到 J_c 边沿。基区中与电子复合的空穴由基极电源提供，形成基区复合电流 I_{BN}，它是基极电流 I_B 的主要部分。

（3）扩散到集电结的电子被集电区收集。

由于集电结 J_c 反偏，形成了较强的电场，所以，扩散到 J_c 边沿的电子在该电场作用下漂移到集电区，形成集电区的收集电流 I_{CN}。该电流是构成集电极电流 I_C 的主要部分。此外，集电区和基区的少子在 J_c 反偏压的作用下，向对方漂移形成 J_c 的反向饱和电流 I_{CBO}，并流过集电极和基极支路，构成 I_B 和 I_C 的另一部分电流。

通过以上讨论可以看出，在三极管中，薄的基区将发射结和集电结紧密地联系在一起。它能把发射结的正向电流几乎全部地传输到反偏的集电结回路中去。这正是三极管实现放大作用的关键所在。

2. 三极管的电流分配关系

由以上分析可知，三极管三个电极的电流与内部载流子的传输形成的电流之间的关系为

$$\begin{cases} I_E = I_{EN} + I_{EP} = I_{BN} + I_{CN} + I_{EP} \approx I_{BN} + I_{CN} & (4\text{-}2a) \\ I_B = I_{EP} + I_{BN} - I_{CBO} \approx I_{BN} - I_{CBO} & (4\text{-}2b) \\ I_C = I_{CN} + I_{CBO} & (4\text{-}2c) \end{cases}$$

式（4-2）表明：在 J_e 正偏，J_c 反偏的条件下，三极管三个电极上的电流不是孤立的，它们能反映非平衡少子在基区扩散与复合的比例关系。这一比例关系主要由基区宽度、掺杂浓度等因素决定，三极管做好后就基本确定了。一旦知道了这个比例关系，就不难确定三个电极电流之间的关系，从而为定量分析三极管电路提供了方便。

为了反映扩散到集电区的电流 I_{CN} 与基区复合电流 I_{BN} 之间的比例关系，定义共发射极直流电流放大系数 $\bar{\beta}$ 为

$$\bar{\beta} = \frac{I_{CN}}{I_{BN}} = \frac{I_C - I_{CBO}}{I_B + I_{CBO}} \tag{4-3}$$

其含义是:基区每复合一个电子,则有 $\bar{\beta}$ 个电子扩散到集电区去。$\bar{\beta}$ 值一般在 $20\sim200$。

确定了 $\bar{\beta}$ 值后,由式(4-2)和式(4-3)可得三极管三个电极电流的表达式为

$$\begin{cases} I_E = I_B + I_C & \tag{4-4a} \\ I_C = \bar{\beta}I_B + (1+\bar{\beta})I_{CBO} = \bar{\beta}I_B + I_{CEO} & \tag{4-4b} \\ I_E = (1+\bar{\beta})I_B + (1+\bar{\beta})I_{CBO} = (1+\bar{\beta})I_B + I_{CEO} & \tag{4-4c} \end{cases}$$

其中

$$I_{CEO} = (1+\bar{\beta})I_{CBO} \tag{4-5}$$

称为**穿透电流**。由于 I_{CBO} 很小,常忽略其影响,所以有

$$\begin{cases} I_C \approx \bar{\beta}I_B & \tag{4-6a} \\ I_E \approx (1+\bar{\beta})I_B & \tag{4-6b} \end{cases}$$

式(4-6)是以后电路分析中常用的关系式。

为了反映扩散到集电区的电流 I_{CN} 与发射极电流 I_E 之间的比例关系,定义共基极直流电流放大系数 $\bar{\alpha}$ 为

$$\bar{\alpha} = \frac{I_{CN}}{I_E} = \frac{I_C - I_{CBO}}{I_E} \tag{4-7}$$

它表征了发射极电流 I_E 转换为集电极电流 I_C 的能力。显然,$\bar{\alpha}<1$,一般为 $0.97\sim0.99$。

引入 $\bar{\alpha}$ 后,由式(4-2)和式(4-7)可得晶体三极管三个电极电流的表达式为

$$\begin{cases} I_E = I_B + I_C & \tag{4-8a} \\ I_C = \bar{\alpha}I_E + I_{CBO} \approx \bar{\alpha}I_E & \tag{4-8b} \\ I_B = (1-\bar{\alpha})I_E - I_{CBO} \approx (1-\bar{\alpha})I_E & \tag{4-8c} \end{cases}$$

由于 $\bar{\beta}$ 和 $\bar{\alpha}$ 都是反映三极管基区中电子扩散与复合的比例关系,只是选取的参考量不同,所以两者之间必然有内在的联系。由 $\bar{\beta}$ 和 $\bar{\alpha}$ 的定义可得

$$\bar{\beta} = \frac{I_{CN}}{I_{BN}} \approx \frac{I_{CN}}{I_E - I_{CN}} = \frac{\bar{\alpha}I_E}{I_E - \bar{\alpha}I_E} = \frac{\bar{\alpha}}{1-\bar{\alpha}} \tag{4-9}$$

$$\bar{\alpha} = \frac{I_{CN}}{I_E} \approx \frac{I_{CN}}{I_{EN}} = \frac{I_{CN}}{I_{BN} + I_{CN}} = \frac{\bar{\beta}I_{BN}}{I_{BN} + \bar{\beta}I_{BN}} = \frac{\bar{\beta}}{1+\bar{\beta}} \tag{4-10}$$

3. 三极管的放大作用

三极管的放大作用可用图 4-16 来说明,假设在图中 U_{BB} 上叠加一幅度为 $100\mathrm{mV}$ 的正弦电压 Δu_I,则引起三极管发射结电压产生相应的变化,因而发射极会产生一个较大的注入电流 Δi_E,例如为 $1\mathrm{mA}$。若 $\bar{\beta}=99$,则基极复合电流 Δi_B 约为 $10\mu\mathrm{A}$,集电极收集的电流 Δi_C 约为 $0.99\mathrm{mA}$。若取 $R_C = 2\mathrm{k\Omega}$,则 R_C 上得到的信号电压 $\Delta u_O = \Delta i_C \cdot R_C = 0.99 \times 2 = 1.98\mathrm{V}$,相比之下,信号电压放大了约 20 倍。另外,$R_C$ 得到的信号功率为

$$P_o = \frac{1}{2} \cdot \Delta i_C \cdot \Delta u_O = \frac{1}{2} \times 0.99 \times 10^{-3} \times 1.98 \approx 1 (\mathrm{mW})$$

比信号源的输入功率

$$P_i = \frac{1}{2} \cdot \Delta i_B \cdot \Delta u_1 = \frac{1}{2} \times 10 \times 10^{-6} \times 100 \times 10^{-3} = 0.5(\mu W)$$

大出约 2000 倍。信号功率的放大体现了三极管的放大作用。

4.3.3 三极管的特性曲线和工作状态

三极管的特性曲线描述了各电极电压与电流之间的关系,全面反映了三极管的性能。下面讨论最常用的共发射极接法的输入、输出特性曲线。

1. 输入特性曲线

当集-射极间的电压 u_{CE} 为某一常数时,基极电流 i_B 与基-射电压 u_{BE} 之间的关系称为三极管的输入特性曲线,即

$$i_B = f(u_{BE}) \big|_{u_{CE}=常数} \tag{4-11}$$

通常可利用晶体管特性测试仪测出。图 4-17 是 NPN 型硅三极管的输入特性曲线。由图可见,它与二极管的正向特性曲线相似。当改变 u_{CE} 时可得到一簇曲线。当 u_{CE} 增大时,集电极收集电子的能力增强,在基区要获得相应的 i_B 值,所需的电压 u_{BE} 相应增大,即曲线随 u_{CE} 的增大而右移;当 $u_{CE} \geqslant 1V$ 后,各曲线已经很接近了,通常用 $u_{CE} \geqslant 1V$ 的一条输入特性曲线就可以代表 $u_{CE} \geqslant 1V$ 以后的各种情况。

三极管的输入特性曲线也有一段死区电压,硅管约为 0.5V,锗管约为 0.1V。正常工作时,硅管的发射结电压 U_{BE} 为 0.6~0.7V,锗管的 U_{BE} 为 0.2~0.3V。

2. 输出特性曲线和工作状态

输出特性是指基极电流 i_B 为常数时,集电极电流 i_C 与集-射电压 u_{CE} 的关系,即

$$i_C = f(u_{CE}) \big|_{i_B=常数} \tag{4-12}$$

图 4-18 是三极管的输出特性曲线。由图可见,当 i_B 不同时,输出特性可用一簇曲线表示。根据三极管工作状态的不同,输出特性可分为以下几个区域。

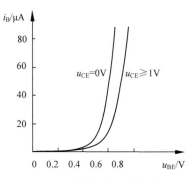

图 4-17 三极管的输入特性曲线

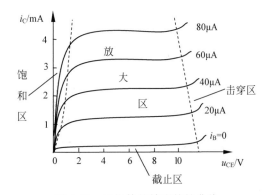

图 4-18 三极管的输出特性曲线

(1) 截止区。

一般把 $i_B = 0$ 那条曲线以下的区域称为截止区,此时 $i_C \approx 0$。为了使三极管可靠截止,通常在发射结上加反向电压,这样,三极管截止时,发射结和集电结均处于反向偏置。

(2) 放大区。

特性曲线平坦的区域叫放大区,在放大区,各条输出特性曲线间隔均匀,随着 u_{CE} 的增

加而略微向上倾斜；i_B 增加，i_C 成比例地增加，$i_C \approx \beta i_B$。i_C 的变化基本与 u_{CE} 无关，主要受 i_B 的控制，三极管相当于一个受控的电流源。

（3）饱和区。

特性曲线靠近纵轴的区域是饱和区。此时，发射结和集电结均处于正向偏置，三极管失去了电流放大作用，$i_C < \beta i_B$。饱和时集-射极间的饱和压降 $U_{CE(sat)}$ 值很小，硅管约为 0.3V，锗管约为 0.1V。

（4）击穿区。

三极管发射结正向偏置，集电结反向击穿时的工作状态：当 u_{CE} 足够大时，三极管集电结被击穿，i_C 迅速增大。

由三极管的输入、输出特性曲线不难看出，**三极管也是典型的非线性器件**。

4.3.4 三极管的主要参数

三极管的参数是用来表征管子性能优劣和适应范围的，它是选用三极管的依据。了解这些参数的意义，对于合理使用和充分利用三极管以达到设计电路的经济性和可靠性是十分必要的。三极管的参数很多，大致可分为以下几类。

1. 表征放大性能的参数

（1）共射极直流电流放大系数 $\bar{\beta}$。

$$\bar{\beta} = \frac{I_C}{I_B}$$

（2）共射极交流电流放大系数 β。

$$\beta = \frac{\Delta i_C}{\Delta i_B} \tag{4-13}$$

虽然 $\bar{\beta}$ 和 β 的含义不同，但当输出特性曲线（见图 4-18）平行等距且忽略 I_{CEO} 时，则 $\bar{\beta} \approx \beta$，工程上常利用这一关系进行近似估算。

2. 表征稳定性能的参数

（1）I_{CBO}。

指发射极开路时，集电极-基极之间的反向饱和电流。

（2）I_{CEO}。

指基极开路时，集电极-发射极之间的穿透电流。

$$I_{CEO} = (1 + \beta) I_{CBO}$$

选用三极管时，一般希望极间反向电流越小越好，以减小温度的影响，硅管的 I_{CBO} 比锗管小 2～3 个数量级，所以在要求较高的场合常选硅管。

3. 表征安全极限性能的参数

（1）集电极最大允许电流 I_{CM}。

三极管工作时，β 值基本不变。但当 I_C 超过一定值时，β 值将明显降低。I_{CM} 是指 β 值下降到正常值的 2/3 时所对应的集电极电流 I_C 值。

（2）集电极最大允许耗散功率 P_{CM}。

指集电结上允许损耗功率的最大值，P_{CM} 与管子的散热条件和环境温度有关，三极管不能超温使用，否则其性能将恶化，甚至损坏。

（3）反向击穿电压。

① $U_{(BR)EBO}$。$U_{(BR)EBO}$ 指集电极开路时,发射结的反向击穿电压,此值较小,一般只有几伏,有的甚至不到 1V。

② $U_{(BR)CBO}$。$U_{(BR)CBO}$ 指发射极开路时,集电结的反向击穿电压。此值较大,一般为几十伏,有的可达几百伏甚至上千伏。

③ $U_{(BR)CEO}$。$U_{(BR)CEO}$ 指基极开路时,集电极-发射极之间的反向击穿电压。其大小与三极管的穿透电流有直接的关系,一般为几伏至几十伏。

通常将 I_{CM}、P_{CM}、$U_{(BR)CEO}$ 三个参数所限定的区域称为三极管的安全工作区,如图 4-19 所示。为了确保管子正常、安全工作,使用时不应超出这个范围。

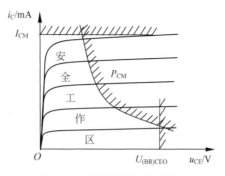

图 4-19　三极管的安全工作区

4.3.5　三极管的温度特性

严格来讲,温度对三极管的所有参数几乎都有影响,但受影响最大的是以下三个参数。

（1）β。三极管的 β 值会随温度的升高而增大,温度每升高 1℃,β 值增大 0.5%～1%。

（2）U_{BE}。三极管的发射结电压 U_{BE} 值具有负的温度系数,温度每升高 1℃,$|U_{BE}|$ 值减小 2～2.5mV。

（3）I_{CBO}。实验表明,I_{CBO} 随温度按指数规律变化,温度每升高 10℃,I_{CBO} 值约增加一倍,即 $I_{CBO}(T_2) = I_{CBO}(T_1) \times 2^{(T_2-T_1)/10}$。

4.4　场 效 应 管

场效应管（field effect transistor,FET）是一种较新型的半导体器件,其外形与普通三极管相似,但两者的控制特性却截然不同。普通三极管是电流控制器件,通过控制基极电流达到控制集电极电流的目的,即信号源必须提供一定的电流才能工作,因此它的输入电阻较低,仅有 $10^2 \sim 10^4 \Omega$。场效应管则是电压控制器件,其输出电流决定于输入电压的大小,基本上不需要信号源提供电流,所以它的输入阻抗很高,可达 $10^9 \sim 10^{14} \Omega$,这是它的突出优点。此外,它还具有噪声低、热稳定性好、抗辐射能力强、制造工艺简单、集成度高等优点,已经成为当今集成电路的主流器件。

4.4.1　场效应管的分类、结构、符号和特性曲线

根据结构的不同,场效应管可分为两大类:结型场效应管（JFET）和金属-氧化物-半导体场效应管（MOSFET）。

1. 结型场效应管

结型场效应管（junction field effect transistor,JFET）是利用半导体内的电场效应进行工作的,所以又称体内场效应器件,它有 N 沟道和 P 沟道之分。图 4-20 为 N 沟道结型场效应管的结构及工作原理示意图。

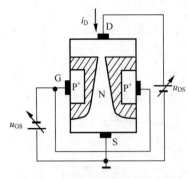

图 4-20　N 沟道 JFET 的结构及
工作原理示意图

由图 4-20 可见,它在一块 N 型半导体材料两边高浓度扩散制造了两个重掺杂的 P^+ 区,形成了两个 PN 结。两个 P^+ 区接在一起引出栅极 G,两个 PN 结之间的 N 型半导体构成导电沟道,在 N 型半导体的两端分别引出源极 S 和漏极 D。由于 N 型区结构对称,所以其源极和漏极可以互换使用。

N 沟道结型场效应管工作时,为了保证其高输入电阻的特性,栅-源之间需加一负电压 u_{GS}。使栅极与沟道之间的 PN 结反偏。在漏-源之间加一正电压 u_{DS},N 沟道中的多数载流子(电子)将源源不断地由源极向漏极运动,从而形成漏极电流 i_D。u_{GS} 和 u_{DS} 的大小直接影响着导电沟道的变化,因而影响着漏极电流的变化。u_{GS} 控制沟道的宽窄,当 u_{GS} 由零向负值增大时,沟道由宽变窄,沟道电阻由小变大,当 $|u_{GS}|$ 增大到"**夹断电压**"$U_{GS(off)}$ 时,沟道被全部"夹断",沟道电阻趋于无穷。u_{DS} 控制沟道的形状,在 u_{GS} 为一固定值时,若 $u_{DS}=0$,沟道由漏极到源极呈等宽性,$i_D=0$;当 $u_{DS}>0$ 时,由于 $|u_{GD}|>|u_{GS}|$,沟道不再呈等宽性,而呈楔形,如图 4-20 所示,此时,i_D 随 u_{DS} 的增大而增大;当 u_{DS} 增大到使 $u_{GD}=u_{GS(off)}$ 时,沟道首先在靠近漏极处被夹断,此后,若继续增大 u_{DS},夹断点由漏极向源极移动,i_D 基本不再增加,趋于饱和电流 I_{DSS}。

实验证明,当管子工作在饱和区时,i_D 与 u_{DS} 之间近似呈平方律关系,即

$$i_D = I_{DSS}\left(1-\frac{u_{GS}}{U_{GS(off)}}\right)^2, \quad U_{GS(off)} \leqslant u_{GS} \leqslant 0 \tag{4-14}$$

2. MOS 场效应管

MOS 场效应管简称 MOS 管,它是利用半导体表面的电场效应进行工作的,也称表面场效应管。由于其栅极处于绝缘状态,故又称绝缘栅场效应管。MOS 管可分为增强型与耗尽型两种类型,每类又有 N 沟道和 P 沟道之分,所以共有四类 MOS 管。

图 4-21 为增强型 NMOS 管的结构及工作原理示意图。它以 P 型硅片作为衬底,其上扩散两个重掺杂的 N^+ 区,分别作为源区和漏区,并引出源极 S 和漏极 D,在源区和漏区之间的衬底表面覆盖一层很薄(约 $0.1\mu m$)的绝缘层(SiO_2),并在其上蒸铝引出栅极 G。从垂直衬底的角度看,这种场效应管由金属(铝)-氧化物(SiO_2)-半导体构成,故称为 MOSFET (metal-oxide-semiconductor field effect transistor)。

由图 4-21 可以看出,当 $u_{GS}=0$ 时,源区和漏区之间被 P 型衬底所隔开,形成了两个背靠背的 PN 结,不论 u_{DS} 的极性如何,其中总有一个 PN 结是反偏的,电流总为零,管子处于截止状态。当 $u_{GS}>0$ 时,栅极与衬底之间以 SiO_2 为介质构成的电容器被充电,产生垂直于半导体表面的电场,该电场吸引 P 型衬底的电子并排斥空穴,当 u_{GS} 达到一定值(称为**开启电压** $U_{GS(th)}$)时,在栅极附近的 P 型硅表面便形成了一个 N 型(电子)薄层,沟通了源区和漏区,形成了沿半导体表面的导电沟道。漏-源电压 u_{DS} 将使导电沟道产生不等宽性,靠近源极处沟道较宽,靠近漏极处沟道较窄。显然,u_{GS} 越高,电场越强,导电沟道越宽,漏极电流 i_D 越大,因此通过改变 u_{GS} 的大小便可控制 i_D 的大小。

图 4-22 为耗尽型 NMOS 管的结构及工作原理示意图。这种器件在制造过程中,在 SiO$_2$ 绝缘层中掺入了大量正离子,即使在 $u_{GS}=0$ 时,半导体表面也有垂直电场作用,并形成 N 型导电沟道。因为它有原始导电沟道,故称为耗尽型管。当 $u_{GS}>0$ 时,指向衬底的电场增强,沟道变宽,漏极电流 i_D 将会增大;当 $u_{GS}<0$ 时,指向衬底的电场削弱,沟道变窄,i_D 将会减小,当 u_{GS} 继续变负并等于某一定值(称为夹断电压 $U_{GS(off)}$)时,沟道消失,$i_D=0$,管子进入截止状态。

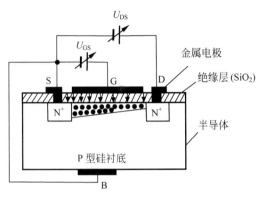

图 4-21　增强型 NMOS 管的结构及原理示意图

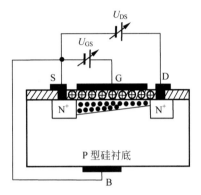

图 4-22　耗尽型 NMOS 管的结构及原理示意图

以上简要介绍了几种 N 沟道场效应管,P 沟道管子的结构和工作过程与其类似,此处不再赘述。

表 4-1 列出了各种场效应的符号和特性曲线,希望有助于读者进一步理解其特点。由特性曲线可以看出,**场效应管也是非线性器件**。

4.4.2　场效应管的主要参数

场效应管的参数主要有以下几个。

1. 开启电压 $U_{GS(th)}$、夹断电压 $U_{GS(off)}$

$U_{GS(th)}$ 指在一定的漏-源电压 u_{DS} 下,使管子由不导通变为导通所需的临界栅-源电压 u_{GS} 值,该参数是针对增强型 MOS 管定义的。

$U_{GS(off)}$ 指在一定的漏-源电压 u_{DS} 下,管子原始导电沟道夹断时所需的 u_{GS} 值,该参数是针对结型场效应管和耗尽型 MOS 管定义的。

2. 饱和漏极电流 I_{DSS}

I_{DSS} 是结型场效应管和耗尽型 MOS 管的参数,是指在 $u_{GS}=0$ 的情况下产生预夹断时的漏极电流。

3. 直流输入电阻 R_{GS}

R_{GS} 表示栅-源电压与栅极电流之比。结型场效应管的 R_{GS} 大于 $10^7\,\Omega$,MOS 管的 R_{GS} 可超过 $10^9\,\Omega$。由于 MOS 管的栅源电阻很高,所以栅极电容上积累的电荷不易放掉,因而,外界静电感应极容易在栅极上产生很高的电压,致使 SiO$_2$ 绝缘层击穿,损坏 MOS 管。为此,MOS 管的栅极不能悬空,使用时需在栅极加保护电路,如在栅-源之间加反向二极管或稳压二极管等。

表 4-1　各种场效应的符号和特性曲线

分　类		符号特性		
		符　号	转移特性曲线 $I_D = f(U_{GS})\mid_{U_{DS}=常数}$	漏极特性曲线 $I_D = f(U_{DS})\mid_{U_{GS}=常数}$
结型场效应管	N 沟道	G —○ D ○ S	i_D/mA，I_{DSS}，$U_{GS(off)}$，O，u_{GS}/V	i_D/mA，0V，−1V，−2V，$U_{GS}=-3V$，O，u_{DS}/V
	P 沟道	G —○ D ○ S	O，$U_{GS(off)}$，u_{GS}/V，I_{DSS}，i_D/mA	$U_{GS}=3V$，2V，1V，0V，O，u_{DS}/V，i_D/mA
绝缘栅场效应管	N 沟道 增强型	G —○ D B ○ S	i_D/mA，O，$U_{GS(th)}$，u_{GS}/V	i_D/mA，5V，4V，3V，$U_{GS}=2V$，O，u_{DS}/V
	N 沟道 耗尽型	G —○ D B ○ S	i_D/mA，I_{DSS}，$U_{GS(off)}$，O，u_{GS}/V	i_D/mA，1V，0V，−1V，$U_{GS}=-2V$，O，u_{DS}/V
	P 沟道 增强型	G —○ D B ○ S	$U_{GS(th)}$，O，u_{GS}/V，i_D/mA	$U_{GS}=-2V$，−3V，−4V，−5V，O，u_{DS}/V，i_D/mA
	P 沟道 耗尽型	G —○ D B ○ S	O，$U_{GS(off)}$，u_{GS}/V，i_D/mA	$U_{GS}=2V$，1V，0V，−1V，O，u_{DS}/V，i_D/mA

4. 低频跨导 g_m

g_m 是表征场效应管放大能力的参数,它定义为在特定的静态点下,漏极电流的变化量与引起这一变化的栅-源电压的变化量之比,即

$$g_m = \frac{\Delta i_D}{\Delta u_{GS}}\bigg|_Q \tag{4-15}$$

5. 交流输出电阻 r_{ds}

其定义为

$$r_{ds} = \frac{\Delta u_{DS}}{\Delta i_D}\bigg|_Q \tag{4-16}$$

6. 栅-源击穿电压 $U_{(BR)GSO}$

栅-源击穿电压 $U_{(BR)GSO}$ 指漏极开路,栅-源之间所允许加的最大电压。对于结型场效应管,它是使栅极与沟道间的 PN 结反向击穿的 u_{GS} 值;对于 MOS 管,它是使 SiO_2 绝缘层击穿的 u_{GS} 值。

4.4.3　场效应管与三极管的比较

表 4-2 列出了场效应管与三极管的区别,希望有助于读者以比较的方式掌握二者的主要特点。

表 4-2　场效应管与三极管的比较

指　　标	场 效 应 管	三　极　管
载流子	只有一种极性的载流子(电子或空穴)参与导电,故称为单极型晶体管	两种不同极性的载流子(电子与空穴)同时参与导电,故称为双极型晶体管
控制方式	电压控制	电流控制
类型	N 沟道 P 沟道两种	NPN 和 PNP 型两种
放大参数	$g_m = 1 \sim 5 mA/V$	$\beta = 20 \sim 100$
输入电阻	$10^9 \sim 10^{14}\,\Omega$	$10^2 \sim 10^4\,\Omega$
输出电阻	r_{ds} 很高	r_{ce} 很高
热稳定性	好	差
制造工艺	简单,成本低	较复杂
对应电极	基极-栅极,发射极-源极,集电极-漏极	

4.5　用 Multisim 分析晶体管的特性

【例 4-1】　电路如图 4-23 所示,用 Multisim 仿真场效应管 2N5486 的转移特性曲线及输出特性曲线(参考电压范围:V_{DS}:$0 \sim 15V$,V_{GS}:$-10 \sim 0V$)。

【解】　本题用来熟悉场效应管转移及输出特性曲线的测试方法。

测试转移特性曲线的电路如图 4-24(a)所示,使用分析中的 DC sweep(直流扫描分析)。设置 VGS 扫描范围为 $-10 \sim -1V$,增量为 0.01V,VDS 扫描范围为 $4 \sim 12V$,增量为 3V,如图 4-24(b)所示。查看输出 Id,仿真结果如图 4-24(c)所示。

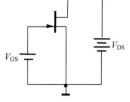

图 4-23　例 4-1 的图

测试输出特性曲线的电路如图 4-25(a)，N 沟道场效应管 2N5486 连接伏安特性分析仪，伏安特性分析仪的测试端由左向右分别连接 2N5486 的 G、S、D 极，在 Simulate param 中设置 Vds 扫描范围为 0～15V，增量为 100mV，Vgs 扫描范围为 $-10V$～-0.001μV，如图 4-25(b)所示。扫描 10 次，运行仿真并查看伏安特性分析仪，仿真结果如图 4-25(c)所示。

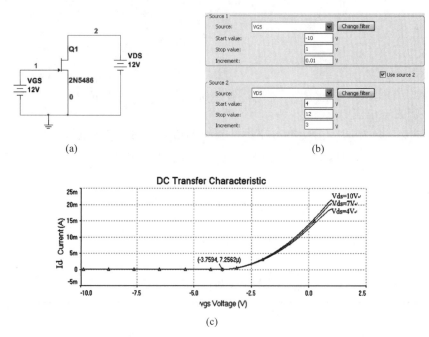

(a)   (b)

(c)

图 4-24　例 4-1 转移特性的测试

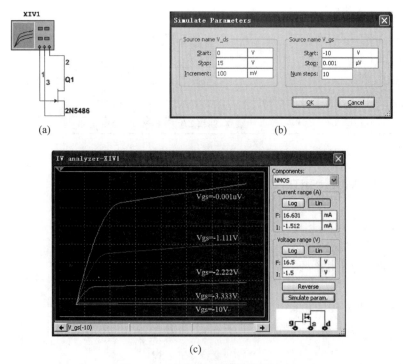

(a)   (b)

(c)

图 4-25　例 4-1 输出特性的测试

思考题与习题

【4-1】　填空。

（1）二极管的正向电阻_____，反向电阻_____。

（2）在选用二极管时，要求导通电压低时应该选用_____材料管；要求反向电流小时应选用_____材料管；要求耐高温时应选_____管。

（3）稳压管的稳压区是其工作在_____。

（4）若要使三极管工作在放大状态，应使其发射结处于_____偏置，而集电结处于_____偏置。

（5）工作在放大区的某三极管，当 I_B 从 $20\mu A$ 增大到 $40\mu A$ 时，I_C 从 $1mA$ 变到 $2mA$，则其 β 值约为_____。

（6）某三极管正常放大时，测得 $I_E=1mA$，$I_B=20\mu A$，则 $I_C=$ _____。

（7）当温度升高时，三极管各参数的变化趋势为 β _____；I_{CEO} _____；U_{BE} _____。

（8）三极管属_____控制型器件；而场效应管属_____控制型器件；场效应管的突出特点是_____。

【4-2】　图 4-26 中的二极管均为硅管，试判断哪个图中的二极管是导通的？

【4-3】　图 4-27 所示电路中，发光二极管的导通电压 $U_D=1.5V$，正向电流在 $5\sim15mA$ 时才能正常工作。试问：

（1）开关 S 在什么位置时发光二极管才能发光？

（2）R 的取值范围是多少？

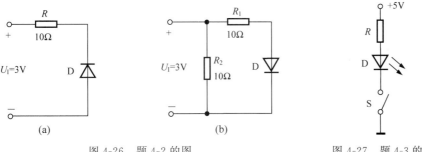

图 4-26　题 4-2 的图　　　　　　图 4-27　题 4-3 的图

【4-4】　现有两只稳压管，它们的稳定电压分别为 6V 和 8V，正向导通电压均为 0.7V。

（1）若将它们串联连接，可得到几种稳压值？各为多少？

（2）若将它们并联连接，可得到几种稳压值？各为多少？

【4-5】　测得放大电路中四个三极管各极电位分别如图 4-28 所示，试判断它们各是 NPN 管还是 PNP 管？是硅管还是锗管？并确定每管的 B、E、C 极。

【4-6】　有两只三极管，其中一只的 $\beta=200$，$I_{CEO}=200\mu A$，另一只的 $\beta=100$，$I_{CEO}=10\mu A$，其他参数大致相同，你认为应该选哪只三极管？为什么？

【4-7】　试判断图 4-29 所示各电路中的三极管是否有可能工作在放大状态？

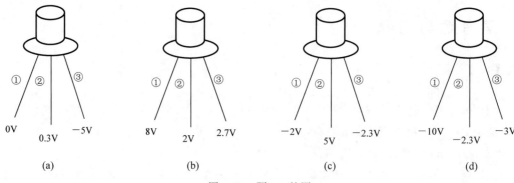

图 4-28　题 4-5 的图

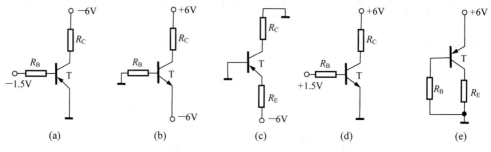

图 4-29　题 4-7 的图

【4-8】　某放大电路中三极管三个电极①、②、③的电流如图 4-30 所示,现测得 $I_1 = -1.2\text{mA}$, $I_2 = 1.23\text{mA}$, $I_3 = -0.03\text{mA}$,由此可知:

（1）电极①、②、③分别为_____。

（2）β 约为_____。

（3）管子类型为_____。

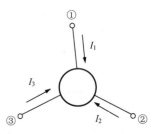

图 4-30　题 4-8 的图

【4-9】　图 4-31 是两个场效应管的特性曲线,试指出它们分别属于哪种场效应管,并画出相应的电路符号,指出每只管子的 $U_{\text{GS(off)}}$ 或 $U_{\text{GS(th)}}$ 或 I_{DSS} 的大小。

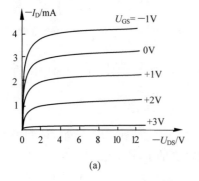

(a)

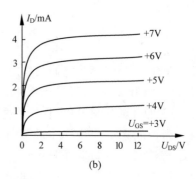

(b)

图 4-31　题 4-9 的图

<table>
<tr><td>第 5 章</td></tr>
<tr><td>CHAPTER 5</td></tr>
</table>

放大电路基础

放大电路是最基本、最常用的电子线路,它利用三极管或场效应管的放大作用,将微弱的电信号进行放大,从而驱动负载工作。例如从收音机天线接收到的信号或者从传感器获得的信号,通常只有毫伏甚至微伏数量级,必须经过放大才能驱动喇叭或者执行元件。放大电路的应用非常广泛,从人们日常生活接触比较多的家用电器到工程上用到的精密测量仪表、复杂的控制系统等,其中都有各种各样不同类型、不同要求的放大电路。

根据工作频率的不同,放大电路可分为高频放大电路和低频放大电路。本章主要讨论低频放大电路,其工作频率在 20kHz 以下。

5.1 放大电路概述

5.1.1 放大的概念

为了准确理解电子学中放大的概念,下面举例进行说明。

图 5-1 所示为扩音机的原理框图。话筒将微弱的声音信号转换成电信号,经过放大电路放大成足够强的电信号后,驱动扬声器,使其发出较原来强得多的声音。扬声器所获得的能量(或输出功率)远大于话筒送出的能量(输入功率),可见,**电子电路放大的基本特征是功率放大,其实质就是一种能量的控制和转换作用**。具体来讲,放大电路是利用半导体器件(三极管或场效应管)的放大和控制作用,将直流电源的能量转换成负载所获得的能量。

图 5-1 扩音机原理框图

5.1.2 放大电路的主要性能指标

为了衡量一个放大电路质量的优劣,规定了若干性能指标。对于低频放大电路而言,一般在放大电路的输入端加正弦电压对电路进行测试,如图 5-2 所示。放大电路的主要性能指标有以下几项。

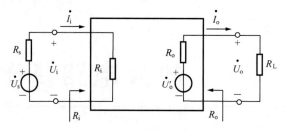

图 5-2　放大电路性能指标的测试电路

1. 放大倍数

放大倍数(也称**增益**)是衡量放大电路放大能力的重要指标。有四种不同类型的放大倍数。

(1) 电压放大倍数 $\dot{A}_u$。

$$\dot{A}_u = \frac{\dot{U}_o}{\dot{U}_i} \tag{5-1}$$

式中,$\dot{U}_o$ 与 $\dot{U}_i$ 分别表示放大电路输出端和输入端的正弦电压相量。电压放大倍数表示放大电路放大电压信号的能力。

此外,还常用源电压放大倍数 $\dot{A}_{us}$。

$$\dot{A}_{us} = \frac{\dot{U}_o}{\dot{U}_s} \tag{5-2}$$

式中,$\dot{U}_s$ 为输入源电压相量。

(2) 电流放大倍数 $\dot{A}_i$。

$$\dot{A}_i = \frac{\dot{I}_o}{\dot{I}_i} \tag{5-3}$$

式中,$\dot{I}_o$ 与 $\dot{I}_i$ 分别表示放大电路的输出端和输入端的正弦电流相量。电流放大倍数表示放大电路放大电流信号的能力。

此外,还常用源电流放大倍数 $\dot{A}_{is}$。

$$\dot{A}_{is} = \frac{\dot{I}_o}{\dot{I}_s} \tag{5-4}$$

式中,$\dot{I}_s$ 为输入源电流相量。

(3) 互阻放大倍数 $\dot{A}_r$。

$$\dot{A}_r = \frac{\dot{U}_o}{\dot{I}_i} \tag{5-5}$$

(4) 互导放大倍数 $\dot{A}_g$。

$$\dot{A}_g = \frac{\dot{I}_o}{\dot{U}_i} \tag{5-6}$$

工程上,常用**分贝**(dB)表征放大电路的放大能力,其定义为

$$| \dot{A}_u | (\mathrm{dB}) = 20 \lg | \dot{A}_u | \tag{5-7}$$

$$| \dot{A}_i | (\mathrm{dB}) = 20 \lg | \dot{A}_i | \tag{5-8}$$

2. 输入电阻 R_i

由图 5-2 可见,当输入电压加到放大电路的输入端时,在该端口产生一个相应的输入电流,也就是说,从放大电路的输入端向内看进去相当于有一个等效电阻,这个电阻就是放大电路的输入电阻,它定义为外加输入电压与相应的输入电流的有效值之比,即

$$R_i = \frac{U_i}{I_i} \tag{5-9}$$

R_i **表征了放大电路对信号源的负载特性。** 对输入为电压信号的放大电路,R_i 越大,放大电路对信号源的影响越小;而对输入为电流信号的放大电路,R_i 越小,放大电路对信号源的影响越小。因此,放大电路输入电阻的大小应视需要而定。

3. 输出电阻 R_o

在放大电路的输入端加信号,如果改变接到输出端的负载,则输出电压 U_o 也要随之改变。这种情况就相当于从输出端看进去,好像有一个具有内阻 R_o 的电压源 U'_o,如图 5-2 所示,通常把 R_o 称为输出电阻。

在实际中,输出电阻 R_o 可按如下方法获得,测出负载开路时的输出电压 U'_o,再测出接上负载 R_L 时的输出电压 U_o,由图 5-2 可得

$$U_o = \frac{R_L}{R_o + R_L} U'_o$$

于是

$$R_o = \frac{U'_o - U_o}{U_o} R_L \tag{5-10}$$

R_o **是表征放大电路带负载能力的指标。** 若为电压型负载,R_o 愈小,带载能力愈强(见图 5-2);若为电流型负载,R_o 愈大,带载能力愈强。因此放大电路输出电阻的大小应视负载的需要而设计。

4. 最大输出幅度 $U_{omax}(I_{omax})$

最大输出幅度表示在输出波形没有明显失真的情况下,放大电路能够提供给负载的最大输出电压(或最大输出电流)。

5. 最大输出功率 P_{om} 和效率 η

P_{om} 表示在输出波形基本不失真的情况下,放大电路能够向负载提供的最大输出功率。

η 定义为放大电路的最大输出功率 P_{om} 与直流电源提供的功率 P_V 之比,即

$$\eta = \frac{P_{om}}{P_V} \times 100\% \tag{5-11}$$

前面已经指出,放大电路负载上所获得的较大的能量,是利用放大元件的控制作用,由放大电路中直流电源的能量转换而来的。η 便是表征此转换效率的一项指标。

6. 通频带 BW

通频带用于衡量放大电路对不同频率信号的放大能力。 它定义为放大倍数下降到中频放大倍数 A_m 的 0.707 倍时所对应的频率范围,如图 5-3 所示。

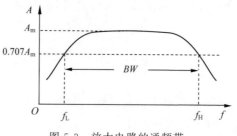

图 5-3　放大电路的通频带

$$BW = f_H - f_L \qquad (5\text{-}12)$$

式中，f_H 称为上限截止频率，f_L 称为下限截止频率。

除了以上介绍的几项性能指标外，在实际工作中还可能涉及放大电路的其他性能指标，如非线性失真系数、温度漂移、信噪比、允许工作温度范围等，请读者自行参阅有关文献资料。

5.2　放大电路的构成原则和工作原理

5.2.1　放大电路的构成原则

无论何种类型的放大电路，均可用如图 5-4 所示的框图来表示。为了保证放大电路能够正常工作，应遵循以下几条构成原则。

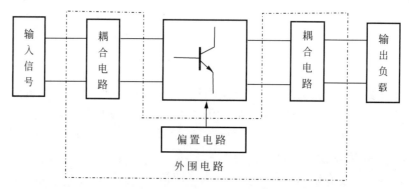

图 5-4　放大电路的组成框图

（1）放大电路中必须包含具有放大作用的半导体器件，如三极管、场效应管。

（2）放大电路中必须有直流电源，以保证放大管被合理偏置在线性放大区，进行不失真放大；同时为放大电路提供能源。

（3）耦合电路应保证将输入信号源和负载分别连接到放大管的输入端和输出端。

图 5-5 是以 NPN 型管为核心组成的基本放大电路，整个电路分为输入回路和输出回路两部分，输入、输出回路共用三极管的发射极（见图中"⊥"），故称为共发射极放大电路。

其中各元件的作用说明如下。

1. 三极管 T

它是整个放大电路的核心元件，用来实现放大作用。

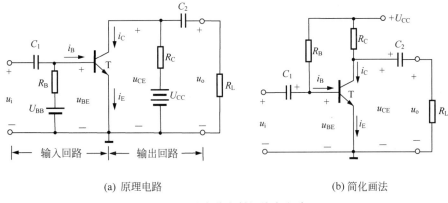

(a) 原理电路   (b) 简化画法

图 5-5 基本共发射极放大电路

2. 基极直流电源 U_{BB}

基极直流电源 U_{BB} 保证三极管的发射结处于正向偏置,为基极提供偏置电流。

3. 基极偏置电阻 R_B

基极偏置电阻 R_B 的作用是为三极管提供合适的基极偏置电流,并使发射结获得必需的正向偏置电压。调节 R_B 的大小可使放大电路获得合适的静态工作点(Q 点),R_B 的阻值一般在几十千欧至几百千欧的范围内。

4. 集电极直流电源 U_{CC}

集电极直流电源 U_{CC} 保证三极管的集电结处于反向偏置,以确保三极管工作在放大状态。同时为放大电路提供能源。

5. 集电极负载电阻 R_C

集电极负载电阻 R_C 的作用是将集电极电流 i_C 的变化转换成集-射电压 u_{CE} 的变换,以实现电压放大。同时,电源 U_{CC} 通过 R_C 加到三极管上,使三极管获得合适的工作电压,所以 R_C 也起直流负载的作用。R_C 的阻值一般在几千欧到几十千欧的范围内。

6. 耦合电容 C_1 和 C_2

耦合电容 C_1 和 C_2 的作用是"隔离直流,传送交流"。C_1 和 C_2 一方面用来隔断放大电路与信号源之间、放大电路与负载之间的直流通路,另一方面还起着交流耦合的作用,保证交流信号顺利地通过放大电路。C_1 和 C_2 通常选用容量大(一般为几微法到几十微法)、体积小的电解电容,连接时电容的正极接高电位,负极接低电位。

7. 负载电阻 R_L

负载电阻 R_L 是放大电路的外接负载,可以是耳机、扬声器或其他执行机构,也可以是后级放大电路的输入电阻。

图 5-5(b)是基本共发射极放大电路的简化形式。图 5-5(a)需要两个直流电源(U_{CC}、U_{BB})供电,这在实际中是很不方便的。其实,基极回路不必单独使用电源,可以通过 R_B 直接从 U_{CC} 来获得基极直流电压,以使发射结处于正向偏置。这样,整个电路就只用一个直流电源 U_{CC}。另外,画电路时可省略直流电源的符号,而仅用其电位的极性和数值来表示,如 $+ U_{CC}$ 表示该点接电源的正极,而参考零电位("⊥")接电源的负极。

5.2.2　放大电路的工作原理

放大电路是以直流为基础进行交流放大的,其中既含有直流分量又含有交流分量,为了讨论的方便,对放大电路中各电压、电流符号的规定如表 5-1 所示。

表 5-1　放大电路中各电压、电流符号的规定

分　类	直流量 (静态值)	交流量		总电压或总电流	基本表达式
		瞬时值	有效值		
基极电流	I_B	i_b	I_b	i_B	$i_B = I_B + i_b$
集电极电流	I_C	i_c	I_c	i_C	$i_C = I_C + i_c$
基-射电压	U_{BE}	u_{be}	U_{be}	u_{BE}	$u_{BE} = U_{BE} + u_{be}$
集-射电压	U_{CE}	u_{ce}	U_{ce}	u_{CE}	$u_{CE} = U_{CE} + u_{ce}$

1. 静态工作情况

放大电路输入端不加信号,即 $u_i = 0$ 时,由于直流电源的存在,电路中存在直流电压和直流电流,放大电路的这种工作状态称之为静态。放大电路静态值的大小反映了电路是否具有进行交流放大的合适的直流基础。静态值的确定可按如下所述方法进行。

(1) 电路估算法。

画出放大电路的**直流通路**(画直流通路时,电容视为开路,电感视为短路),如图 5-6(a)所示。列输入、输出回路的 KVL 方程,进而确定静态电流(I_{BQ}、I_{CQ})和静态电压(U_{BEQ}、U_{CEQ})。

对输入回路,应用 KVL 得

$$R_B I_{BQ} + U_{BEQ} = U_{CC} \tag{5-13}$$

故

$$I_{BQ} = \frac{U_{CC} - U_{BEQ}}{R_B} \approx \frac{U_{CC}}{R_B} \tag{5-14}$$

则有

$$I_{CQ} \approx \beta I_{BQ} \tag{5-15}$$

对输出回路,应用 KVL 得

$$R_C I_{CQ} + U_{CEQ} = U_{CC}$$

故

$$U_{CEQ} = U_{CC} - I_{CQ} R_C \tag{5-16}$$

(2) 图解法。

在三极管的输入特性曲线上作输入回路直流负载线(式(5-13)即为输入回路直流负载线方程),由二者的交点即可确定 U_{BEQ} 和 I_{BQ},如图 5-6(b)所示。在三极管的输出特性曲线上作输出回路直流负载线(式(5-16)即为输出回路直流负载线方程),它与三极管某条输出特性曲线(由 I_{BQ} 确定)的交点即可确定 U_{CEQ} 和 I_{CQ},如图 5-6(c)所示。

图解法可以很直观地分析和了解放大电路的 Q 点是否合适。对于放大电路,要求获得尽可能大的 U_{omax} 或 I_{omax},Q 点的设置非常重要,若 Q 点过低(见图 5-6(c)中 Q_2 的位置),输出波形易产生截止失真,表现为输出电压顶部失真;反之,若 Q 点过高(见图 5-6(c)中 Q_1

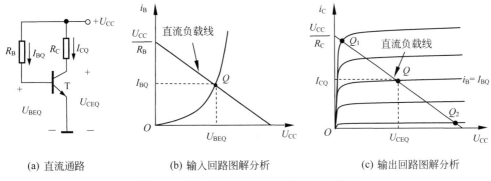

(a) 直流通路　　　　　(b) 输入回路图解分析　　　　　(c) 输出回路图解分析

图 5-6　基本共发射极放大电路的静态分析

的位置),输出波形易产生饱和失真,表现为输出电压底部失真。

2. 动态工作情况

当放大电路加上输入信号 u_i 时,电路中的电压和电流均在静态值的基础上作相应的变化,放大电路的这种工作状态称为动态。工程上常用**"微变等效电路法"**分析放大电路的动态工作情况。"微变等效"是指在低频小信号条件下,将非线性三极管等效成线性电路模型,如图 5-7 所示。

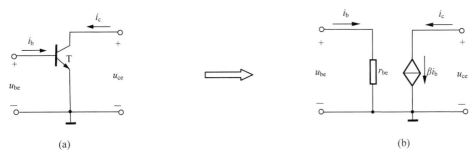

(a)　　　　　　　　　　　　　　　　　(b)

图 5-7　三极管的简化微变等效电路

放大电路的动态分析步骤如下。首先画出放大电路的**交流通路**(耦合电容、旁路电容做短路处理,直流电源亦视为短路),如图 5-8(a)所示,之后用三极管的等效模型代替三极管,见图 5-8(b),进而求出放大电路几项重要的动态指标,如 $\dot{A}_u$、R_i 和 R_o。

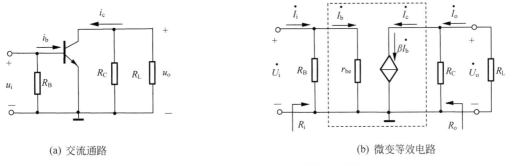

(a) 交流通路　　　　　　　　　　　　　(b) 微变等效电路

图 5-8　基本共发射极放大电路的动态分析

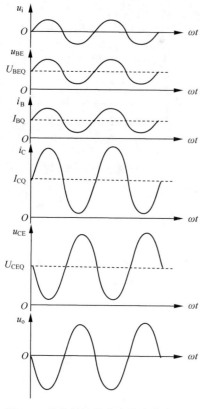

图 5-9 共发射极放大电路中的电压和
电流波形图

由图 5-8(b)不难求出以下指标

（1） $\dot{A}_u = \dfrac{\dot{U}_o}{\dot{U}_i} = \dfrac{-\dot{I}_c R'_L}{\dot{I}_b r_{be}} = -\dfrac{\beta R'_L}{r_{be}}$ （5-17）

式中

$R'_L = R_C \;/\!/\; R_L$

$r_{be} = r_{bb'} + (1+\beta)\dfrac{U_T}{I_{EQ}} \approx r_{bb'} + (1+\beta)\dfrac{26(\mathrm{mV})}{I_{CQ}(\mathrm{mA})}$

（5-18）

式中，r_{be} 是三极管的输入电阻。其中，U_T 是热电压，常温下，$U_T = 26\mathrm{mV}$；$r_{bb'}$ 是三极管的基区体电阻，对于低频小功率管，$r_{bb'}$ 通常取 300Ω。

式(5-17)中的负号表示共发射极放大电路的输出电压与输入电压反相，是反相电压放大器。

（2） $R_i = \dfrac{\dot{U}_i}{\dot{I}_i} = R_B /\!/ r_{be}$ （5-19）

（3） $R_o \approx R_C$ （5-20）

图 5-9 示出了共发射极放大电路中各电压、电流的波形，希望有助于读者进一步理解放大电路的整体工作情况。

由图 5-9 可以看出，放大电路是以直流(Q)点为基础，进行交流信号放大的。

除了用"微变等效电路"方法分析放大电路的动态工作情况外，还可以用图解法进行分析，具体分析过程如下。

（1）在输入特性曲线上以 U_{BEQ} 为基础加 u_i，确定 i_B 的动态范围 Δi_B，如图 5-10(a)所示。

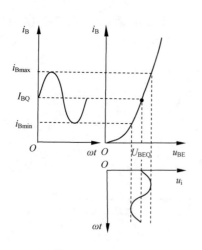

(a)输入回路图解分析

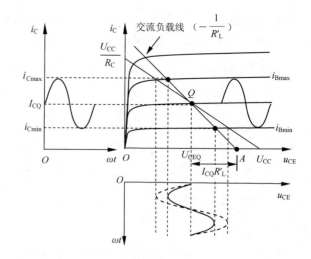

(b)输出回路图解分析

图 5-10 共发射极放大电路的动态图解分析

（2）在输出特性曲线上画出"**交流负载线**"。交流负载线应满足两方面的约束：一方面，当输入电压过零时它必然过静态工作点 Q；另一方面，由图 5-8(b)可知，集电极输出回路交流电压和电流的约束关系为 $\Delta u_{CE}=-\Delta i_C R'_L$，其中，$R'_L=R_C /\!/ R_L$。因此，交流负载线的斜率为

$$k=\frac{\Delta i_C}{\Delta u_{CE}}=-\frac{1}{R'_L} \tag{5-21}$$

由此可见，交流负载线是一条过 Q 点且斜率为 $-1/R'_L$ 的直线。具体做法是：令 $\Delta i_C=I_{CQ}$，在横坐标上从 U_{CEQ} 点处向右量取一段数值为 $I_{CQ}R'_L$ 的电压，得 A 点，连接 AQ 两点即得交流负载线，如图 5-10(b)所示。

（3）在输出回路交流负载上，根据 i_B 的动态范围确定 i_C 的动态范围 Δi_C 和 u_{CE} 的动态范围 Δu_{CE}，如图 5-10(b)所示。

最后根据图 5-10(a)读出的 u_i 的幅值以及图 5-10(b)读出的 Δu_{CE}（即 u_o）的幅值，即可确定电路的电压放大倍数。

若负载开路，则交流负载线和直流负载线重合，相应的 u_{CE} 的动态范围（即 u_o）增大，如图 5-10(b)中虚线所示，电路的电压放大倍数增大，称此时的放大倍数为开路电压放大倍数。

5.3　三种基本的三极管放大电路

三极管有三个电极，在组成放大电路时，根据输入输出回路共用电极的不同，可形成三种基本的放大电路，分别称**共发射极**、**共集电极**和**共基极**放大电路。图 5-5 是基本的共发射极放大电路。

5.3.1　分压偏置 Q 点稳定电路

图 5-5 所示共发射极放大电路的直流偏置电路见图 5-6(a)，它虽然简单，但由于三极管的 U_{BE}、β、I_{CEO} 等都是温敏参数，所以当温度变化时，Q 点会产生波动，严重时将使放大电路不能正常工作，因此，常采用如图 5-11 所示的分压偏置 Q 点稳定电路。

图 5-11 中，在 $I_1 \gg I_{BQ}$ 的条件下，U_{BQ} 由电源 U_{CC} 经 R_{B1} 和 R_{B2} 的分压所决定，其值不受温度的影响，且与三极管的参数无关，电路稳定 Q 点的过程为

$$T(^{\circ}\text{C})\uparrow \rightarrow I_{CQ}(I_{EQ})\uparrow \rightarrow U_{EQ} \xrightarrow{U_{BEQ}=U_{BQ}-U_{EQ}} U_{BEQ}\downarrow \rightarrow I_{BQ}\downarrow$$
$$I_{CQ}\downarrow \longleftarrow \quad\quad\quad\quad\quad$$

它采用直流电流负反馈技术稳定了 Q 点（关于负反馈技术可参阅第 7 章的内容）。

电路静态工作点可按下列各式计算。

$$U_{BQ}\approx \frac{R_{B2}}{R_{B1}+R_{B2}}\cdot U_{CC} \tag{5-22}$$

$$I_{CQ}\approx I_{EQ}=\frac{U_{BQ}-U_{BEQ}}{R_E} \tag{5-23}$$

$$U_{CEQ}=U_{CC}-I_{CQ}R_C-I_{EQ}R_E\approx U_{CC}-I_{CQ}(R_C+R_E) \tag{5-24}$$

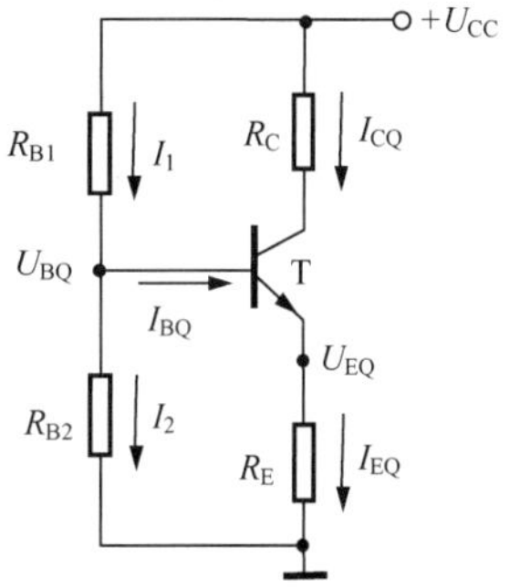

图 5-11　分压偏置 Q 点稳定电路

若 $U_{BQ} \gg U_{BEQ}$，则

$$I_{CQ} \approx I_{EQ} \approx \frac{U_{BQ}}{R_E} \tag{5-25}$$

5.3.2 三种基本的三极管放大电路

表 5-2 给出了三种基本三极管放大电路的电路形式、主要特点及应用场合，由表可以看出，三种基本放大电路的性能各具特点，它们是组成多级放大电路和集成电路的基本单元电路。希望读者根据 5.2.2 节阐述的方法对各电路进行较为详细的分析，以加深理解。特别值得一提的是共集电极放大电路(也称射极跟随器)，虽然它不具备电压放大能力，但由于其良好的电流放大能力以及高输入电阻和低输出电阻特点，在电子系统设计中应用非常广泛，常用于输入级、输出级以及中间隔离级。

表 5-2 三种基本的三极管放大电路

指 标	共发射极放大电路	共集电极放大电路 (射极跟随器)	共基极放大电路
电路形式	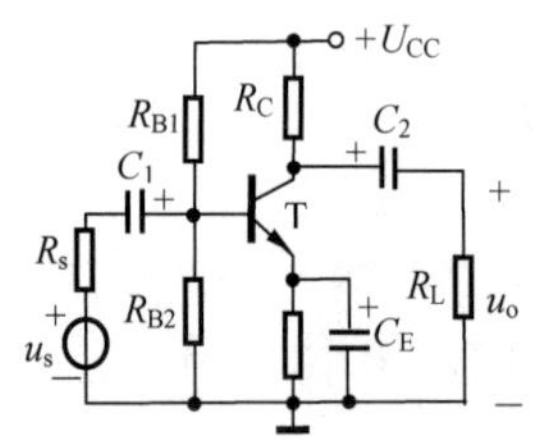	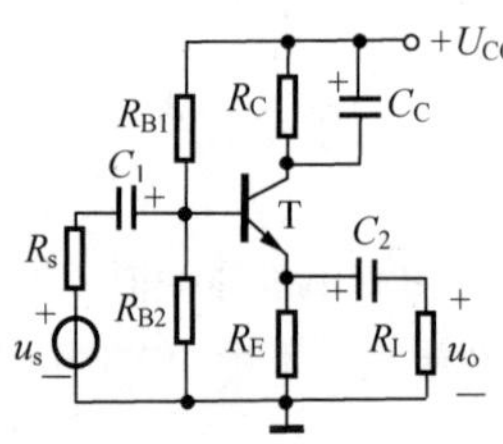	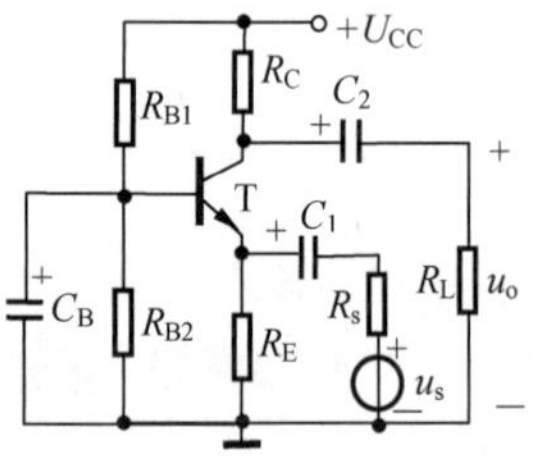
静态分析	上述三种基本放大电路具有相同的直流通路，均采用了分压偏置 Q 点稳定电路，如右图	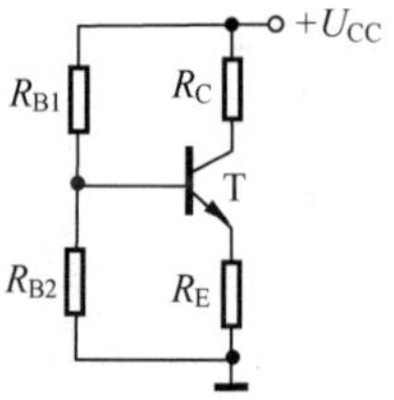	$U_{BQ} \approx \dfrac{R_{B2}}{R_{B1}+R_{B2}} \cdot U_{CC}$ $I_{CQ} \approx I_{EQ}\dfrac{U_{BQ}-U_{BEQ}}{R_E}, I_{BQ}=\dfrac{I_{CQ}}{\beta}$ $U_{CEQ} \approx U_{CC}-I_{CQ}(R_C+R_E)$
交流通路	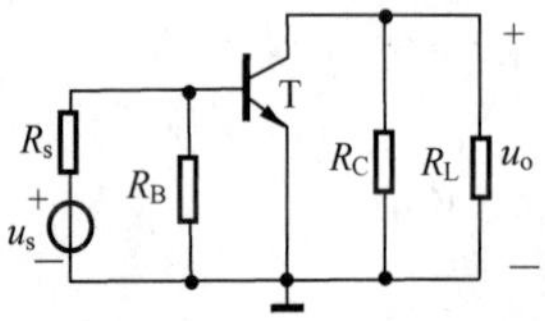	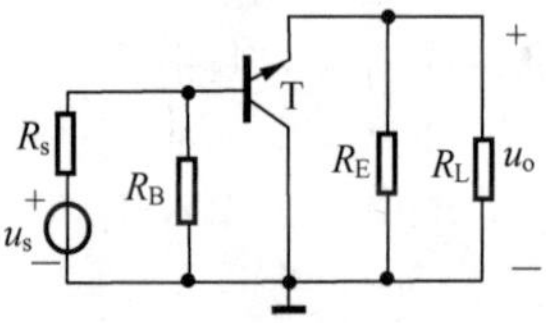	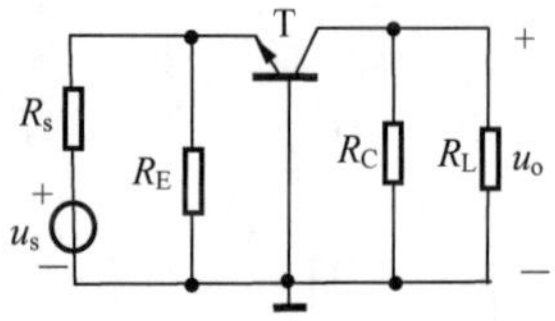
微变等效电路	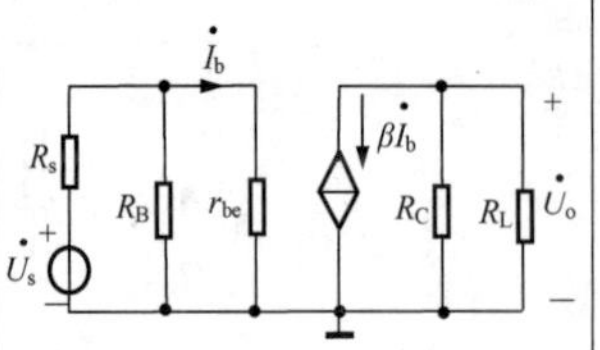	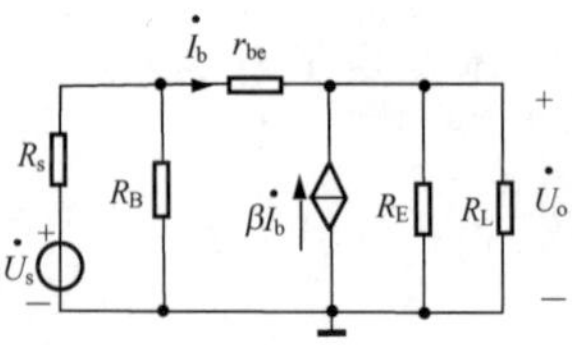	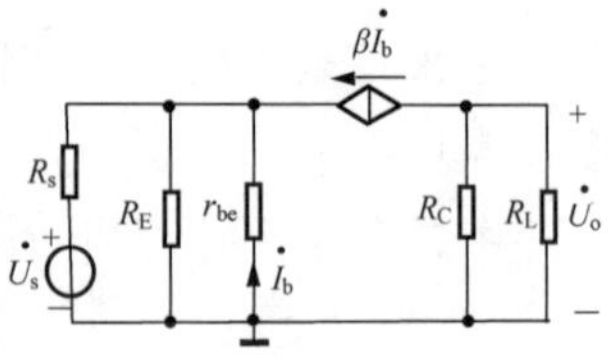
$\dot{A}_u$	$-\dfrac{\beta R'_L}{r_{be}}$(大)，$R'_L=R_C /\!/ R_L$	$\dfrac{(1+\beta)R'_L}{r_{be}+(1+\beta)R'_L} \approx 1$， $R'_L=R_E /\!/ R_L$	$\dfrac{\beta R'_L}{r_{be}}$(大)，$R'_L=R_C /\!/ R_L$
R_i	$R_B /\!/ r_{be}$(中)	$R_B /\!/ [r_{be}+(1+\beta)R'_L]$(大)	$R_E /\!/ \dfrac{r_{be}}{1+\beta}$(小)

续表

指标	共发射极放大电路	共集电极放大电路 (射极跟随器)	共基极放大电路
R_o	R_C(中)	$R_E // \dfrac{r_{be}+R'_s}{1+\beta}$(小), $R'_s = R_s // R_B$	R_C(中)
$\dot{A}_{in}$	β(大)	$-(1+\beta)$(大)	$-\alpha \approx -1$
特点	输入输出电压反相 既有电压放大作用 又有电流放大作用	输入输出电压同相 有电流放大作用 无电压放大作用	输入输出电压同相 有电压放大作用 无电流放大作用
应用	作多级放大电路的中间级, 提供增益	作多级放大电路的输入级、 输出级、中间隔离级	作电流接续器,构成宽带放 大电路

【例 5-1】 电路如图 5-12(a)所示,已知三极管的 $\beta=50$,$r_{bb'}=200\Omega$,$U_{BE}=0.7\text{V}$。

(1)试确定静态工作点 Q;

(2)求放大电路的电压放大倍数 $\dot{A}_u$、源电压放大倍数 $\dot{A}_{us}$、输入电阻 R_i、输出电阻 R_o。

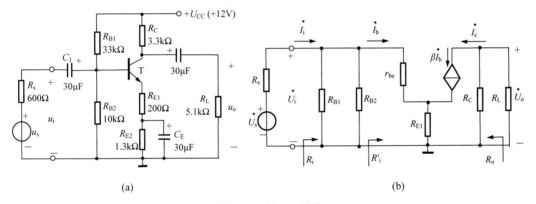

(a)   (b)

图 5-12 例 5-1 的图

【解】 (1)确定 Q 点。

电路的直流通路与图 5-11 类似(请读者自行画出)。由图可得

$$U_{BQ} \approx \frac{R_{B2}}{R_{B1}+R_{B2}} \cdot U_{CC} = \frac{10}{33+10} \times 12 \approx 2.79(\text{V})$$

$$I_{CQ} \approx I_{EQ} = \frac{U_{BQ}-U_{BEQ}}{R_{E1}+R_{E2}} = \frac{2.79-0.7}{0.2+1.3} \approx 1.39(\text{mA})$$

$$U_{CEQ} \approx U_{CC} - I_{CQ}(R_C+R_{E1}+R_{E2}) = 12-1.39 \times (3.3+0.2+1.3) \approx 5.33(\text{V})$$

(2)电路的微变等效电路如图 5-12(b)所示。

由图可得

$$\dot{A}_u = -\frac{\beta(R_C // R_L)}{r_{be}+(1+\beta)R_{E1}} = -\frac{50 \times (3.3 // 5.1)}{1.154+(1+50) \times 0.2} \approx -8.82$$

其中

$$r_{be} = r_{bb'} + (1+\beta)\frac{26(\text{mV})}{I_{EQ}(\text{mA})} = 200 + (1+50) \times \frac{26}{1.39} \approx 1154(\Omega)$$

$$R_i = R_{B1} \parallel R_{B2} \parallel R_i' = R_{B1} \parallel R_{B2} \parallel [r_{be} + (1+\beta)R_{E1}]$$
$$= 33 \parallel 10 \parallel [1.154 + (1+50) \times 0.2] \approx 4.58(\text{k}\Omega)$$

其中

$$R_i' = \frac{\dot{U}_i}{\dot{I}_b} = r_{be} + (1+\beta)R_{E1}$$

$$\dot{A}_{us} = \frac{\dot{U}_o}{\dot{U}_s} = \frac{\dot{U}_o}{\dot{U}_i} \cdot \frac{\dot{U}_i}{\dot{U}_s} = \dot{A}_u \cdot \frac{R_i}{R_i + R_s} = -8.82 \times \frac{4.58}{4.58 + 0.6} \approx -7.8$$

$$R_o \approx R_C = 3.3(\text{k}\Omega)$$

5.4 场效应管放大电路

由于场效应管具有高输入电阻的特点,因此,它适用于作为多级放大电路的输入级,尤其对高内阻的信号源,采用场效应管才能有效地进行电压放大。

5.4.1 场效应管的微变等效电路

分析场效应管放大电路的关键问题是如何理解管子在交流小信号条件下的线性等效模型。由前面的叙述可知,场效应管的栅极不取电流,故输入回路相当于开路;输出电流 $\dot{I}_d$ 受控于栅源电压 $\dot{U}_{gs}$,因此,输出回路相当于一个受电压控制的电流源,其大小为

$$\dot{I}_d = g_m \dot{U}_{gs} \tag{5-26}$$

图 5-13(b)为场效应管的微变等效电路。

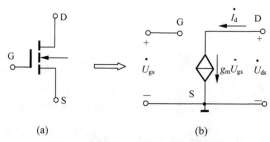

(a)   (b)

图 5-13 场效应管的微变等效电路

5.4.2 三种基本的场效应管放大电路

与三极管放大电路类似,场效应管放大电路有**共源极**、**共漏极**和**共栅极**三种基本接法,它们分别对应于三极管放大电路的共发射极、共集电极和共基极接法。

场效应管放大电路的组成原理与三极管放大电路一样,分析方法也一样,二者的电路结构也类似。在构造场效应管放大电路时,首要的任务依然是设置合适的静态工作点,以保证管子工作在线性放大区,场效应管的直流偏置可采用自偏压、零偏压和分压偏置方式,如图 5-14 所示。其中,自偏压和零偏压方式仅适用于耗尽型管子,而分压偏置方式适用于所有类型的场效应管。

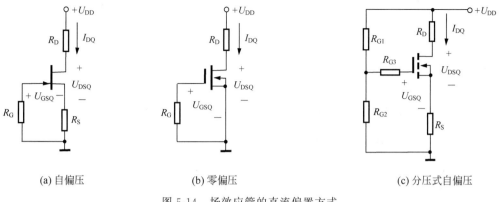

(a) 自偏压   (b) 零偏压   (c) 分压式自偏压

图 5-14 场效应管的直流偏置方式

表 5-3 给出了三种基本场效应管放大电路的电路形式及主要性能指标,希望读者将其与表 5-2 做比较学习。

表 5-3 三种基本的场效应管放大电路

指标	共源极放大电路	共漏极放大电路 (源极跟随器)	共栅极放大电路
电路 形式			
静态 分析	$U_{GSQ}=\dfrac{R_{G2}}{R_{G1}+R_{G2}}\cdot U_{DD}-I_{DQ}R_S$ $I_{DQ}=I_{DSS}\left(1-\dfrac{U_{GSQ}}{U_{GS(off)}}\right)^2$ $U_{DSQ}=U_{DD}-I_{DQ}(R_D+R_S)$	$U_{GSQ}=\dfrac{R_{G2}}{R_{G1}+R_{G2}}\cdot U_{DD}-I_{DQ}R_S$ $I_{DQ}=I_{DSS}\left(1-\dfrac{U_{GSQ}}{U_{GS(off)}}\right)^2$ $U_{DSQ}=U_{DD}-I_{DQ}R_D$	$U_{GSQ}=\dfrac{R_{G2}}{R_{G1}+R_{G2}}\cdot U_{DD}-I_{DQ}R_S$ $I_{DQ}=I_{DSS}\left(1-\dfrac{U_{GSQ}}{U_{GS(off)}}\right)^2$ $U_{DSQ}=U_{DD}-I_{DQ}(R_D+R_S)$
交流 通路			
微变 等效 电路			
$\dot A_u$	$-g_m R_L',\ R_L'=R_D/\!/R_L$	$\dfrac{g_m R_L'}{1+g_m R_L'}\approx 1,\ R_L'=R_S/\!/R_L$	$g_m R_L',\ R_L'=R_D/\!/R_L$
R_i	$R_{G3}+R_{G1}/\!/R_{G2}$	$R_{G3}+R_{G1}/\!/R_{G2}$	$R_S/\!/\dfrac{1}{g_m}$
R_o	R_D	$R_S/\!/\dfrac{1}{g_m}$	R_D

对比表 5-3 和由表 5-2,不难看出,三种基本场效应管放大电路与相对应的三极管放大电路有着相似的性能特点,场效应管放大电路中的 g_m 对应于三极管放大电路中的 $\dfrac{\beta}{r_{be}}$ 或 $\dfrac{1+\beta}{r_{be}}$。

【例 5-2】 电路如图 5-15(a)所示,已知场效应管的参数为 $U_{GS(off)} = -5V$,$I_{DSS} = 1mA$。

(1) 试确定静态工作点 Q。

(2) 求放大电路的电压放大倍数 $\dot{A}_u$、输入电阻 R_i 和输出电阻 R_o。

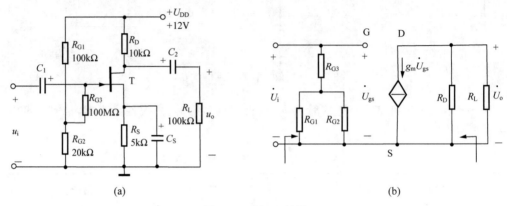

图 5-15 例 5-2 的图

【解】 (1) 确定静态工作点 Q。

由电路的直流通路(请读者自行画出)可得:

$$U_{GSQ} = \frac{R_{G2}}{R_{G1} + R_{G2}} \cdot U_{DD} - I_{DQ}R_S = \frac{20}{100 + 20} \times 12 - 5I_{DQ} = 2 - 5I_{DQ}$$

$$I_{DQ} = I_{DSS}\left(1 - \frac{U_{GSQ}}{U_{GS(off)}}\right)^2 = 1 \times \left(1 - \frac{U_{GSQ}}{-5}\right)^2 = \left(1 + \frac{U_{GSQ}}{5}\right)^2$$

联立上述方程解得:

$$I_{DQ1} \approx 0.61mA, \quad I_{DQ2} \approx 3.18mA(舍去)$$

进而求得

$$U_{GSQ} \approx -1V, \quad U_{DSQ} = U_{DD} - I_{DQ}(R_D + R_S) = 12 - 0.61 \times (10 + 5) = 2.85(V)$$

(2) 画出电路的微变等效电路如图 5-15(b)所示,由图可得

$$\dot{A}_u = \frac{\dot{U}_o}{\dot{U}_i} = -\frac{g_m\dot{U}_{gs}(R_D \mathbin{/\mkern-5mu/} R_L)}{\dot{U}_{gs}} = -g_m(R_D \mathbin{/\mkern-5mu/} R_L)$$

根据低频跨导 g_m 的定义式(4-15)及结型场效应管的电流方程式(4-14)可得

$$g_m = -\frac{2I_{DSS}}{U_{GS(off)}}\left(1 - \frac{U_{GSQ}}{U_{GS(off)}}\right) = -\frac{2 \times 1}{-5} \times \left(1 - \frac{-1}{-5}\right) = 0.32(mS)$$

故得

$$\dot{A}_u = -g_m(R_D \mathbin{/\mkern-5mu/} R_L) = -0.32 \times (10 \mathbin{/\mkern-5mu/} 100) \approx -2.9$$

$$R_i \approx R_{G3} + R_{G1} \mathbin{/\mkern-5mu/} R_{G2} = 100M\Omega + 100k\Omega \mathbin{/\mkern-5mu/} 20k\Omega \approx 100M\Omega$$

$$R_o \approx R_D = 10k\Omega$$

※5.5　多级放大电路

在实际应用中,常常对放大电路的性能提出多方面的要求。例如,要求某放大电路的输入电阻大于 $2M\Omega$,电压增益大于2000,输出电阻小于 100Ω 等,仅靠前面所讲的任何一种放大电路都不可能同时满足上述要求。这时,就可以选择多个基本放大电路,并将它们合理连接,从而构成多级放大电路。

5.5.1　多级放大电路的组成

多级放大电路通常包括输入级、中间级、推动级和输出级几部分,如图 5-16 所示。

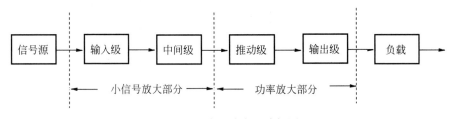

图 5-16　多级放大电路框图

多级放大电路的第一级称为输入级,它与信号源的性质有关。中间级用来提高放大倍数,通常由多级放大电路组成。输入级和中间级共同来放大小信号。多级放大电路的最后一级称为输出级,与负载直接相连,它与负载的性质有关。如果负载要求提供较大功率,则用功率放大电路构成输出级。推动级的作用是实现小信号到大信号的过渡和转换。

5.5.2　多级放大电路的级间耦合方式

耦合方式是指放大电路级与级之间的连接方式。多级放大电路中常见的耦合方式主要有三种:阻容耦合、变压器耦合和直接耦合。

1. 阻容耦合

将放大电路前级的输出端通过电容接到后级的输入端,称为阻容耦合。如图 5-17 所示为两级阻容耦合放大电路,其中,第一级为共发射极放大电路,第二级为射极输出器。电容 C_1、C_2、C_3 称为耦合电容,分别将信号源与放大电路的第一级、第一级与第二级、第二级与负载连接起来。其优点是各级静态点相互独立,避免了温漂信号的逐级传输和放大;缺点是不能放大直流和变化缓慢的信号,也不易集成。

在由分立元件构成的多级放大电路中多采用阻容耦合方式。

2. 变压器耦合

变压器耦合是将前后级间用变压器连接的一种耦合方式。变压器耦合放大电路如图 5-18 所示。其优点是各级静态点相互独立,可进行阻抗变换,使后级获得最大功率。缺点是体积较大、生产成本高,不能集成,且不能放大缓慢变化的信号。

变压器耦合现仅限应用于多级放大电路的功率输出级。

3. 直接耦合

直接耦合是将前后级直接相连的一种耦合方式。

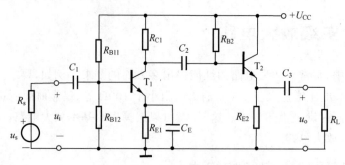

图 5-17　阻容耦合放大电路

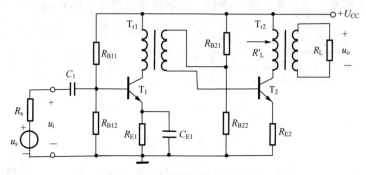

图 5-18　变压器耦合放大电路

图 5-19 为直接耦合放大电路。该电路没有采用电抗性元件,因此不但能放大交流信号,而且还能放大缓慢变化的超低频信号及直流信号,在集成运放电路中得到了广泛的应用。其缺点是各级静态工作点相互影响,而且还存在零点漂移现象。

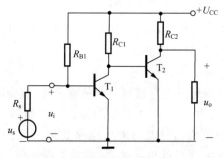

图 5-19　直接耦合放大电路

5.5.3　多级放大电路的分析计算

1. 静态工作点的分析计算

阻容耦合放大电路的各级电路之间是通过电容互相连接的,如图 5-17 所示。由于电容的隔直作用,各级静态工作点彼此独立,互不影响。因此可以画出每一级的直流通路,分别计算各级的静态工作点。

直接耦合放大电路的各级静态工作点相互影响,因此静态工作点的分析要比阻容耦合放大电路复杂。可以运用电路理论的知识,通过列电压、电流方程组联立求解,从而确定各级的静态工作点。

2. 动态性能指标的分析计算

多级放大电路的动态性能指标一般可通过计算每一单级电路的动态性能指标来获得。一个 n 级放大电路的交流等效电路可用图 5-20 所示的方框图表示。

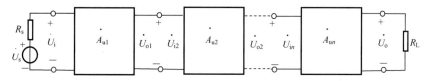

图 5-20　多级放大电路的方框图

由图可知，多级放大电路中前级的输出电压就是后级的输入电压，即 $\dot{U}_{o1}=\dot{U}_{i2}$，$\dot{U}_{o2}=\dot{U}_{i3}$，$\cdots$，$\dot{U}_{o(n-1)}=\dot{U}_{in}$，所以，多级放大电路的电压增益为

$$\dot{A}_u=\frac{\dot{U}_o}{\dot{U}_i}=\frac{\dot{U}_{o1}}{\dot{U}_i}\cdot\frac{\dot{U}_{o2}}{\dot{U}_{i2}}\cdot\cdots\cdot\frac{\dot{U}_o}{\dot{U}_{in}}=\dot{A}_{u1}\cdot\dot{A}_{u2}\cdot\cdots\cdot\dot{A}_{un}\qquad(5\text{-}27)$$

可见，总的电压放大倍数为各级电压放大倍数的乘积。需要强调的是，在计算每一级的电压放大倍数时，应注意级间的相互影响，即应把后级的输入电阻作为前级的负载来考虑。

根据放大电路输入电阻的定义，多级放大电路的输入电阻就是第一级的输入电阻 R_{i1}。不过在计算 R_{i1} 时应将第二级的输入电阻作为第一级的负载，即

$$R_i=R_{i1}\big|_{R_{L1}=R_{i2}}\qquad(5\text{-}28)$$

根据放大电路输出电阻的定义，多级放大电路的输出电阻就是最后一级的输出电阻 R_{on}。不过在计算 R_{on} 时应将次后级的输出电阻作为最后一级的信号源内阻，即

$$R_o=R_{on}\big|_{R_{sn}=R_{o(n-1)}}\qquad(5\text{-}29)$$

【例 5-3】　两级放大电路如图 5-21 所示，假设场效应管的 $g_m=1\text{mS}$，$I_{DSS}=1\text{mA}$，三极管的 $\beta=50$，$U_{BE}=0.7\text{V}$，$r_{bb'}=100\Omega$，各电容器的电容量都足够大。

（1）计算各管的静态工作点。

（2）求放大电路的电压放大倍数 $\dot{A}_u$、输入电阻 R_i 和输出电阻 R_o。

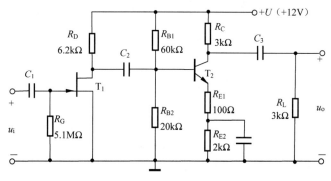

图 5-21　例 5-3 的图

【**解**】 (1) 画出放大电路的直流通路(请读者自行画出),可分别计算两级放大电路各自的 Q 点。

对 T_1 管

$$U_{GSQ} \approx 0V, \quad I_{DQ} = I_{DSS} = 1mA, \quad U_{DSQ} = U - I_{DQ}R_D = 12 - 1 \times 6.2 = 5.8(V)$$

对 T_2 管

$$I_{CQ} \approx I_{EQ} = \frac{U_{BQ} - U_{BEQ}}{R_{E1} + R_{E2}} = \frac{3 - 0.7}{0.1 + 2} \approx 1.1(mA)$$

其中, $U_{BQ} \approx \dfrac{R_{B2}}{R_{B1} + R_{B2}} \cdot U = \dfrac{20}{60 + 20} \times 12 = 3(V)$

$$I_{BQ} = I_{CQ}/\beta = 1.1/50 = 22(\mu A)$$

$$U_{CEQ} \approx U - I_{CQ}(R_C + R_{E1} + R_{E2}) = 12 - 1.1 \times (3 + 0.1 + 2) \approx 6.4(V)$$

(2) 画出电路的微变等效电路如图 5-22 所示。由图可得,电压放大倍数为

$$\dot{A}_u = \dot{A}_{u1} \cdot \dot{A}_{u2} = -2.6 \times (-11.7) \approx 30.4$$

其中

$$\dot{A}_{u1} = -g_m R'_{L1} = -g_m R'_{L1}(R_D /\!/ R_{i2}) = -1 \times (6.2 /\!/ 4.49) \approx -2.6$$

$$R_{i2} = R_{B1} /\!/ R_{B2} /\!/ [r_{be} + (1+\beta)R_{E1}] = 60 /\!/ 20 /\!/ [1.31 + (1+50) \times 0.1]$$
$$\approx 4.49(k\Omega)$$

$$\dot{A}_{u2} = -\frac{\beta(R_C /\!/ R_L)}{r_{be} + (1+\beta)R_{E1}} = -\frac{50 \times (3 /\!/ 3)}{1.31 + (1+50) \times 0.1} \approx -11.7$$

$$r_{be} = r_{bb'} + (1+\beta)\frac{26(mV)}{I_{EQ}(mA)} = 100 + (1+50) \times \frac{26}{1.1} \approx 1.31(k\Omega)$$

输入电阻 $R_i = R_G = 5.1M\Omega$,输出电阻 $R_o \approx R_C = 3k\Omega$

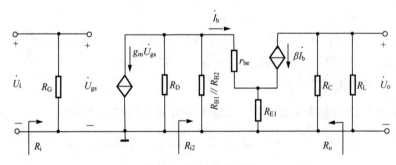

图 5-22 例 5-3 的图解

5.6　低频功率放大电路

多级放大电路中最后一级(又称为输出级)通常在大信号下工作,其任务是在允许的失真范围内,向负载提供尽可能大的输出功率,用来推动负载工作(使喇叭发声、继电器动作、执行电机运转等)。这类电路称为功率放大电路。

5.6.1 功率放大电路的特点和分类

1. 功率放大电路的特点

(1) 输出功率大。在规定的非线性失真范围内,能向负载提供尽可能大的输出功率。

(2) 效率高。功率转换效率 η 是功率放大电路的一项重要指标,见式(5-11)。

(3) 非线性失真尽可能小。

(4) 散热好。

2. 功率放大电路的分类

通常按照三极管静态工作点所处位置的不同,低频功率放大电路可分为**甲类**、**乙类**、**甲乙类**三种,如图 5-23 所示。

图 5-23(a)中,Q 点处在交流负载线的中点,在信号的一个周期内,功放管始终导通,其导电角 $\theta = 360°$,称这种工作状态为甲类。此时,不论有无输入信号,电源提供的功率 $P_V = U_{CC}I_C$ 总是不变的。当 $u_i = 0$ 时,P_V 全部消耗在管子和电阻上;当 $u_i \neq 0$ 时,P_V 的一部分转换为有用的输出功率 P_o,u_i 愈大,P_o 也愈大。可以证明,在理想情况下,电容耦合甲类功率放大电路的效率只有 25%,即使用变压器耦合输出,效率也只能提高到 50%。

由式(5-11)可以看出,欲提高效率,需从两方面着手:一是通过增大功放管的动态工作范围增加输出功率 P_o;二是减小电源供给的功率 P_V。而后者要在 U_{CC} 一定的条件下使静态电流 I_C 减小,也就是使 Q 点沿交流负载线下移,如图 5-23(c)所示,此时功放管的导电角 $180° < \theta < 360°$,称这种工作状态为甲乙类。若将 Q 点再向下移到静态集电极电流 $I_C \approx 0$ 处,则此时功放管的导电角 $\theta = 180°$,其静态管耗为最小,称这种工作状态为乙类,如图 5-23(b)所示。

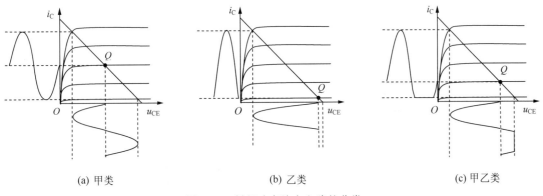

(a) 甲类　　　　　　　　(b) 乙类　　　　　　　　(c) 甲乙类

图 5-23 低频功率放大电路的分类

功率放大电路工作在甲乙类和乙类状态时,虽然降低了静态管耗,提高了效率,却产生了波形失真,为此,在电路形式上一般采用互补对称射极跟随器的输出方式。

5.6.2 乙类互补对称功率放大电路

1. 电路组成

图 5-24 是乙类互补对称功率放大电路的原理图。其中,T_1 是 NPN 型三极管,T_2 是 PNP 型三极管,它们的基本特性参数值要很相近。该电路是一个具有正、负电源的射极跟

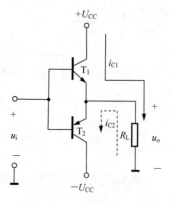

图 5-24 乙类互补对称功率放大电路

随器,信号由两管的基极输入,从两管的发射极输出。

2. 工作原理

静态($u_i=0$)时,两管均处于截止状态,负载 R_L 上没有电流流过,输出电压 $u_o=0$。由于两管电流均为 0,故乙类功放在静态工作时,直流电源不消耗能量。

动态($u_i\neq 0$)时,在信号的正半周,T_1 管导通,T_2 管截止,$i_L=i_{C1}$;在信号的负半周,T_1 管截止,T_2 管导通,$i_L=i_{C2}$。可见,当输入正弦电压 u_i 时,两管轮流导通,使得负载 R_L 上获得了一个完整的正弦电压波形。两管一通、一断,轮流导电的工作方式常常称为"**推挽**"方式。

图 5-25 示出了乙类互补对称功率放大电路的图解分析过程。在图 5-25(b)中,为了便于分析,将 T_2 的特性曲线倒置在 T_1 的下方,并令二者在 Q 点,即 $u_{CE}=U_{CC}$ 处重合,形成 T_1、T_2 的所谓合成曲线。

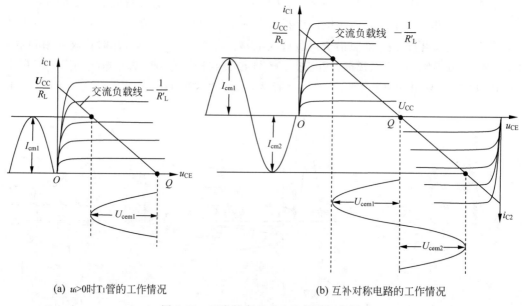

(a) $u_i>0$时T_1管的工作情况   (b) 互补对称电路的工作情况

图 5-25 乙类功率放大电路的图解分析

3. 电路性能分析

(1) 输出功率和最大输出功率。

由图 5-25(b)可以写出乙类互补对称功率放大电路的输出功率为

$$P_o=\frac{1}{2}U_{cem}I_{cm} \tag{5-30}$$

不难理解,乙类互补推挽功放的输出功率与激励信号的大小有关,激励信号越大,输出功率就越大。输出功率也可以表示为

$$P_o = \frac{1}{2} \cdot \frac{U_{cem}^2}{R_L} = \frac{1}{2} \cdot \frac{U_{CC}^2}{R_L} \xi^2 \qquad (5\text{-}31)$$

式中

$$\xi = \frac{U_{cem}}{U_{CC}} \qquad (5\text{-}32)$$

其中,ξ 表示三极管 u_{ce} 变化的幅值和 U_{CC} 的比例关系,称为**电压利用系数**。显然,激励信号越大,电压利用系数就越高,输出功率就越大。若忽略三极管的饱和压降 $U_{CE(sat)}$,ξ 最大为 1。

乙类互补对称功放的最大输出功率为

$$P_{om} = \frac{1}{2} \cdot \frac{U_{CC}^2}{R_L} \qquad (5\text{-}33)$$

（2）效率与最高效率。

求效率时应首先求出直流电源供给的功率。乙类功放的静态电流为零,静态时直流电源不消耗功率。当有交流信号输入时,T_1、T_2 管轮流导通,使两个直流电源轮流提供能量,两直流电源提供的平均功率为

$$P_V = \frac{1}{\pi} \int_0^\pi U_{CC} I_{cm} \sin\omega t \, \mathrm{d}t = \frac{2}{\pi} U_{CC} I_{cm} = \frac{2}{\pi} \cdot \frac{U_{CC}^2}{R_L} \xi \qquad (5\text{-}34)$$

因此,乙类互补对称功率放大电路的效率为

$$\eta = \frac{P_o}{P_V} = \frac{\dfrac{1}{2} \cdot \dfrac{U_{CC}^2}{R_L} \xi^2}{\dfrac{2}{\pi} \cdot \dfrac{U_{CC}^2}{R_L} \xi} = \frac{\pi}{4} \xi \qquad (5\text{-}35)$$

式（5-35）表明：电压利用系数 ξ 越大,效率 η 就越高。若忽略三极管的饱和压降 $U_{CE(sat)}$,乙类功放的最高效率为

$$\eta_{max} = \frac{\pi}{4} = 78.5\% \qquad (5\text{-}36)$$

（3）功率管的管耗。

在功率放大电路中,直流电源提供的能量,一部分转换成信号功率输送给了负载,另一部分则以热量形式消耗在晶体三极管上,即

$$P_V = P_o + P_T \qquad (5\text{-}37)$$

式中,P_T 为功率管所消耗的功率。

由式（5-37）,并结合式（5-31）和式（5-34）可得单管的管耗为

$$P_{T1} = P_{T2} = \frac{P_T}{2} = \frac{P_V - P_o}{2} = \frac{\dfrac{2}{\pi} \cdot \dfrac{U_{CC}^2}{R_L} \xi - \dfrac{1}{2} \cdot \dfrac{U_{CC}^2}{R_L} \xi^2}{2}$$

$$= P_{om}\left(\frac{2}{\pi}\xi - \frac{1}{2}\xi^2\right) \qquad (5\text{-}38)$$

由此可见,每只三极管的管耗和电压利用系数 ξ 有关。

式（5-38）对 ξ 求导,并令导数等于零,则可以求出管耗最大时的 ξ 值,即

$$\frac{\mathrm{d}P_{T1}}{\mathrm{d}\xi} = P_{om}\left(\frac{2}{\pi} - \xi\right) \qquad (5\text{-}39)$$

令

$$\frac{\mathrm{d}P_{\mathrm{T1}}}{\mathrm{d}\xi}=0$$

则得

$$\xi=\frac{2}{\pi}\approx 0.6 \qquad\qquad (5-40)$$

由式(5-40)可知,当 $\xi\approx 0.6$,即 $U_{\mathrm{om}}\approx 0.6U_{\mathrm{CC}}$ 时,三极管的管耗最大。将 $\xi\approx 0.6$ 代入式(5-38),可得最大管耗为

$$P_{\mathrm{T1m}}=P_{\mathrm{T2m}}=P_{\mathrm{om}}\left(\frac{2}{\pi}\times 0.6-\frac{1}{2}\times 0.6^{2}\right)\approx 0.2P_{\mathrm{om}} \qquad\qquad (5-41)$$

4. 功率管参数的确定

根据上述分析,当忽略三极管的饱和压降 $U_{\mathrm{CE(sat)}}$ 时,功率管的主要参数应满足的条件为

$$|U_{\mathrm{(BR)CEO}}|>2U_{\mathrm{CC}} \qquad\qquad (5-42)$$

$$I_{\mathrm{CM}}>\frac{U_{\mathrm{CC}}}{R_{\mathrm{L}}} \qquad\qquad (5-43)$$

$$P_{\mathrm{CM}}>0.2P_{\mathrm{om}} \qquad\qquad (5-44)$$

5. 交越失真

乙类互补对称功放将静态工作点 Q 设置在三极管特性曲线的截止处,即 $I_{\mathrm{C}}=0$ 处。由于三极管为非线性元件,当输入电压 u_{i} 小于三极管发射结的死区电压时,两管都不导通。只有当 u_{i} 上升到超过死区电压时,三极管才导通,因此,在正、负半周交接处,输出波形产生了交越失真,如图 5-26 所示。

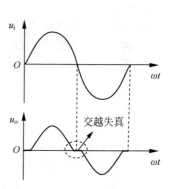

图 5-26 乙类互补对称功放的交越失真

5.6.3 甲乙类互补对称功率放大电路

为了克服交越失真,应将 Q 点稍微上移,使功放管工作在甲乙类状态,如图 5-27 所示。其中,R_{1}、D_{1}、D_{2} 和 R_{2} 组成分压偏置电路,给 T_{1} 和 T_{2} 管的发射结提供正向偏置电压,使 T_{1} 和 T_{2} 管在静态时处于微导通状态,这样,即使在输入电压 u_{i} 很小时,也总能保证功放管始终导通,从而消除了交越失真。

在图 5-27 所示电路中,由于功放管与负载之间无输出耦合电容,所以,该电路通常称为 **OCL**(output capacitorless)电路。OCL 电路需要双电源供电。

具体实践中为提高工作效率,在设置偏置电压时,尽可能使电路的工作状态接近乙类。因此甲乙类双电源互补对称功放的性能指标计算可近似按照乙类来处理。

为了不用双电源供电,采用如图 5-28 所示的 **OTL**(output transformerless)电路,它省掉了负电源,接入了一个大电容 C。在静态时,适当选择 R_{1} 和 R_{2} 使 E 点的电位为 $U_{\mathrm{CC}}/2$,则电容上所充直流电压为 $U_{\mathrm{CC}}/2$,以代替 OCL 电路中的负电源 $-U_{\mathrm{CC}}$,所以 OTL 电路实际上是具有 $\pm U_{\mathrm{CC}}/2$ 电源供电的 OCL 电路。

单电源供电的甲乙类功放的最大输出功率为

$$P_{\mathrm{om}}=\frac{1}{8}\cdot\frac{U_{\mathrm{CC}}^{2}}{R_{\mathrm{L}}}$$

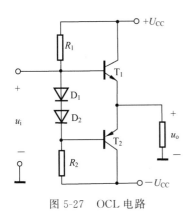

图 5-27　OCL 电路

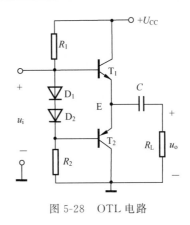

图 5-28　OTL 电路

5.6.4　功放管的散热问题

在功率放大电路中,功放管既要流过大电流,又要承受高电压,因此容易损坏。功率管损坏的重要原因是其实际耗散功率超过额定值 P_{CM}。而管子的允许管耗受其结温(主要是集电结)的限制,因此改善功放管的散热条件,可以保证管子安全工作,并提高其输出功率。两种散热器如图 5-29 所示。经验表明,当散热器垂直或水平放置时,有利于通风,散热效果好;散热器表面钝化涂黑,有利于热辐射。在产品资料中给出的最大集电极耗散功率是在指定散热器(材料、尺寸等)及一定环境温度下的允许值,若改善散热条件,如加大散热器、用电风扇强制风冷,则可获得更大一些的耗散功率。

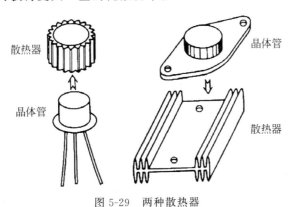

图 5-29　两种散热器

※5.6.5　集成功率放大器

随着线性集成电路的发展,集成功率放大器的应用也日益广泛。目前,OTL 和 OCL 功放均有各种不同输出功率和不同电压增益的多种型号的集成电路。应当注意,在使用 OTL 集成功放时,需外接输出电容。下面简单介绍一款典型的集成音频功率放大器。

LM384 是美国半导体公司生产的典型的小功率音频放大器,它是一个标准的 14 引脚双列直插式封装,包含一个金属散热片,如图 5-30 所示。每边中间的三个引脚(3、4、5 引脚和 10、11、12 引脚)被连接到一个铜框架上形成散热片,散热片接地。

LM384 内部电路包括一个射极跟随器和一个差分电压放大电路,之后是一个共射驱动

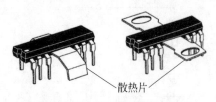

散热片

图 5-30 双列直插式封装的 LM384

级和一个单端推挽输出级,所有级之间都是直接耦合。内部电路固定增益为 50,以单电源供电方式工作,电压范围为 9~24V。交流输出电压以电源电压的一半为中心。电源电压的选择取决于所需要的输出功率和负载。此外,和许多集成功放一样,它具有短路保护和热关机电路。在合适的散热条件下,它能提供最高 5W 的功率给负载,如果没有外部散热,其最大输出功率只有 1.5W。它有两个输入端:一个是反相输入端(标有"—"),另一个是同相输入端(标有"+")。

LM384 只需加入一些简单的外部电路,便可构成实际的音频电子系统,用 LM384 构成的对讲机系统如图 5-31 所示。图 5-31 中,一个 1∶25 的小升压变压器将 LM384 的基本增益由 50 放大到 1 250。一个扬声器作为传声器,另一个作为传统的扬声器。双刀双掷开关控制哪个扬声器是说话者,哪个扬声器是听者。在说话的位置,扬声器 1 是传声器而扬声器 2 是扬声器;而在听者的位置,情况正好相反。电容 C_3 为输出端耦合电容,电位器 R_1 用于音量控制,由 R_2 和 C_2 组成的低通滤波器用于抑制高频振荡。

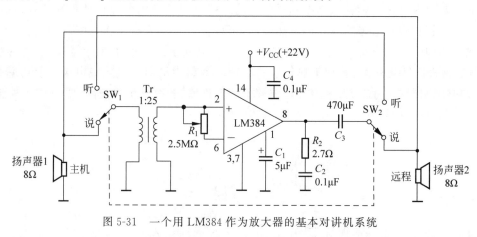

图 5-31 一个用 LM384 作为放大器的基本对讲机系统

5.7 放大电路的频率响应

待放大的信号,如语音信号、电视信号、生物信号等都不是简单的单频信号,它们都是由许多不同相位、不同频率分量组成的复杂信号,即占有一定的频谱。由于实际的放大电路中存在电抗元件(如耦合电容、旁路电容、晶体管的极间电容、电路的负载电容、分布电容、引线电感等),所以当输入信号的频率过高或过低时,不仅放大倍数的大小会变化,而且还将产生超前或滞后的相移。这说明放大电路的放大倍数是信号频率的函数,这种函数关系称为频率响应(frequency response)。

5.7.1 频率响应的一般概念

1. 频率响应的表示方法

放大电路的频率响应可直接用放大电路的放大倍数与频率的关系来描述,即

$$\dot{A}_u = A_u(\mathrm{j}f) = A_u(f)\,\mathrm{e}^{\mathrm{j}\varphi(f)} \tag{5-45}$$

式中，$A_u(f)$ 表示电压放大倍数的模与频率 f 的关系，称为幅频特性；$\varphi(f)$ 表示放大电路输出电压与输入电压之间的相位差与频率 f 的关系。两者综合起来可全面表征放大电路的频率响应。

图 5-32 示出了典型的共发射极放大电路的幅频特性和相频特性。

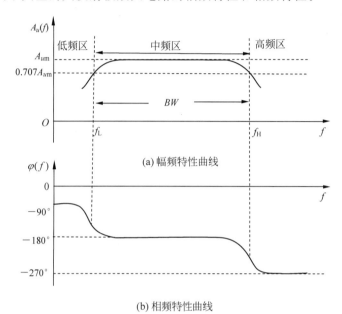

图 5-32　单管共发射极放大电路的频率特性曲线

由幅频特性可知，低频段，随着频率 f 的减小，放大倍数下降；高频段，随着频率 f 的增大，放大倍数下降。下面定性分析产生的原因。

在低频段，随着频率 f 的减小，耦合电容的容抗增大，其分压作用增强，导致放大管的输入电压 u_{be} 减小，输出电压 u_{ce} 减小，最后使得放大倍数下降；而在高频段，随着频率 f 的增大，三极管极间电容的容抗减小，其分流作用增强，导致流入放大管的电流（即实际被放大的电流）减小，输出电压 u_{ce} 减小，最后使得放大倍数下降。由相频特性可知，低频段与中频段相比，会产生 $0° \sim 90°$ 的超前附加相移 $\Delta\varphi$；高频段与中频段相比，会产生 $0° \sim -90°$ 的滞后附加相移 $\Delta\varphi$。

由于信号的频率范围很宽（从几赫兹到几百兆赫兹以上），放大电路的放大倍数也很大（可达百万倍），为压缩坐标，在画频率特性曲线时，频率坐标采用对数刻度 $\lg f$，而幅值和相角采用线性刻度。其中幅频特性的纵轴用 $20\lg A_u(f)$ 表示，单位是分贝（dB）；相频特性的纵轴用 $\varphi(f)$ 表示，单位是度（°）或弧度（rad）。这种半对数坐标特性曲线称为对数幅频特性或**波特图**。在工程上，波特图通常采用渐近直线近似表示。

2. 下限截止频率、上限截止频率和通频带

当中频电压放大倍数下降到 0.707 倍（即下降 3dB）时对应的低频频率和高频频率分别称为下限截止频率 f_L 和上限截止频率 f_H，二者之间的范围称为通频带（带宽）BW，如图 5-32(a)所示。

由于 $BW = f_H - f_L$，而通常有 $f_H \gg f_L$，所以有 $BW \approx f_H$。

通频带表征了放大电路对不同频率输入信号的响应能力，其值越大，对不同频率输入信号的响应能力越强。

3. 频率失真与非线性失真

由于受通频带的限制，放大电路对不同频率信号的放大倍数和相移不同，当输入信号包含多次谐波时，输出波形会产生失真，称为频率失真。**频率失真包含幅频失真和相频失真。**

设某待放大的信号由基波(f_1)和三次谐波($3f_1$)所组成，如图 5-33(a)所示。由于电抗元件的存在，如果放大电路对三次谐波的放大倍数小于对基波的放大倍数，那么，放大后的信号各频率分量的大小比例将不同于待放大的信号，如图 5-33(b)所示。这种由于放大倍数随频率变化而引起的失真称为幅频失真。如果放大电路对待放大信号各频率分量信号的放大倍数虽然相同，但产生的附加相移不同，那么，放大后的合成信号也将产生失真，如图 5-33(c)所示。这种失真称为相频失真。

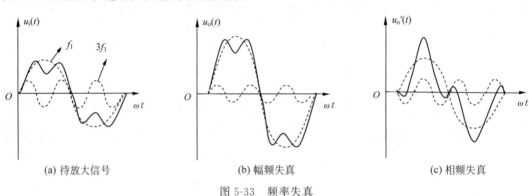

(a) 待放大信号   (b) 幅频失真   (c) 相频失真

图 5-33   频率失真

频率失真是由于放大电路的通频带不够宽，由于线性电抗元件的存在而引起的，属于线性失真，其显著的特点是不会产生新的频率分量。

非线性失真是由放大器件的非线性特性引起的，即放大器件的工作点进入了特性曲线的非线性区，使输入信号和输出信号不再保持线性关系，这样产生的失真称为非线性失真，它会产生新的频率分量。当要求信号的幅值较大，如多级放大电路的末级，特别是功率放大电路，非线性失真难以避免。当电路产生非线性失真时，输入正弦信号，输出将变成非正弦信号。而该非正弦信号是由基波和一系列谐波组成的。前面所讲的截止失真和饱和失真均属于非线性失真。

5.7.2   三极管的频率特性参数及其混合 π 形等效电路

三极管由两个 PN 结组成，而 PN 结是有电容效应的，如图 5-34 所示。

信号频率不太高(如低频和中频)时，由于结电容容抗很大，可视为开路，故结电容不影响电压放大倍数。当频率较高时，结电容容抗减小，其分流作用增大，使得集电极电流 i_c 减小，进而使得三极管电流放大倍数 β 降低，电压放大倍数降低。同时由于 i_b 和 i_c 之间存在相位差，电压放大倍数还会产生附加相移。

因此，当信号处于低频和中频时，共发射极电流放大倍数 β 是常数；高频时，β 可表示为频率 f 的函数，即

$$\dot{\beta} = \frac{\beta_0}{1 + \mathrm{j}\dfrac{f}{f_\beta}} \tag{5-46}$$

式中，β_0 是低频时共发射极电流放大倍数，$\dot{\beta}$ 的模可表示为

$$|\dot{\beta}| = \frac{\beta_0}{\sqrt{1 + \left(\dfrac{f}{f_\beta}\right)^2}} \tag{5-47}$$

其随频率变化的特性曲线如图 5-35 所示。

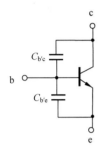

图 5-34 三极管的极间电容

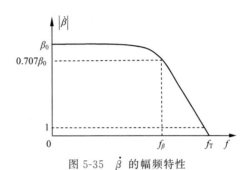

图 5-35 $\dot{\beta}$ 的幅频特性

1. 三极管的几个频率参数

（1）共发射极截止频率 f_β。

当 $|\dot{\beta}|$ 值下降到 β_0 的 0.707 倍时的频率 f_β 定义为三极管的**共发射极截止频率**。

（2）特征频率 f_T。

当 $|\dot{\beta}|$ 值下降到 1 时的频率 f_T 定义为三极管的**特征频率**。

当信号频率 $f > f_\mathrm{T}$ 时，$|\dot{\beta}| < 1$，三极管将无放大能力。

将 $f = f_\mathrm{T}$ 时的 $|\dot{\beta}| = 1$ 代入式(5-47)，得到特征频率 f_T 与截止频率 f_β 的关系为

$$1 = \frac{\beta_0}{\sqrt{1 + \left(\dfrac{f_\mathrm{T}}{f_\beta}\right)^2}}$$

通常 $f_\mathrm{T} \gg f_\beta$，所以可近似得到

$$f_\mathrm{T} \approx \beta_0 f_\beta \tag{5-48}$$

（3）共基极截止频率 f_α。

共基极电流放大系数 $\dot{\alpha}$ 和共发射极电流放大系数 $\dot{\beta}$ 的关系是

$$\dot{\alpha} = \frac{\dot{\beta}}{1 + \dot{\beta}} \tag{5-49}$$

将式(5-46)代入式(5-49)，得到

$$\dot{\alpha} = \frac{\dfrac{\beta_0}{1 + \beta_0}}{1 + \mathrm{j}\dfrac{f}{(1 + \beta_0) \cdot f_\beta}} \tag{5-50}$$

令

$$\dot{\alpha} = \frac{\alpha_0}{1 + \mathrm{j}\dfrac{f}{f_\alpha}} \tag{5-51}$$

$\dot{\alpha}$ 的模可表示为

$$|\dot{\alpha}| = \frac{\alpha_0}{\sqrt{1 + \left(\dfrac{f}{f_\alpha}\right)^2}} \tag{5-52}$$

式中,当 $|\dot{\alpha}|$ 值下降到 α_0 的 0.707 倍时的频率 f_α 定义为三极管的**共基极截止频率**。

对比式(5-51)和式(5-50)可得到

$$f_\alpha = (1 + \beta_0)f_\beta \tag{5-53}$$

f_β、f_T、f_α 三个频率参数之间的关系为

$$f_\alpha \approx f_\mathrm{T} = \beta_0 f_\beta \tag{5-54}$$

可见,$f_\alpha \gg f_\beta$,说明共基极接法的频率响应比共发射极接法的好。

2. 三极管的混合 π 形等效电路

(1) 三极管的混合 π 形等效电路的导出。

考虑三极管极间电容的影响,三极管内部实际结构如图 5-36(a)所示。图中,b′ 为三极管内部等效节点。$r_{\mathrm{b'c}}$ 为集电结反向电阻,其值很大,可视为开路。$r_{\mathrm{bb'}}$ 为基区体电阻,$r_{\mathrm{b'e}}$ 为发射区正向电阻,$C_{\mathrm{b'e}}$ 为发射结等效电容,发射结正偏时主要是扩散电容,$C_{\mathrm{b'c}}$ 为集电结等效电容,集电结反偏时主要是势垒电容。

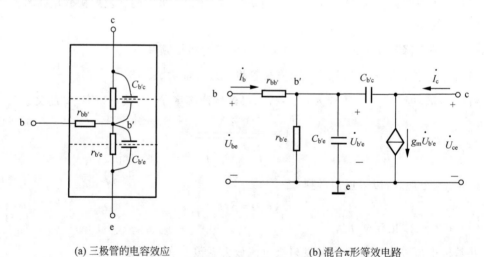

(a) 三极管的电容效应   (b) 混合π形等效电路

图 5-36　三极管的混合 π 形等效电路

根据半导体物理的分析,集电结受控电流与发射结电压 $\dot{U}_{\mathrm{b'e}}$ 成线性关系,且与信号频率无关,所以可用 $g_{\mathrm{m}}\dot{U}_{\mathrm{b'e}}$ 表示基极回路对集电极回路的控制作用,其中 g_{m} 称为跨导,单位为西门子(S)。

由此可得到三极管的混合 π 形等效电路如图 5-36(b)所示。

（2）g_m 的确定。

低频和中频时，三极管的极间电容可不予考虑，其混合 π 形等效电路如图 5-37 所示。

比较图 5-37 及图 5-7(b)可得

$$r_{be} = r_{bb'} + r_{b'e}$$

$$= r_{bb'} + (1+\beta)\frac{26(\text{mV})}{I_{EQ}(\text{mA})} \quad (5\text{-}55)$$

即有

$$r_{b'e} = (1+\beta)\frac{26(\text{mV})}{I_{EQ}(\text{mA})}$$

$$\approx \beta \cdot \frac{26(\text{mV})}{I_{EQ}(\text{mA})} \quad (5\text{-}56)$$

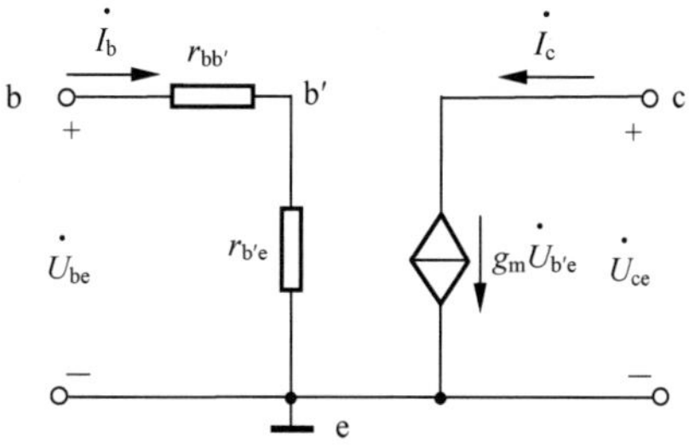

图 5-37　不考虑极间电容的混合 π 形等效电路

比较两图可得

$$g_m \dot{U}_{b'e} = g_m r_{b'e} \dot{I}_b = \beta \dot{I}_b \quad (5\text{-}57)$$

由式(5-56)和式(5-57)可得

$$g_m = \frac{\beta}{r_{b'e}} = \frac{I_{EQ}(\text{mA})}{26(\text{mV})} \quad (5\text{-}58)$$

（3）$C_{b'e}$ 的确定。

通常根据下式来计算发射结电容 $C_{b'e}$。即

$$C_{b'e} \approx \frac{g_m}{2\pi f_T} \quad (5\text{-}59)$$

（4）简化的混合 π 形等效电路。

在混合 π 形等效电路中，由于 $C_{b'c}$ 跨接在 b′ 和 c 之间，使电路的求解过程很复杂，为此可利用密勒等效定理将 $C_{b'c}$ 分别等效为 b′ 和 e 之间的电容 C_{M1} 和 c、e 之间的电容 C_{M2}，如图 5-38 所示。

$$\dot{I}' = (\dot{U}_{b'e} - \dot{U}_{ce})j\omega C_{b'c} = \dot{U}_{b'e}\left(1 - \frac{\dot{U}_{ce}}{\dot{U}_{b'e}}\right)j\omega C_{b'c}$$

令

$$\frac{\dot{U}_{ce}}{\dot{U}_{b'e}} = A$$

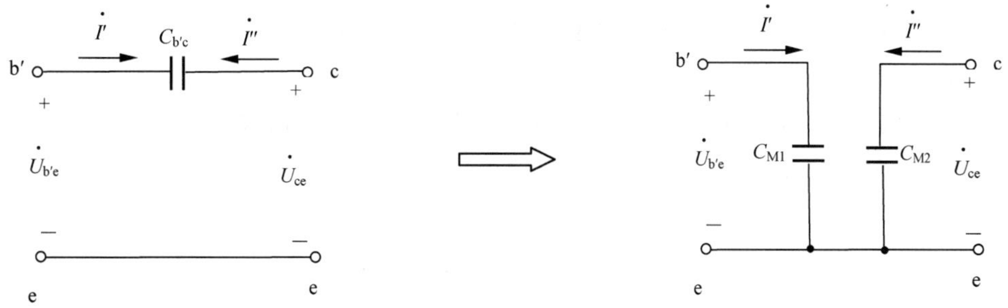

图 5-38　$C_{b'c}$ 的等效电路

则
$$\dot{I}' = \dot{U}_{b'e}(1-A)j\omega C_{b'c} = \dot{U}_{b'e}j\omega(1-A)C_{b'c}$$

所以,从 b'、e 两端看进去,存在一个等效电容,即
$$C_{M1} = (1-A)C_{b'c} \tag{5-60}$$

同理
$$\dot{I}'' = (\dot{U}_{ce} - \dot{U}_{b'e})j\omega C_{b'c} = \dot{U}_{ce}\left(1 - \frac{\dot{U}_{b'e}}{\dot{U}_{ce}}\right)j\omega C_{b'c}$$

$$= \dot{U}_{ce}\left(1 - \frac{1}{A}\right)j\omega C_{b'c} = \dot{U}_{ce}j\omega\left(1 - \frac{1}{A}\right)C_{b'c}$$

所以,从 c、e 两端看进去,存在一个等效电容,即
$$C_{M2} = \left(1 - \frac{1}{A}\right)C_{b'c} \tag{5-61}$$

由于
$$A = \frac{\dot{U}_{ce}}{\dot{U}_{b'e}} = -g_m R'_L \gg 1 \tag{5-62}$$

因而
$$C_{M1} \gg C_{b'c}, \quad C_{M2} \approx C_{b'c}$$

最后得到简化的混合 π 形等效电路如图 5-39 所示。图中
$$C'_{b'e} = C_{b'e} + (1-A)C_{b'c}$$

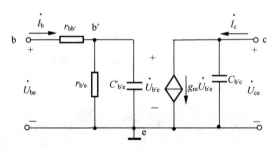

图 5-39　简化的混合 π 形等效电路

※5.7.3　单管放大电路的频率响应

本节以单管共发射极电路(重画于图 5-40)为例,讨论其频率响应。

1. 中频段

中频时,耦合电容容抗较小,可视为短路,三极管极间电容很大,可视为开路,其混合 π 形等效电路如图 5-41 所示。

由图可得
$$\dot{U}_o = -g_m \dot{U}_{b'e} R_C$$

$$\dot{U}_i = \frac{r_{bb'} + r_{b'e}}{r_{b'e}} \cdot \dot{U}_{b'e}$$

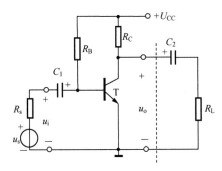

图 5-40 单管共发射极放大电路

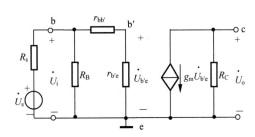

图 5-41 共发射极放大电路的中频等效电路

故得中频电压放大倍数为

$$\dot{A}_{um} = \frac{\dot{U}_o}{\dot{U}_i} = -\frac{g_m R_C}{(r_{bb'} + r_{b'e})/r_{b'e}} \tag{5-63}$$

将 $g_m = \dfrac{\beta}{r_{b'e}}$ 代入式(5-63)可得

$$\dot{A}_{um} = -\frac{\beta R_C}{r_{bb'} + r_{b'e}} \tag{5-64}$$

由于 $r_{be} = r_{bb'} + r_{b'e}$，所以式(5-64)与 5.2.2 节用微变等效电路分析的结果一致(注意图 5-41 为负载开路情况)。

中频源电压放大倍数为

$$\dot{A}_{usm} = \frac{\dot{U}_o}{\dot{U}_s} = \dot{A}_{um} \cdot \frac{\dot{U}_i}{\dot{U}_s} = \dot{A}_{um} \cdot \frac{R_i}{R_i + R_s} \tag{5-65}$$

其中

$$R_i = R_B \,/\!/\, (r_{bb'} + r_{b'e})$$

2. 高频段

高频时，耦合电容容抗较小，可视为短路，三极管极间电容容抗很小，不可忽略，其混合 π 形等效电路如图 5-42 所示。

由于 $C'_{b'e} \gg C_{b'c}$，所以可忽略输出回路的电容效应。再利用戴维南定理将输入回路简化，则可得到共发射极放大电路的高频简化等效电路如图 5-43 所示。

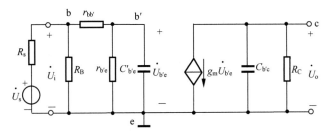

图 5-42 共发射极放大电路的高频等效电路

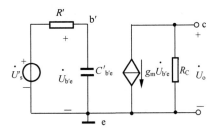

图 5-43 共发射极放大电路的高频
简化等效电路

图 5-43 中

$$\dot{U}'_s = \frac{R_i}{R_i + R_s} \cdot \frac{r_{b'e}}{r_{be}} \cdot \dot{U}_s$$

$$R' = r_{b'e} \; // \; [r_{bb'} + (R_s \; // \; R_B)]$$

$$C'_{b'e} = C_{b'e} + (1 - A) C_{b'c}$$

(1) 确定源电压放大倍数 $\dot{A}_{ush}$。

$$\dot{U}_{b'e} = \frac{\dot{U}'_s}{R' + 1/j\omega C'_{b'e}} \cdot (1/j\omega C'_{b'e}) = \frac{\dot{U}'_s}{1 + j\omega R' C'_{b'e}} = \frac{R_i}{R_i + R_s} \cdot \frac{r_{b'e}}{r_{be}} \cdot \frac{\dot{U}_s}{1 + j\omega R' C'_{b'e}}$$

$$\dot{U}_o = -g_m \dot{U}_{b'e} R_C = -g_m \cdot \frac{R_i}{R_i + R_s} \cdot \frac{r_{b'e}}{r_{be}} \cdot \frac{\dot{U}_s}{1 + j\omega R' C'_{b'e}} \cdot R_C$$

$$\dot{A}_{ush} = \frac{\dot{U}_o}{\dot{U}_s} = \dot{A}_{usm} \cdot \frac{1}{1 + j\omega R' C'_{b'e}} = \dot{A}_{usm} \cdot \frac{1}{1 + j\dfrac{f}{f_H}} \tag{5-66}$$

式中

$$f_H = \frac{1}{2\pi R' C'_{b'e}} \tag{5-67}$$

幅频特性为

$$A_{ush}(f) = A_{usm} \cdot \sqrt{\frac{1}{1 + (f/f_H)^2}} \tag{5-68}$$

相频特性为

$$\varphi(f) = -180° - \arctan(f/f_H) \tag{5-69}$$

当 $f = f_H$ 时，$A_{ush}(f) = \dfrac{1}{\sqrt{2}} A_{usm}$，$f_H$ 为上限截止频率。显然，上限截止频率主要取决于电容 $C'_{b'e}$ 所在回路的时间常数 $\tau_H = R' C'_{b'e}$。

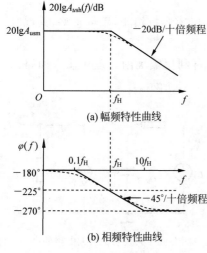

图 5-44 共发射极放大电路的
高频频率特性曲线

(2) 确定频率特性。

画对数幅频特性(波特图)。将幅频特性取对数，得

$$20\lg A_{ush}(f) = 20\lg A_{usm} - 20\lg \sqrt{1 + (f/f_H)^2} \; (\text{dB})$$

① 当 $f \ll f_H$ ($f \leqslant 0.1f_H$) 时，$20\lg A_{ush}(f) = 20\lg A_{usm}$，幅值不随频率变化；

② 当 $f \gg f_H$ ($f \geqslant 10f_H$) 时，$20\lg A_{ush}(f) = 20\lg A_{usm} - 20\lg(f/f_H)$，频率增大十倍，幅值下降 20dB；

③ 当 $f = f_H$ 时，$20\lg A_{ush}(f) = 20\lg A_{usm} - 3\text{dB}$，幅值比中频时低 3dB。

根据上述讨论，可画出幅频特性曲线，如图 5-44(a) 所示(图中虚线为实际的幅频特性曲线)。

相频特性由下列步骤绘出。

① 当 $f \ll f_\mathrm{H}(f \leqslant 0.1 f_\mathrm{H})$ 时，$\varphi(f) \approx -180°$。

② 当 $f \gg f_\mathrm{H}(f \geqslant 10 f_\mathrm{H})$ 时，$\varphi(f) \approx -270°$。

③ 当 $f = f_\mathrm{H}$ 时，$\varphi(f) \approx -225°$。

根据上述讨论，可画出相频特性曲线，如图 5-44(b) 所示。可见，当 $0.1 f_\mathrm{H} < f < 10 f_\mathrm{H}$ 时，$\varphi(f)$ 是斜率为 $-45°$/十倍频程的直线（图中虚线为实际的相频特性曲线）。

3. 低频段

低频时，耦合电容容抗较大，其分压作用较大，不可忽略，三极管极间电容容抗很大，可视为开路，其混合 π 形等效电路如图 5-45 所示。

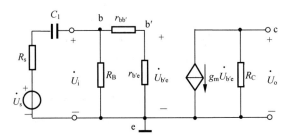

图 5-45　共发射极放大电路的低频等效电路

(1) 确定源电压放大倍数 $\dot{A}_{u\mathrm{sl}}$。

由图 5-45 可得

$$\dot{U}_\mathrm{o} = -g_\mathrm{m} \dot{U}_{\mathrm{b'e}} R_\mathrm{C}$$

$$\dot{U}_\mathrm{i} = \frac{r_{\mathrm{bb'}} + r_{\mathrm{b'e}}}{r_{\mathrm{b'e}}} \cdot \dot{U}_{\mathrm{b'e}}$$

故得低频电压放大倍数为

$$\dot{A}_{u\mathrm{l}} = \frac{\dot{U}_\mathrm{o}}{\dot{U}_\mathrm{i}} = -\frac{g_\mathrm{m} R_\mathrm{C}}{(r_{\mathrm{bb'}} + r_{\mathrm{be'}})/r_{\mathrm{b'e}}}$$

低频源电压放大倍数为

$$\dot{A}_{u\mathrm{sl}} = \frac{\dot{U}_\mathrm{o}}{\dot{U}_\mathrm{s}} = \dot{A}_{u\mathrm{l}} \cdot \frac{\dot{U}_\mathrm{i}}{\dot{U}_\mathrm{s}} = \dot{A}_{u\mathrm{l}} \cdot \frac{R_\mathrm{i}}{R_\mathrm{i} + R_\mathrm{s} + 1/\mathrm{j}\omega C_1}$$

$$= \dot{A}_{u\mathrm{l}} \cdot \frac{R_\mathrm{i}}{R_\mathrm{i} + R_\mathrm{s}} \cdot \frac{1}{1 - \mathrm{j}\dfrac{1}{\omega(R_\mathrm{i} + R_\mathrm{s})C_1}} \tag{5-70}$$

令 $\tau_\mathrm{L} = (R_\mathrm{i} + R_\mathrm{s})C_1$，则有

$$f_\mathrm{L} = \frac{1}{2\pi(R_\mathrm{i} + R_\mathrm{s})C_1} \tag{5-71}$$

比较式 (5-65) 和式 (5-70) 可得

$$\dot{A}_{u\mathrm{sl}} = \dot{A}_{u\mathrm{sm}} \cdot \frac{1}{1 - \mathrm{j}\dfrac{1}{\omega(R_\mathrm{i} + R_\mathrm{s})C_1}} = \dot{A}_{u\mathrm{sm}} \cdot \frac{1}{1 - \mathrm{j}(f_\mathrm{L}/f)} \tag{5-72}$$

幅频特性为

$$A_{usl}(f) = A_{usm} \cdot \sqrt{\frac{1}{1+(f_L/f)^2}} \qquad (5\text{-}73)$$

相频特性为

$$\varphi(f) = -180° + \arctan(f_L/f) \qquad (5\text{-}74)$$

(2) 确定频率特性。

画对数幅频特性(波特图)。将幅频特性取对数,得

$$20\lg A_{usl}(f) = 20\lg A_{usm} - 20\lg\sqrt{1+(f_L/f)^2}\ (\text{dB})$$

① 当 $f \ll f_L (f \leqslant 0.1f_L)$ 时,$20\lg A_{usl}(f) = 20\lg A_{usm} - 20\lg(f_L/f)$,频率减小十倍,幅值下降 20dB;

② 当 $f \gg f_L (f \geqslant 10f_L)$ 时,$20\lg A_{usl}(f) = 20\lg A_{usm}$,幅值不随频率变化;

③ 当 $f = f_L$ 时,$20\lg A_{usl}(f) = 20\lg A_{usm} - 3\text{dB}$,幅值比中频区低 3dB。

根据上述讨论,可画出幅频特性曲线,如图 5-46(a)所示。

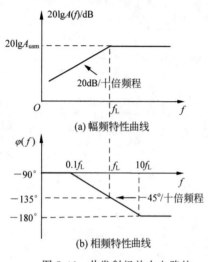

图 5-46 共发射极放大电路的
低频频率特性曲线

相频特性由下列步骤绘出。

① 当 $f \ll f_L (f \leqslant 0.1f_L)$ 时,$\varphi(f) \approx -90°$;

② 当 $f \gg f_L (f \geqslant 10f_L)$ 时,$\varphi(f) \approx -180°$;

③ 当 $f = f_L$ 时,$\varphi(f) \approx -135°$。

根据上述讨论,可画出相频特性曲线,如图 5-46(b)所示。当 $0.1f_L < f < 10f_L$ 时,$\varphi(f)$ 是斜率为 $-45°/$十倍频程的直线。

4. 完整的频率特性

将中频段、高频段和低频段的源电压放大倍数综合起来,可得到共发射极放大电路在整个频率范围内源电压放大倍数的表达式为

$$\dot{A}_{us} = \frac{\dot{A}_{usm}}{\left(1 - j\dfrac{f_L}{f}\right)\left(1 + j\dfrac{f}{f_H}\right)} \qquad (5\text{-}75)$$

其幅频特性和相频特性的表达式分别为

$$A_{us}(f) = \frac{A_{usm}}{\sqrt{1+(f_L/f)^2}\ \sqrt{1+(f/f_H)^2}} \qquad (5\text{-}76)$$

$$20\lg A_{us}(f) = 20\lg A_{usm} - 20\lg\sqrt{1+(f_L/f)^2} - 20\lg\sqrt{1+(f/f_H)^2} \qquad (5\text{-}77)$$

$$\varphi(f) = -180° + \arctan(f_L/f) - \arctan(f/f_H) \qquad (5\text{-}78)$$

分别画出式(5-77)及式(5-78)中每一项表示的频率特性的波特图,再将它们叠加起来,即可得到共发射极放大电路完整的频率特性的波特图,如图 5-47 所示。

5. 增益带宽积

中频增益和带宽是放大电路的两项重要指标。放大电路中,通常有 $f_H \gg f_L$,因而通频带宽 $BW = f_H - f_L \approx f_H$,因此提高 BW 的关键是提高 f_H。由式(5-67)可知,要提高 f_H,需减小 $C'_{b'e}$。根据 $C'_{b'e} = C_{b'e} + (1-A)C_{b'c}$ 可知,当管子选定后,为减小 $C'_{b'e}$,需减小 $g_m R'_L$,而减小 $g_m R'_L$ 将使中频电压增益 A_{usm} 减小。可见,f_H 的提高与 A_{usm} 的增大是矛盾的。为

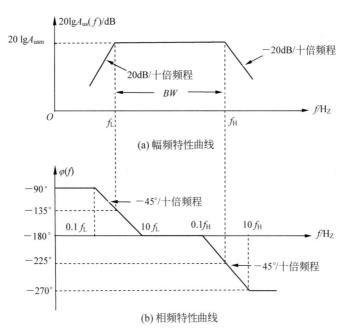

图 5-47 共发射极放大电路完整的频率特性曲线

了综合考查增益和带宽这两方面的性能,引入增益带宽积,即

$$G_{BW} = |A_{usm} \cdot BW| \approx |A_{usm} \cdot f_H| \tag{5-79}$$

理论分析证明,当放大电路的晶体管选定以后,其**增益带宽积基本不变**,即增益增大多少倍,带宽就变窄多少倍。

※5.7.4 多级放大电路的频率响应

1. 多级放大电路的幅频特性和相频特性

在多级放大电路中,总的电压放大倍数是各级电压放大倍数的乘积,即

$$\dot{A}_u = \dot{A}_{u1} \cdot \dot{A}_{u2} \cdot \cdots \cdot \dot{A}_{un}$$

其幅频特性为

$$20\lg A_u(f) = 20\lg A_{u1}(f) + 20\lg A_{u2}(f) + \cdots + 20\lg A_{un}(f) \tag{5-80}$$

相频特性为

$$\varphi(f) = \varphi_1(f) + \varphi_1(f) + \cdots + \varphi_n(f) \tag{5-81}$$

式(5-80)和式(5-81)表明,多级放大电路的对数增益,等于各级对数增益的代数和;总相位也是各级相位的代数和。因此,在绘制多级放大电路的幅频特性和相频特性时,只要把各级的特性曲线在同一横轴上的纵坐标值叠加起来即可。

2. 多级放大电路的上限截止频率 f_H 和下限截止频率 f_L 的估算

当多级放大电路的时间常数悬殊时,可以取起主要作用的那一级作为估算依据,即

$$f_H \approx \min(f_{H1}, f_{H2}, \cdots, f_{Hn}) \tag{5-82}$$

$$f_L \approx \max(f_{L1}, f_{L2}, \cdots, f_{Ln}) \tag{5-83}$$

多级放大电路的带宽总是比组成它的任何一级的带宽窄。

5.8　用 Multisim 分析放大电路

【例 5-4】　研究如图 5-48 所示的共发射极电路与共基极电路的频率特性,三极管用 2N2222。

(1) 对于共发射极放大电路,分别仿真 $C_{jc}=1\text{pF}$ 和 8pF 时电压增益的频率特性,求出通频带;

(2) 对于共基极放大电路,分别仿真 $R_b=1\Omega$ 和 100Ω 时电压增益的频率特性,求出通频带。

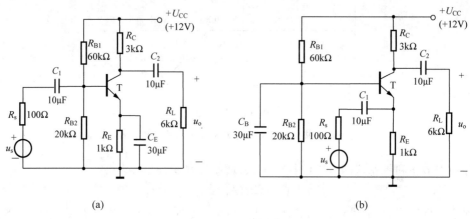

(a)　　　　　　　　　　　　　　　(b)

图 5-48　例 5-4 的图

【解】　(1) $C_{jc}=1\text{pF}$ 时,图 5-48(a)所示的共发射极放大电路的幅频特性如图 5-49(a)所示,由图可求得其通频带

$$BW = f_H - f_L = 13.0982\text{MHz} - 325.9865\text{Hz} \approx 13.1\text{MHz}$$

$C_{jc}=8\text{pF}$ 时,图 5-48(a)所示的共发射极放大电路的幅频特性如图 5-49(b)所示。由图可求得其通频带

$$BW = f_H - f_L = 2.3306\text{MHz} - 325.9865\text{Hz} \approx 2.3\text{MHz}$$

可见,在共发射极放大电路中,集电结电容增大,密勒倍增效应随之增大,因此导致上限截止频率降低,通频带变窄。

(2) $R_b=1\Omega$ 时,图 5-48(b)所示的共基极放大电路的幅频特性如图 5-50(a)所示,由图可求得其通频带

$$BW = f_H - f_L = 14.0894\text{MHz} - 139.1911\text{Hz} \approx 14.1\text{MHz}$$

$R_b=100\Omega$ 时,图 5-48(b)所示的共基极放大电路的幅频特性如图 5-50(b)所示,由图可求得其通频带

$$BW = f_H - f_L = 7.1322\text{MHz} - 142.6169\text{Hz} \approx 7.1\text{MHz}$$

可见,在共基极放大电路中,晶体管基区体电阻增大,发射结电容回路的等效电阻增大,因此导致上限截止频率降低,通频带变窄。

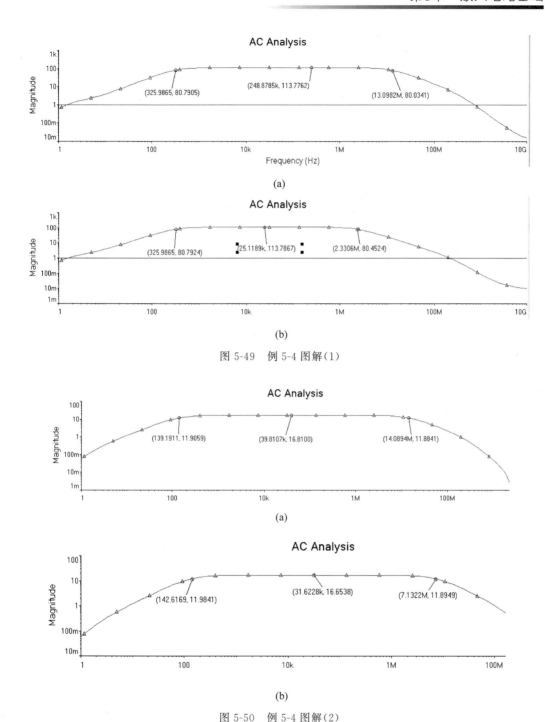

图 5-49　例 5-4 图解(1)

图 5-50　例 5-4 图解(2)

思考题与习题

【5-1】　判断以下说法是否正确,并在相应的括号中打"√"或"×"。

(1) 在两种不同的放大元件(三极管和场效应管)中,场效应管具有输入电阻高的特点,

因此,适用于作为多级放大器的输入级。(　　　)

（2）放大电路的输入电阻 R_i 愈大,匹配电压源的能力愈强;输出电阻 R_o 愈大,带负载能力愈强。(　　　)

（3）若某电路输入电压的有效值为1V,输出电压的有效值为0.9V,则可判断该电路不是一个放大器。(　　　)

（4）已知某放大电路在某瞬间的输入电压为0.7V,输出电压为7V,则该放大电路的放大倍数等于10。(　　　)

（5）在基本单管共射放大电路中,因为 $\dot{A}_u = -\dfrac{\beta R'_L}{r_{be}}$,所以换上一只 β 比原来大一倍的三极管,则 $|A_u|$ 也基本增大一倍。(　　　)

【5-2】 填空。

（1）放大电路的静态工作状态是指_____;动态工作状态是指_____。放大电路的直流通路是指_____;交流通路是指_____。在放大电路中,若 Q 点偏低,容易出现_____失真;若 Q 点偏高,容易出现_____失真。画三极管的微变等效电路时,三极管的B、E极间可用一个_____等效;C、E极间可用一个_____等效。

（2）射极输出器的主要特点是_____,它主要可用作_____。

（3）对功率放大电路的主要要求是_____;"交越"失真现象是由于器件的_____特性而引起的,为了克服"交越"失真,通常让功放管工作在_____放大状态。

（4）多级放大电路与单级放大电路相比,总的通频带一定比它的任何一级都_____;级数越多,则上限截止频率 f_H 越_____。

（5）三级放大电路中,每级的增益分别为:$A_{u1} = A_{u2} = 30\text{dB}$,$A_{u3} = 20\text{dB}$,则总的电压增益为_____dB;该电路可以将输入信号放大_____倍。

【5-3】 判断图5-51所示各电路有无放大作用,并简述理由。

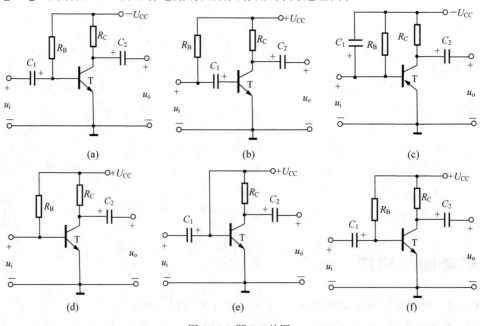

图 5-51　题 5-3 的图

【5-4】　已知某放大电路当负载 $R_L = \infty$ 时,输出电压 $U'_o = 1V$,当接上 $R_L = 10k\Omega$ 的负载电阻时,$U_o = 0.5V$,问该放大电路的输出电阻 R_o 为多大? 如果要求接上 $10k\Omega$ 的负载电阻 R_L 后,$U_o = 0.9V$,则该放大电路的输出电阻 R_o 应为多大?

【5-5】　在图 5-2 中,当 $U_s = 1V$,$R_s = 1k\Omega$ 时,测得 $U_i = 0.6V$,问该放大电路的输入电阻 R_i 为多大? 如果另一个放大电路的输入电阻 $R_i = 10k\Omega$,接在同一信号源($U_s = 1V$,$R_s = 1k\Omega$)上,那么可获得多大的输入电压 U_i?

【5-6】　图 5-52 给出了两个放大电路,若它们的输出发生同样的波形失真,试回答:

(1) 各发生了什么失真?

(2) 若使其不失真,应调节什么元件?

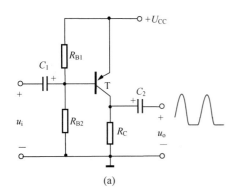 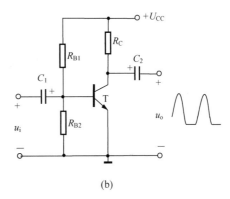

(a)　　　　　　　　　　　　　　　　　　(b)

图 5-52　题 5-6 的图

【5-7】　放大电路如图 5-53(a)所示,已知 $U_{CC} = |U_{EE}|$,要求交、直流负载线如题图 5-53(b)所示,试回答如下问题:

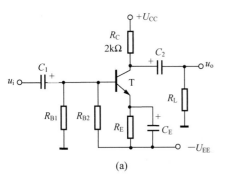 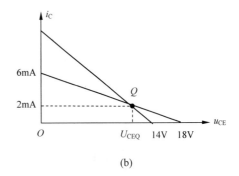

(a)　　　　　　　　　　　　　　　　　　(b)

图 5-53　题 5-7 的图

(1) 求 $U_{CC} = |U_{EE}|$、R_E、U_{CEQ}、R_{B1}、R_{B2}、R_L 的值;

(2) 如果交流输入信号 u_i 幅度较大,将会首先出现什么失真? 动态范围 $U_{opp} = ?$ 若要减小失真,增大动态范围,则应如何调节电路元件值?

【5-8】　电路如图 5-54 所示,其中,三极管选用 3DG100,$\beta = 45$,$r_{be} = 1.5k\Omega$,试分别计算 R_L 开路和 $R_L = 5.1k\Omega$ 时的电压放大倍数 $\dot{A}_u$。

【5-9】　图 5-55 所示电路能够输出一对幅度大致相等、相位相反的电压。已知 $U_{CC} = 12V$,$R_B = 300k\Omega$,$R_C = R_E = 2k\Omega$,三极管的 $\beta = 50$,$r_{be} = 1.5k\Omega$。

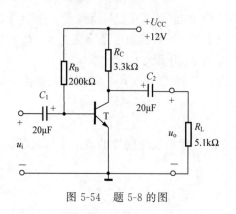 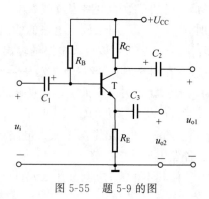

图 5-54　题 5-8 的图　　　　　　图 5-55　题 5-9 的图

(1) 画出电路的微变等效电路；

(2) 分别求从射极输出时的 $\dot{A}_{u2}$ 和 R_{o2} 及从集电极输出时的 $\dot{A}_{u1}$ 和 R_{o1}，并分析当 $\beta\gg1$ 时，$\dot{A}_{u1}$ 和 $\dot{A}_{u2}$ 有什么关系？

【5-10】　场效应管放大电路如图 5-56 所示，已知 $I_{DSS}=4\text{mA}$，$U_{GSQ}=-2\text{V}$，$U_{GS(off)}=-4\text{V}$，$U_{DD}=20\text{V}$。试求：

(1) 静态漏极电流 I_{DQ}；

(2) R_{S1} 的值；

(3) R_{S2} 的最大值；

(4) 电压放大倍数；

(5) 输入电阻和输出电阻。

【5-11】　在图 5-57 所示的共栅极放大电路中，已知场效应管的 $g_m=1.5\text{mS}$，$r_{ds}=100\text{k}\Omega$，各电容对交流信号呈短路。试画出低频小信号等效电路，并求当 $u_s=5\text{mV}$ 时的输出电压 u_o。

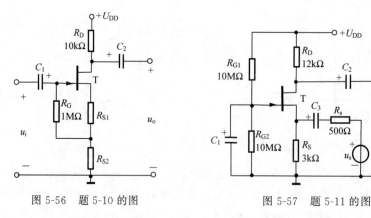

图 5-56　题 5-10 的图　　　　　　图 5-57　题 5-11 的图

【5-12】　电路如图 5-58 所示，已知 $U_{BEQ}=0.7\text{V}$，$\beta=100$，试回答：

(1) 若要求 $U_{OQ}=0$，估算偏置电阻 R_2 应取何值？

(2) 若 $u_i=100\sin\omega t\ \text{mV}$，试求 u_o。

(3) 求输入电阻 R_i 和输出电阻 R_o。

【5-13】 电路如图 5-59 所示,场效应管和晶体三极管都工作在放大状态,写出电压放大倍数 $\dot{A}_u$,输入电阻 R_i 和输出电阻 R_o 的表达式。

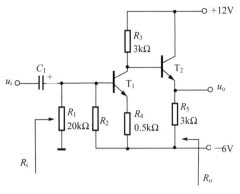

图 5-58 题 5-12 的图

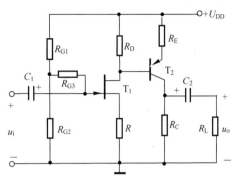

图 5-59 题 5-13 的图

【5-14】 电路如图 5-60 所示,已知 $\beta=100,U_{BEQ}=0.7V,r_{bb'}$ 可忽略,试回答:

(1) T_1、T_2、T_3 各是何种组态的放大电路?

(2) 若要求输出直流电位为零($U_{OQ}=0$),则 T_1、T_2、T_3 的集电极电流各等于多少?第一级偏置电阻 R_{B1} 应调到多大?

(3) 计算总的电压放大倍数 $\dot{A}_u$;

(4) 计算总的输入电阻和输出电阻。

【5-15】 在图 5-61 所示的电路中,已知 u_i 为正弦电压,$R_L=16\Omega$,要求最大输出功率为 10W。试在晶体三极管的饱和压降可以忽略不计的条件下,求出下列各值:

(1) 正、负电源 U_{CC} 的最小值(取整数);

(2) 根据 U_{CC} 的最小值,确定晶体三极管的 I_{CM}、$|U_{(BR)CEO}|$ 的最小值;

(3) 当输出功率最大时,电源供给的功率;

(4) 每个管子的管耗 P_{CM} 的最小值;

(5) 当输出功率最大时的输入电压有效值。

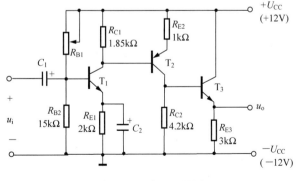

图 5-60 题 5-14 的图

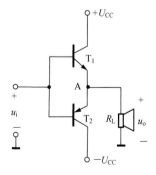

图 5-61 题 5-15 的图

【5-16】 图 5-62 所示的功放电路中,T_1、T_2 的 $U_{CE(sat)}=2V$,$R_L=16\Omega$。求:

(1) 负载上的最大输出功率;

(2) 确定功放管 T_1、T_2 的极限参数 P_{CM},$U_{(BR)CEO}$ 和 I_{CM}。

【5-17】 OTL 放大电路如图 5-63 所示,设 T_1 和 T_2 的特性完全对称,u_i 为正弦波,$U_{CC}=10V$,$R_L=16\Omega$。试回答下列问题:

(1) 静态时,电容 C_2 两端的电压应是多少? 调整哪个电阻能满足这个要求?

(2) 动态时,若输出波形产生交越失真,应调整哪一个电阻? 如何调?

(3) 若 $R_1=R_3=1.2k\Omega$,T_1 和 T_2 管的 $\beta=50$,$|U_{BE}|=0.7V$,$P_{CM}=200mW$,假设 D_1、D_2 和 R_2 中的任何一个开路,将会产生什么后果?

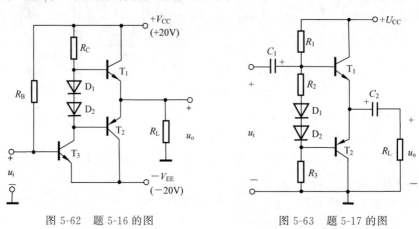

图 5-62 题 5-16 的图   图 5-63 题 5-17 的图

【5-18】 OTL 放大电路如图 5-63 所示,已知 $U_{CC}=35V$,$R_L=35\Omega$,流过负载电阻的电流为 $i_o=0.45\cos\omega t$ A。求:

(1) 负载上得到的输出功率 P_o;

(2) 电源供给的平均功率 P_V;

(3) 管子 T_1、T_2 的管耗 P_{T1}、P_{T2}。

【5-19】 某放大电路的幅频特性如图 5-64 所示,当分别输入以下信号时,试判断放大电路的输出是否产生非线性失真。

(1) $u_i=10\sin20\pi t$ mV;

(2) $u_i=30\cos20\pi\times10^6 t$ mV;

(3) $u_i=10\sin20\pi t+30\cos20\pi\times10^6 t$ (mV);

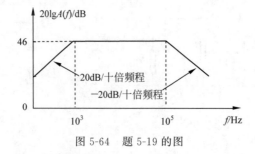

图 5-64 题 5-19 的图

（4）u_i 为语音信号；

（5）u_i 为频率等于 20kHz 的方波信号；

（6）u_i 为视频信号。

【5-20】 测得某放大管 3 个电极上的静态电流分别为 2mA、2.02mA、0.02mA。已知该管的 $r_{be} = 1.5k\Omega$，$C_{b'c} = 5pF$，$f_T = 180MHz$。试求该管混合 π 形等效电路的参数 $r_{b'e}$、$r_{bb'}$、g_m、$C_{b'e}$。

【5-21】 在图 5-65 所示电路中，$R_B = 377k\Omega$，$R_C = 6k\Omega$，$R_s = 1k\Omega$，$R_L = 3k\Omega$，$C_1 = 2\mu F$，$C_2 = 5\mu F$，晶体三极管的 $\beta = 36$，$r_{bb'} = 100\Omega$，$r_{be} = 1k\Omega$，$f_T = 150MHz$，$C_{b'c} = 5pF$。计算放大电路的中频源电压放大倍数 $\dot{A}_{usm}$、上限截止频率 f_H、下限截止频率 f_L 及增益带宽积 G_{BW}，并画出幅频和相频特性曲线。

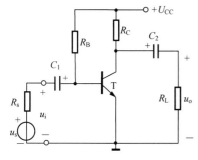 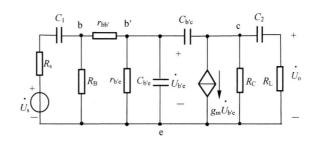

(a) 基本共发射极放大电路　　　(b) 基本共发射极放大电路的高频等效电路

图 5-65　题 5-21 的图

第6章

集成运算放大器

集成电路是 20 世纪 50 年代末发展起来的一种新型器件,它采用半导体集成工艺,把众多晶体管、电阻、电容及连线制作在一块硅片上,做成具有特定功能的独立电子线路。与分立元器件电路相比,集成电路具有性能好、可靠性高、体积小、耗电少、成本低等优点,因此,自它诞生起便得到了飞速的发展并获得了广泛的应用。

集成运算放大器(operational amplifier)简称运放,是一种模拟集成电路,由于它最初被用于模拟计算机,实现各种数学运算而得名,该名称一直沿用至今。目前,集成运放的应用已远远超出了模拟运算的范畴,它作为一种通用集成器件被广泛用于各种电子系统及设备中。

6.1 集成运算放大器的组成

集成运算放大器实质上是一种高增益的多级直接耦合放大电路。集成运放的类型很多,电路也不一样,但结构具有共同之处,通常由输入级、中间级、输出级和偏置电路四部分组成,图 6-1 示出了其内部电路组成原理框图。

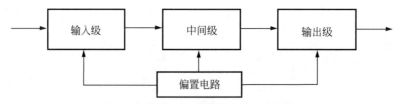

图 6-1 集成运放的内部电路组成框图

对电压模(电压型)集成运放而言,对输入级的要求是输入电阻大、噪声低、零漂小,一般是由三极管或场效应管组成的差动式放大电路组成;中间级的主要作用是提供电压增益,它可由一级或多级放大电路组成;输出级一般由电压跟随器或互补电压跟随器组成,以降低输出电阻,提高带负载能力;偏置电路为各级电路提供合适的偏置电流。此外还有一些辅助环节,如单端化电路、相位补偿环节、电平移动电路、输出保护电路等。

6.2 电流源电路

电流源(current source)电路是广泛应用于集成电路中的一种单元电路。在集成电路中,电流源除了作为偏置电路提供恒定的静态偏置电流外,还可利用其输出电阻大的特点,做有源电阻使用，以提高单级放大电路的放大倍数。

6.2.1　常用的电流源电路

电流源电路可由三极管组成，也可由场效应管组成，以下仅介绍三极管电流源电路，关于场效应管电流源电路，读者可参阅相关书籍。

1. 单路电流源

表 6-1 给出了几种三极管单路电流源电路，以供读者学习和比较。

表 6-1　常见的几种三极管电流源

类　型	电路结构	I_o 与 I_r 的关系式	输 出 电 阻	特　点
基本镜像电流源		$I_r = \dfrac{U_{CC} - U_{BE}}{R} \approx \dfrac{U_{CC}}{R}$ $I_o = \dfrac{\beta}{\beta+2} I_r \approx I_r$	$R_o = r_{ce2}$	当 β、U_{CC} 较小时，I_o 的精度较低、热稳定性较差
改进型镜像电流源		$I_r = \dfrac{U_{CC} - 2U_{BE}}{R}$ $I_o = \dfrac{\beta^2+\beta}{\beta^2+\beta+2} I_r \approx I_r$	$R_o = r_{ce2}$	有 T_3 管隔离，在 β 较小时也有 $I_o \approx I_r$，I_o 精度提高
比例式电流源		$I_r = \dfrac{U_{CC} - U_{BE}}{R+R_1} \approx \dfrac{U_{CC}}{R+R_1}$ $I_o = \dfrac{R_1}{R_2} I_r + \dfrac{U_T}{R_2} \ln \dfrac{I_r}{I_o}$ $\approx \dfrac{R_1}{R_2} I_r$	$R_o \approx \left(1 + \dfrac{\beta R_2}{R_2 + r_{be2} + R_1 // R}\right) r_{ce2}$	按比例输出毫安级电流，I_o/I_r 与发射极电阻成反比。R_o 增大，I_o 精度提高
微电流源		$I_r = \dfrac{U_{CC} - U_{BE}}{R} \approx \dfrac{U_{CC}}{R}$ $I_o = \dfrac{U_T}{R_2} \ln \dfrac{I_r}{I_o}$	$R_o \approx \left(1 + \dfrac{\beta R_2}{R_2 + r_{be2}}\right) r_{ce2}$	提供微安级电流，$I_o \ll I_r$。R_o 增大，I_o 精度提高
威尔逊电流源		$I_r = \dfrac{U_{CC} - 2U_{BE}}{R}$ $I_o = \dfrac{\beta^2+2\beta}{\beta^2+2\beta+2} I_r \approx I_r$	$R_o \approx \dfrac{\beta}{2} r_{ce}$	I_o 精度高。因为有负反馈，所以 I_o 稳定性也好

2. 多路电流源

表 6-1 中的电流源电路都是以一个参考电流对应一个输出电流。实际电路设计中,常常以一个参考电流对应多个输出电流,如图 6-2 所示。

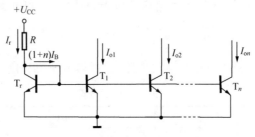

图 6-2　多路镜像电流源电路

在图 6-2 中,若所有三极管的特性参数都相同,则有

$$I_{o1} = I_{o2} = \cdots = I_{on} = \frac{I_r}{1 + \dfrac{1+n}{\beta}}$$

式中,n 是多路镜像电流源电路中输出三极管的个数。

在集成电路中,多路镜像电流源电路是由多集电极三极管实现的。

6.2.2　电流源电路作为有源负载

由于电流源电路具有直流电阻小而交流(动态)电阻大的特点,所以,在模拟集成电路中广泛地把它作为负载使用,称为有源负载。

在图 6-3 所示电路中,由 T_2、T_3 管组成的镜像电流源作为 T_1 管(共发射极放大电路)的集电极有源负载。因为电流源电路的交流电阻很大,所以它可使单级共发射极放大电路的电压增益达 10^3 甚至更高。电流源电路也常作为射极负载。

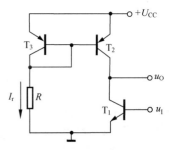

图 6-3　电流源电路作为有源负载

6.3　差动放大电路

差动放大电路是一种可提供两个输入端和两个输出端的放大电路,这种电路为系统中的不同接口提供了方便。差动放大电路由于具有抑制零漂(温漂)的能力,因而被广泛地应用在运算放大器等集成电路中。

6.3.1　直接耦合放大电路的主要问题

直接耦合放大电路可以放大直流信号。如果一个电路的输入信号为零时,而输出信号却不为零,称为**零点漂移**,简称零漂。

零漂是直接耦合放大电路中存在的主要问题。当温度变化时,晶体三极管的各项参数也随之变化,从而造成静态工作点的漂移。因温度变化引起的零点漂移称为**温漂**。由于直接耦合放大电路中各级静态工作点相互影响,故前级的漂移可经放大后送至末级,造成输出端产生较大的电压波动,即产生零漂。若零漂很严重,有用信号将被完全淹没于噪声中,电路不能正常工作。零漂越小,电路性能越稳定。

在多级放大电路中,第一级电路的零漂决定整个放大电路的零漂指标。所以,为了提高放大电路放大微弱信号的能力,在提高放大倍数的同时,必须减小输入级的零点漂移。集成电路的输入级大多采用差动放大电路,它能有效地抑制因温度变化引起的零点漂移。

6.3.2　差动放大电路的组成

图 6-4 为常用的差动放大电路,由两个相同的共发射极放大电路组成,发射极共用电阻 R_E,因此常称为长尾式电路。图 6-4 所示电路具有**结构对称**、**元件参数对称**的特点,电路有两个输入端和两个输出端。信号可以双端输入,也可以单端输入;可以双端输出,也可以单端输出。因此,差动放大电路共有四种输入输出方式,分别为双端输入、双端输出;双端输入、单端输出;单端输入、双端输出;单端输入、单端输出。

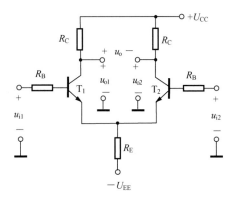

图 6-4　典型差动放大电路

6.3.3　差动放大电路的工作原理

1. 静态工作情况

静态时,$u_{i1}=u_{i2}=0$,由于电路结构及元件参数的对称性,两边的集电极电流相等,集电极电位也相等,即

$$I_{C1}=I_{C2}, \quad U_{C1}=U_{C2}$$

故输出电压

$$U_O=U_{C1}-U_{C2}=0$$

当温度升高时,两管的集电极电流增大,集电极电位下降,且两边的变化量相等,即

$$\Delta I_{C1}=\Delta I_{C2}, \quad \Delta U_{C1}=\Delta U_{C2}$$

虽然每只管子都产生了零点漂移,但是在双端输出时,两管集电极电位的变化相互抵消,所以输出电压仍为零,即

$$U_O=(U_{C1}+\Delta U_{C1})-(U_{C2}+\Delta U_{C2})=0$$

可见,零点漂移完全被抑制了,对称差动放大电路对两管所产生的同向漂移(不管是什么原因引起的)都具有抑制作用,这是它的突出优点。

2. 动态工作情况

当有信号输入时,差动放大电路的工作情况可分为下列情形来讨论。

(1) 共模输入。

差动放大电路两个输入端作用着大小相等、极性相同的两个信号时,即 $u_{i1} = u_{i2}$ 时,称为**共模输入**。此时,对于完全对称的差动放大电路而言,两管的集电极电位变化相同,因而双端输出时电压等于零,即差动放大电路对共模信号有抑制作用。差动放大电路对零漂的抑制就是抑制共模信号的一个特例。

实际上,由于电路元件参数值的微小差异,晶体管特性的差异,输入共模信号 u_{ic}($u_{ic} = \dfrac{u_{i1} + u_{i2}}{2}$)时,共模输出电压 u_{oc} 不等于零。u_{oc} 与 u_{ic} 之比定义为共模电压增益 A_{uc},即

$$A_{uc} = \frac{u_{oc}}{u_{ic}} \tag{6-1}$$

A_{uc} 越小,表明差动放大电路抑制共模信号的能力越强。

(2) 差模输入。

差动放大电路两输入端作用着大小相等、极性相反的信号时,即 $u_{i1} = -u_{i2}$ 时,称为**差模输入**。此时,两输出端电位的变化量 Δu_{C1} 和 Δu_{C2} 也是大小相等、极性相反的。因此差模输出电压 $u_{od} = u_{C1} - u_{C2} = (U_{C1} + \Delta u_{C1}) - (U_{C2} + \Delta u_{C2}) = 2\Delta u_{C1} = -2\Delta u_{C2}$,差动放大电路能有效地放大差模信号,定义差模输出电压 u_{od} 与差模输入电压 u_{id}($u_{id} = u_{i1} - u_{i2}$)之比为差模电压增益 A_{ud},即

$$A_{ud} = \frac{u_{od}}{u_{id}} \tag{6-2}$$

可见,双端输出时,差动放大电路放大差模信号,抑制共模信号,即**"有差则动,无差不动"**,故称为差动放大电路。

(3) 共模抑制比。

对差动放大电路而言,差模信号是有用信号,要求对它有较大的放大倍数;而共模信号是需要抑制的,因此,对它的放大倍数要越小越好。对共模信号的放大倍数越小,就意味着电路的零点漂移越小,抗共模干扰能力越强。为了综合衡量差动放大电路的性能,通常引入**共模抑制比** K_{CMR},其定义为

$$K_{CMR} = \left| \frac{A_{ud}}{A_{uc}} \right| \tag{6-3}$$

或用对数形式表示

$$K_{CMR} = 20\lg \left| \frac{A_{ud}}{A_{uc}} \right| (\text{dB}) \tag{6-4}$$

显然,K_{CMR} 越大,差动放大电路放大差模信号的能力越强,而受共模信号的影响越小。对于双端输出的差动放大电路,若电路完全对称,则有 $A_{uc} = 0$,$K_{CMR} \to \infty$,这是理想情况。而实际上电路不可能完全对称,K_{CMR} 也不可能趋于无穷大。

6.3.4 差动放大电路的分析

1. 静态工作点的分析

静态分析的任务是在输入信号为零的情况下确定差动放大电路的直流工作点,它是动

态分析的基础。静态分析应在差动放大电路的直流通路上进行,图 6-4 的直流通路如图 6-5 所示。

静态时,$u_{i1} = u_{i2} = 0$,由于 T_1、T_2 两管特性相同,而且电路元件参数对称,所以两管电流相等,即

$$I_{CQ1} = I_{CQ2}, \quad I_{BQ1} = I_{BQ2}, \quad I_{EQ1} = I_{EQ2}$$

同时两管的集电极电位也相同,即

$$U_{CQ1} = U_{CQ2}$$

因此,静态时差动放大电路的输出电压为零,即

$$U_O = U_{CQ1} - U_{CQ2} = 0$$

差动放大电路静态工作点的计算应首先从公共射极支路入手,即先求出 I_{EQ},由图 6-5 可得

$$U_{EE} = I_{BQ}R_B + U_{BEQ} + I_{EQ}R_E$$

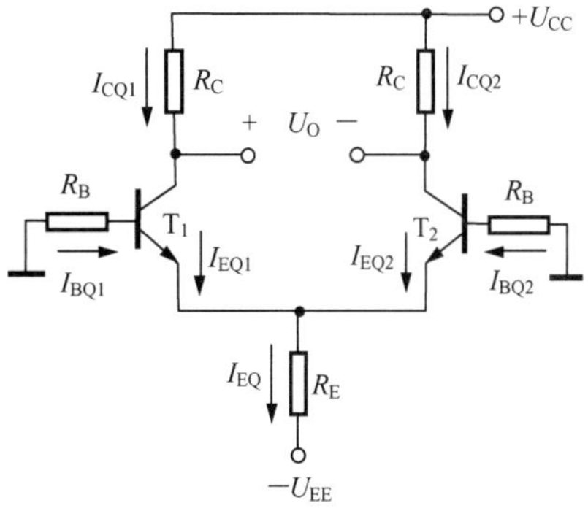

图 6-5 图 6-4 的直流通路

通常 $\beta \gg 1$,$U_{EE} \gg U_{BEQ}$,$I_{EQ}R_E \gg I_{BQ}R_B$,所以有

$$I_{EQ} \approx \frac{U_{EE}}{R_E} \tag{6-5}$$

因此得到两管的集电极电流为

$$I_{CQ1} = I_{CQ2} \approx \frac{I_{EQ}}{2} \tag{6-6}$$

两管的基极电流为

$$I_{BQ} = \frac{I_{CQ}}{\beta} \tag{6-7}$$

两管集-射间的电压为

$$U_{CEQ} \approx U_{CC} + U_{EE} - I_{CQ}(R_C + 2R_E) \tag{6-8}$$

2. 动态指标的分析

在差动放大电路中,由于差模输入 $u_{id} = u_{i1} - u_{i2}$,共模输入 $u_{ic} = \dfrac{u_{i1} + u_{i2}}{2}$,所以,其两输入端的信号可以分别表示为

$$u_{i1} = \frac{u_{id}}{2} + u_{ic} \tag{6-9}$$

$$u_{i2} = -\frac{u_{id}}{2} + u_{ic} \tag{6-10}$$

式(6-9)和式(6-10)表明,一对任意信号可以分解为差模信号和共模信号,电路中差模和共模信号是共存的。下面分别讨论差模和共模两种情况。

(1) 差模输入。

双端输入双端输出差模输入电路如图 6-6 所示。若要进行差模分析,首先应画出其差模交流通路。

由于 $u_{i1} = -u_{i2}$,因此,若 T_1 管的集电极电流增加 Δi_C,则 T_2 管的集电极电流便减少 Δi_C,即在差模输入电压作用下,$i_{C1} = I_{CQ1} + \Delta i_C$,$i_{C2} = I_{CQ2} - \Delta i_C$,那么,流过公共射极电阻 R_E 的差模交流电流为零,R_E 上的差模交流电压也等于零,因此,**R_E 对差模交流信号相当于短路**。

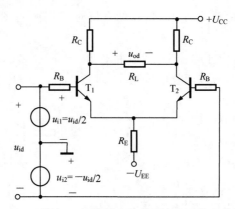

图 6-6 双端输入、双端输出差动放大电路的差模输入

在差模输入电压作用下,负载电阻 R_L 上的交流电位一边升高,一边降低,而且升高和降低的幅度一样,因此,**R_L 的中点是交流接地电位。**

由此可画出图 6-6 所示的差模交流通路如图 6-7 所示。

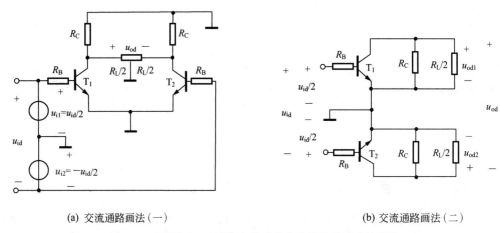

(a) 交流通路画法(一)   (b) 交流通路画法(二)

图 6-7 双端输入、双端输出差动放大电路的差模交流通路

由图 6-7(b)可以看出,图 6-6 所示差动放大电路的差模交流通路由两个完全对称的共发射极电路组成,因此,差模放大电路的性能分析可采用所谓的"**半电路分析法**"。

① 差模电压增益。

由图 6-7(b)可得双端输入双端输出差动放大电路的差模电压增益为

$$A_{ud} = \frac{u_{od}}{u_{id}} = \frac{u_{od1} - u_{od2}}{u_{id}/2 - (-u_{id}/2)} = \frac{2u_{od1}}{2 \times (u_{id}/2)} = \frac{u_{od1}}{u_{id}/2} = A_{u1} \tag{6-11}$$

式(6-11)表明,双端输入双端输出差动放大电路的差模电压增益等于其差模交流通路中单边放大电路的电压增益,即

$$A_{ud} = A_{u1} = -\frac{\beta R_L'}{R_B + r_{be}} \tag{6-12}$$

其中

$$R_L' = R_C \mathbin{/\mkern-5mu/} \frac{R_L}{2}$$

若电路为单端输出(以负载电阻 R_L 接在 T_1 管的集电极到地之间为例),如图 6-8(a)所示,则其差模交流通路如图 6-8(b)所示。

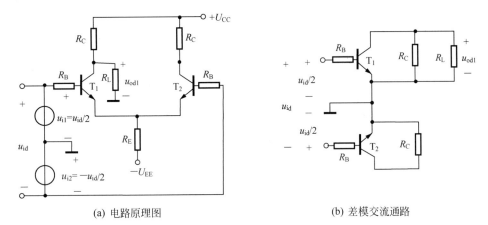

(a) 电路原理图　　　　　　　　　　　　(b) 差模交流通路

图 6-8　双端输入、单端输出差动放大电路

由图 6-8(b)不难得到,单端输出时的差模电压增益为

$$A_{ud1} = \frac{u_{od1}}{u_{id}} = \frac{u_{od1}}{2 \times (u_{id}/2)} = \frac{1}{2} A_{u1} = -\frac{1}{2} \cdot \frac{\beta R'_L}{R_B + r_{be}} \tag{6-13a}$$

同理可得

$$A_{ud2} = \frac{u_{od2}}{u_{id}} = \frac{u_{od2}}{2 \times (-u_{id}/2)} = -\frac{1}{2} A_{u2} = \frac{1}{2} \frac{\beta R'_L}{R_B + r_{be}} \tag{6-13b}$$

式(6-13a)、式(6-13b)表明,差动放大电路单端输出时的差模电压增益等于其交流通路中单边放大电路电压增益的一半,且从不同端口输出时,输出信号相位相反,即

$$A_{ud1} = -A_{ud2} = \frac{1}{2} A_{u1} = -\frac{1}{2} \cdot \frac{\beta R'_L}{R_B + r_{be}} \tag{6-14}$$

其中,$R'_L = R_C /\!/ R_L$。

请读者注意式(6-14)与式(6-12)中 R'_L 的不同。

② 差模输入电阻。

由图 6-7(b)和图 6-8(b)可以看出,无论是双端输出还是单端输出,双端输入差动放大电路的差模输入电阻是相同的,都等于单边放大电路输入电阻之和,即

$$R_{id} = 2(R_B + r_{be}) \tag{6-15}$$

③ 差模输出电阻。

由图 6-7(b)可知,双端输出时,差动放大电路的差模输出电阻为

$$R_{od} \approx 2R_C \tag{6-16a}$$

由图 6-8(b)可知,单端输出时,差动放大电路的差模输出电阻为

$$R_{od1} = R_{od2} \approx R_C \tag{6-16b}$$

(2) 共模输入。

图 6-9(a)是双端输入、双端输出差动放大电路加共模信号时的电路图。

由于 $u_{i1} = u_{i2} = u_{ic}$,因此,T_1、T_2 管集电极电流的变化是完全相同的,流过公共射极电阻 R_E 的电流的变化量是每个三极管电流变化量的两倍,R_E 上的电压变化量为 $\Delta u_E =$

$\Delta i_E R_E = 2\Delta i_{E1} R_E$，即对每管而言，**相当于发射极接了 $2R_E$ 的电阻**。由此得到图 6-9(a)所示电路的共模交流通路如图 6-9(b)所示。

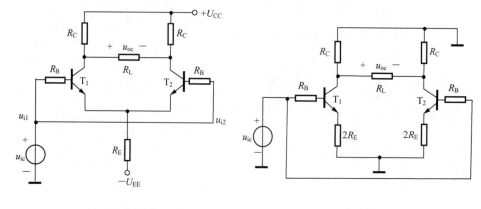

(a) 电路原理图　　　　　　　　　　(b) 共模交流通路

图 6-9　双端输入、双端输出差动放大电路的共模输入

① 共模电压增益。

由图 6-9(b)可知，在共模输入电压作用下，T_1、T_2 管的集电极电压的变化完全相同，因此，共模输出电压为

$$u_{oc} = u_{c1} - u_{c2} = 0$$

故得差动放大电路双端输出时的共模电压增益为

$$A_{uc} = \frac{u_{oc}}{u_{ic}} = 0 \qquad (6\text{-}17)$$

式(6-17)表明，双端输出时，差动放大电路对共模信号无放大能力。而共模信号实质上是加在差分对管上的同向信号，如温漂信号或者伴随输入信号一起混入的干扰信号。因此，**差动放大电路在双端输出时有很强的抑制共模信号的能力**。这种抑制能力是依靠电路的对称性获得的。

若为单端输出(以 T_1 管集电极输出为例)，共模交流通路如图 6-10 所示。

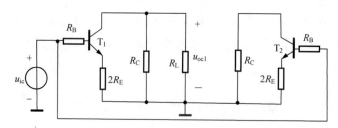

图 6-10　单端输出差动放大电路的共模交流通路

由图 6-10 可知，差动放大电路单端输出时的共模电压增益为

$$A_{uc1} = -\frac{\beta R'_L}{R_B + r_{be} + 2(1+\beta)R_E} \approx -\frac{R'_L}{2R_E} \qquad (6\text{-}18)$$

式(6-18)表明，单端输出时差动放大电路的共模电压增益比双端输出时增大，抑制共模信号的能力下降。要想提高单端输出时的共模抑制能力，应使 R_E 越大越好。

② 共模输入电阻。

由图 6-9(b)和图 6-10 可以看出,无论是双端输出还是单端输出,从输入端看进去的共模输入电阻均为

$$R_{\text{ic}} = \frac{1}{2}\left[R_{\text{B}} + r_{\text{be}} + 2(1+\beta)R_{\text{E}}\right] \qquad (6\text{-}19)$$

③ 共模输出电阻。

由图 6-9(b)可知,双端输出时,差动放大电路的共模输出电阻为

$$R_{\text{oc}} \approx 2R_{\text{C}} \qquad (6\text{-}20\text{a})$$

由图 6-10 可知,单端输出时,差动放大电路的共模输出电阻为

$$R_{\text{oc1}} = R_{\text{oc2}} \approx R_{\text{C}} \qquad (6\text{-}20\text{b})$$

(3) 共模抑制比 K_{CMR}。

由以上讨论可知,双端输出时,共模抑制比为

$$K_{\text{CMR}} = \left|\frac{A_{u\text{d}}}{A_{u\text{c}}}\right| = \infty \qquad (6\text{-}21\text{a})$$

单端输出时,共模抑制比为

$$K_{\text{CMR}} = \left|\frac{A_{u\text{d1}}}{A_{u\text{c1}}}\right| \approx \frac{\beta R_{\text{E}}}{R_{\text{B}} + r_{\text{be}}} \qquad (6\text{-}21\text{b})$$

6.3.5　恒流源差动放大电路

在图 6-4 所示的典型差动放大电路中,R_{E} 愈大,抑制共模信号的能力愈强,但是若 R_{E} 过大,R_{E} 上的直流压降增大,相应地要求负电源 U_{EE} 的电压很高;而且,在集成电路中制造大电阻十分困难。为了达到既能增强负反馈(**R_{E} 起共模负反馈的作用**),又不必使用大电阻,也不致要求 U_{EE} 电压过高的目的,采用恒流源电路替代 R_{E} 在电路中的作用,如图 6-11(a)所示。图 6-11(b)为其简化画法。

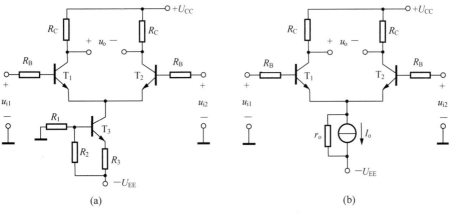

图 6-11　恒流源差动放大电路

在图 6-11(a)中,当 T_3 工作在放大区时,其集电极电流几乎仅决定于基极电流而与其管压降无关,若基极电流是一个不变的直流电流时,集电极电流就是一个恒定的电流。因此,利用 T_3 管组成的恒流源电路可以为差分对管 T_1、T_2 提供稳定的静态工作电流。若忽略 T_3 管的基极电流,电阻 R_2 的电压为

$$U_{R_2} \approx \frac{R_2}{R_1 + R_2} \cdot U_{EE} \tag{6-22}$$

T_3 管的集电极电流为

$$I_{C3} \approx I_{E3} = \frac{U_{R_2} - U_{BE3}}{R_3} \tag{6-23}$$

T_1、T_2 管的集电极静态电流为

$$I_{CQ1} = I_{CQ2} \approx \frac{I_{C3}}{2} \tag{6-24}$$

当 T_3 管的输出特性为理想特性(放大区的输出特性曲线与横轴平行)时,恒流源的动态输出电阻为无穷大,这相当于在 T_1、T_2 管的发射极接了一个阻值为无穷大的电阻,因此,差动放大电路即使在单端输出时共模电压增益也趋于零,共模抑制比趋于无穷大。

6.4 集成运算放大器

6.4.1 集成运算放大器的结构、符号及封装形式

1. 结构

集成运算放大器品种繁多,内部电路结构也各不相同,但它们的基本组成部分、结构形式、组成原则基本一致。图 6-12 为第二代通用型运放 μA741 的内部电路,其各部分功能简述如下。

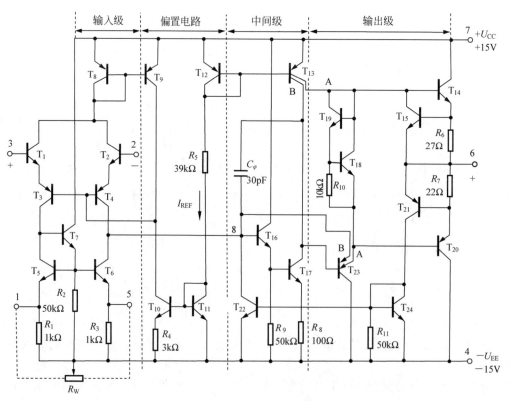

图 6-12 集成运放 μA741 的内部电路

（1）偏置电路。

集成运放采用电流源偏置技术，电流源电路包含在各级电路中，它不仅为各级电路提供稳定的恒流偏置，而且也作为放大级的有源负载。其中 T_{10}、T_{11}、T_{12} 管和 R_4、R_5 组成的微电流源，作为整个集成运放的主偏置级；T_8、T_9 为一对横向 PNP 型管，它们组成镜像电流源，为输入级 T_1、T_2 管提供偏置电流；T_{12}、T_{13} 管组成双输出的镜像电流源，其中 T_{13} 管为双集电极的横向 PNP 型管，可以看作是两个三极管。一路输出为 T_{13B} 的集电极，主要作为中间放大级的有源负载；另一路输出为 T_{13A} 的集电极，供给输出级的偏置电流，使 T_{14}、T_{20} 工作在甲乙类放大状态，同时也作为 T_{23A} 的有源负载。

（2）差动输入级。

输入级是由 $T_1 \sim T_7$ 管组成的差动放大电路组成，其中，T_1、T_3 和 T_2、T_4 组成共集-共基组合差动放大电路，T_5、T_6、T_7 组成的改进型镜像电流源作为其有源负载。输入级为双端输入、单端输出，其中，T_1 管的基极为同相输入端，T_2 管的基极为反相输入端；引自 T_4、T_6 公共集电极的单端输出是中间放大级的输入信号。

（3）中间增益级。

中间增益级由 T_{16}、T_{17} 管组成。其中，T_{16} 管构成射极输出器，因此，中间级的输入电阻很高，这样，就可大大降低中间级对输入级的负载效应，从而保证了输入级的高电压增益。从这个意义上讲，T_{16} 管是用作输入级和中间级的隔离级。中间级的增益主要是由 T_{17} 管组成的共发射极电路提供，T_{13B} 和 T_{12} 组成的镜像电流源为其集电极有源负载，本级的电压增益可达 55dB。

此外，为了消除运放在深度负反馈时的自激振荡，在中间级采用了频率补偿技术，C_φ 为密勒补偿电容。

（4）互补功率输出级和保护电路。

输出级采用了互补推挽功率放大电路，由 T_{14}、T_{20} 管组成。T_{18}、T_{19} 和 R_{10} 组成的电路用于提供 T_{14}、T_{20} 管的静态偏置电压，使其工作在甲乙类状态，以克服交越失真。

T_{23} 为射极输出器，其中，T_{13A} 作为 T_{23A} 的射极有源负载，因此其输入电阻很大，将它插在中间级和输出级之间作为隔离级，可以减小输出级对中间级的负载效应，以保证中间级的高电压增益。

为了防止因输入级信号过大或输出负载过小甚至短路而造成的功放管损坏，在输出级设置了过流保护元件。其中 T_{15}、R_6 为 T_{14} 提供过流保护，T_{21}、R_7、T_{24} 和 T_{22} 为 T_{20} 提供过流保护。当电路输出正常时，各保护三极管均不导通。

当正向输出电流过大，即流过 T_{14}、R_6 的电流过大时，R_6 上的电压增大，使 T_{15} 管由截止变为导通，T_{15} 管的导通分流了 T_{14} 管的基极电流，从而使 T_{14} 管的集电极电流也减小，起到了保护 T_{14} 管的作用。

当负向输出电流过大，即流过 T_{20}、R_7 的电流过大时，R_7 上的电压增大，使 T_{21} 管由截止变为导通，同时 T_{24}、T_{22} 也导通，T_{22} 管的导通分流了 T_{16} 管的基极电流，使 T_{16}、T_{17} 管的基极电位降低，导致 T_{17} 管的集电极电位升高，T_{23} 管的发射极电位，也即 T_{20} 管的基极电位升高，T_{20} 管趋于截止，因而限制了流过 T_{20} 管的电流，起到了保护作用。

综上所述，$\mu A741$ 是一种较理想的电压放大器件，它具有高增益、高输入电阻、低输出电阻、高共模抑制比、低失调等优点。

2. 符号

图 6-13 所示为集成运放的电路符号。由于集成运放的输入级一般由差动放大电路组成,因此有两个输入端,其中一个输入端的信号与输出信号之间为反相关系,称为**反相输入端**,在图中用符号"一"标注;另一个输入端的信号与输出信号之间为同相关系,称为**同相输入端**,在图中用符号"十"标注。

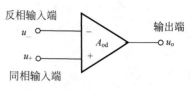

图 6-13　集成运放的电路符号

3. 封装形式

集成运放是一种集器件与电路于一体的组件,集成芯片封装方式通常有金属圆壳式、双列直插式和扁平式三种,分别如图 6-14(a)、(b)、(c)所示。

(a) 圆壳式　　　　　　(b) 双列直插式　　　　　(c) 扁平式

图 6-14　集成运放芯片的封装形式

6.4.2　集成运算放大器的主要参数

为了正确挑选和使用集成运放,必须弄清其主要参数的含义。

1. 与运算精度有关的参数

(1) 交流参数。

① 开环差模电压增益 A_{od}。

指在规定负载的情况下,运放开环(不加反馈)时的差模电压增益。常用分贝(dB)表示,其分贝数为 $20\lg|A_{od}|$。A_{od} 一般为 $10^4 \sim 10^7$,即 $80 \sim 140$dB。A_{od} 越大,所构成的运算电路越稳定,运算精度也越高。

② 共模抑制比 K_{CMR}。

K_{CMR} 指运放的开环差模电压增益与开环共模电压增益之比,通常用分贝表示,即

$$K_{CMR} = 20\lg\left|\frac{A_{od}}{A_{oc}}\right| \text{(dB)} \tag{6-25}$$

K_{CMR} 愈大,表示运放对共模信号的抑制能力愈强。一般运放的 K_{CMR} 在 80dB 以上,优质运放的 K_{CMR} 可达 160dB。

③ 差模输入电阻 R_{id}。

R_{id} 指当运放加差模信号时,从运放两个输入端看进去的等效电阻。以三极管为输入级的运放 R_{id} 一般最大为数兆欧。输入级采用场效应管的运放,R_{id} 可高达 10^6MΩ。

(2) 直流参数。

① 输入偏置电流 I_{IB}。

输入偏置电流 I_{IB} 是指集成运放两个输入端静态电流的平均值,即

$$I_{IB} = \frac{1}{2}(I_{B1} + I_{B2}) \tag{6-26}$$

输入偏置电流越小,信号源内阻对输出电压的影响越小。

② 输入失调电压 U_{IO} 及其温漂 $\Delta U_{IO}/\Delta T$。

由于差动输入级的不完全对称,在输入电压为零时,为使输出电压也为零而在输入端所加的补偿电压,称为失调电压 U_{IO}。**U_{IO} 值越大,说明电路的对称程度越差**。失调电压 U_{IO} 随温度而变化,其比值 $\Delta U_{IO}/\Delta T$ 称为失调电压温漂。

③ 输入失调电流 I_{IO} 及其温漂 $\Delta I_{IO}/\Delta T$。

输入失调电流 I_{IO} 是指集成运放输出电压为零时,两个输入端静态电流的差,即 $I_{IO} = |I_{B1} - I_{B2}|$。输入失调电流 I_{IO} 随温度而变化,其比值 $\Delta I_{IO}/\Delta T$ 称为失调电流温漂。

2. 与工作速率和工作频率有关的主要参数

(1) 开环带宽 BW 及单位增益带宽 BW_G。

A_{od} 下降 3dB 时对应的输入信号频率为 BW。A_{od} 下降到 0dB 时对应的输入信号频率为 BW_G。

(2) 转换速率 S_R。

转换速率 S_R 反映运放对高速变化的信号的响应速度,定义为

$$S_R = \frac{du_o(t)}{dt}\bigg|_{max} \tag{6-27}$$

通常要求运放的 S_R 值大于信号变化斜率的绝对值,否则输出会出现失真。

3. 与器件安全工作有关的参数

(1) 最大差模输入电压 U_{idmax}。

指的是保证集成运放正常工作,反相和同相输入端之间所能承受的最大电压值,它对应于差放对管中三极管发射结的反向击穿电压。

(2) 最大共模输入电压 U_{icmax}。

指的是保证集成运放正常工作,反相和同相输入端同时加入电压的最大电压值,它对应于差放对管中三极管饱和或截止时所对应的输入电压值。

以上介绍了集成运放的几项主要技术指标。除此之外,还有其他许多指标,读者可自行查阅相关的文献,此处不再赘述。

6.4.3　理想运算放大器的概念及其特点

分析集成运放的各种应用电路时,在保证所需要的精度的前提下,为简便起见,常常将电路中的集成运放视为理想的。所谓理想化运放就是将集成运放的各项技术指标理想化。

1. 集成运放理想化的条件

(1) 开环差模电压增益 $A_{od} \rightarrow \infty$。

(2) 差模输入电阻 $R_{id} \rightarrow \infty$。

(3) 差模输出电阻 $R_{od} \rightarrow 0$。

(4) 共模抑制比 $K_{CMR} \rightarrow \infty$。

(5) 输入偏置电流 $I_{IB} \rightarrow 0$。

(6) 输入失调电压 U_{IO}、失调电流 I_{IO} 及它们的温漂均为 0。

2. 理想运放的特点

图 6-15 为集成运算放大器的电压传输特性曲线,其中实线代表理想运放的特性,虚线表示实际运放的特性。由图可以看出,**运放的工作区域可分为线性区和饱和区**,运放可以工作在线性区,也可以工作在饱和区。运放在不同的工作区域呈现出不同的特点,这些特点是分析各类运放电路的重要依据。

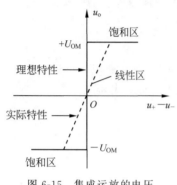

图 6-15 集成运放的电压
传输特性曲线

(1) 线性区的特点。

理想运放工作在线性区时有两个重要的特点:"虚短"和"虚断"。

① 虚短。

当运放工作在线性区时,其输出电压与两个输入端的电压之间存在线性关系,即

$$u_o = A_{od}(u_+ - u_-) \qquad (6\text{-}28)$$

由于理想运放的 $A_{od} \to \infty$,而其输出电压 u_o 为有限值,所以有

$$u_+ \approx u_- \qquad (6\text{-}29)$$

式(6-29)表明,运放反相输入端和同相输入端电位几乎相等,如同短路一样,称此种情况为"**虚短**"。若运放其中一个输入端接"地",则有 $u_+ \approx u_- = 0$,这时称"**虚地**"。

需要说明的一点是:为了使运放工作在线性区,通常要引入深度负反馈(关于反馈的概念,将在下一章讨论)。

② 虚断。

由于理想运放的 $R_{id} \to \infty$,所以流入运放反相输入端与同相输入端的电流近似等于零,即

$$i_+ = i_- \approx 0 \qquad (6\text{-}30)$$

式(6-30)表明,运放反相输入端和同相输入端如同断开一样,称此种情况为"**虚断**"。

(2) 饱和区的特点。

理想运放工作在饱和区时,"虚断"的概念依然成立,但"虚短"的概念不再成立。这时,输出电压的取值只有两种可能,即

$$\begin{cases} u_O = +U_{OM}, & u_+ > u_- \\ u_O = -U_{OM}, & u_+ < u_- \end{cases} \qquad (6\text{-}31)$$

若运放处在开环状态或引入正反馈(关于反馈的概念,将在下一章讨论),则表明其工作在饱和区。

6.4.4 集成运算放大器的使用注意事项

1. 集成运放的分类和选用

集成运放根据应用来分可分为两大类:一类为通用型运放;另一类为专用型运放。通用型运放适用于一般无特殊要求的场合;专用型运放是为了适应各种不同的特殊需要而设计的,其中有高速型、高阻型、低功耗型、大功率型、高精度型等。集成运放按其内部电路可

分为双极型(由三极管组成)和单极型(由场效应管组成)两大类。按每一集成片中运算放大器的数目可分为单运放、双运放、四运放。

通常是根据实际要求来选用运算放大器。选好后,根据引线端子图和符号图连接外部电路,包括电源、外接偏置电阻、消振电路及调零电路等。

2. 集成运放的保护

使用集成运放时,为了防止损坏,应在电路中采取适当的保护措施,常用的保护有输入端保护、输出端保护和电源保护,如图 6-16(a)～图 6-16(c)所示。

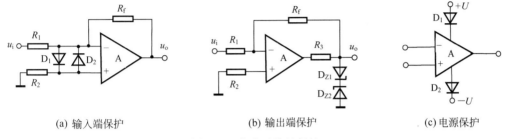

(a) 输入端保护　　　　(b) 输出端保护　　　　(c) 电源保护

图 6-16　集成运放的保护

当输入端所加的差模或共模电压过高时会损坏输入级的三极管。为此,在输入端接入反向并联的二极管,将输入电压限制在二极管的正向压降以下,如图 6-16(a)所示。

为了防止输出电压过大,可利用稳压管来保护,将两个稳压管反向串联,把输出电压限制在($U_Z + U_D$)的范围内,其中,U_Z 是稳压管的稳定电压,U_D 是它的正向压降,如图 6-16(b)所示。

为了防止因电源极性接反而损坏运放,可分别在正、负两路电源和运放电源端之间串入二极管进行保护,如图 6-16(c)所示。

3. 调零

由于运算放大器内部管子的参数不可能完全对称,所以当输入信号为零时,仍有输出信号,为此,在使用时要外接调零电路,图 6-17 为 μA741 的调零电路。

有时可能碰到运放无法调零的异常现象,产生该现象的原因有:调零电位器 R_W 不起作用;调零电路接线有误;反馈极性接错或负反馈开环;存在虚焊点;运放已损坏等。这时,应仔细分析原因并及时排除故障。

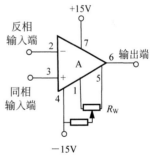

图 6-17　集成运放 μA741 的调零电路

4. 消振

由于运算放大器内部管子的极间电容和其他寄生电容的影响,很容易产生自激振荡,破坏正常工作。为此,在使用时要注意消振。通常是外接 RC 消振电路或消振电容,用它来破坏产生自激振荡的条件。是否已消振,可将输入端接"地",用示波器观察输出有无振荡波形。目前,由于集成工艺水平的提高,运算放大器内部已有消振元件,无需外部消振。

6.5　用 Multisim 分析差动放大电路

【例 6-1】　差动放大电路如图 6-18 所示,T_1、T_2 管均用 2N2222,$\beta_1 = \beta_2 = 50$,其他参数按默认值。试用 Multisim 分析该电路。

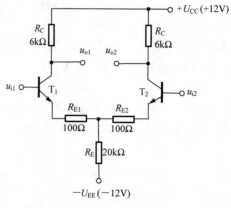

图 6-18　例 6-1 的图

（1）求静态工作点；

（2）仿真 $R_{E1} = R_{E2} = 0$ 和 $R_{E1} = R_{E2} = 300\Omega$ 时的电压传输特性曲线；

（3）若输入信号是差模信号,分别求出双端输出时的差模电压增益 A_{ud} 和单端输出时的差模电压增益 A_{ud1}；

（4）若输入信号是共模信号,分别求出双端输出时的共模电压增益 A_{uc} 和单端输出时的共模电压增益 A_{uc1}。

【解】 （1）静态时,输入信号接地,如图 6-19(a)所示。作直流工作点分析,结果如图 6-19(b)所示,由图可得静态时三极管的集电极电位约为 10.32V,发射极电位约为 -584.79mV。

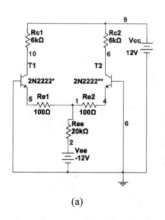

DC Operating Point Analysis

	Variable	Operating point value
1	V(1)	-613.25191 m
2	V(10)	10.31668
3	V(4)	-584.78504 m
4	V(5)	-584.78504 m
5	V(6)	10.31668

(a)　　　　　　　　　　　　　　　　　(b)

图 6-19　例 6-1 图解(1)

（2）$R_{E1} = R_{E2} = 0$ 时,仿真电压传输特性曲线的电路及结果如图 6-20 所示,其中,图 6-20(a)和图 6-20(b)分别为 T_1、T_2 管的仿真电路,图 6-20(c)和图 6-20(d)分别为 T_1、T_2 管的电压传输特性曲线。

$R_{E1} = R_{E2} = 300\Omega$ 时,仿真电压传输特性曲线的电路与图 6-20(a)和图 6-20(b)类似,T_1、T_2 管的电压传输特性曲线分别如图 6-20(e)和图 6-20(f)所示。

比较图 6-20(e)、图 6-20(f)和图 6-20(c)、图 6-20(d)不难看出,**增大差分对管发射极电阻 R_E 的值,可扩大差动放大电路的线性输入范围。**

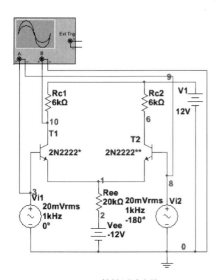

(a) u_{id}-u_{o1} 特性测试电路

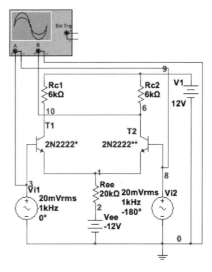

(b) u_{id}-u_{o2} 特性测试电路

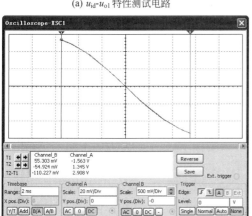

(c) R_{E1}=R_{E2}=0 时的 u_{id}-u_{o1} 曲线

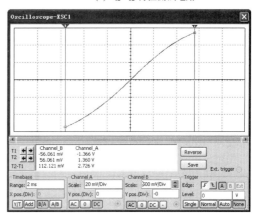

(d) R_{E1}=R_{E2}=0 时的 u_{id}-u_{o2} 曲线

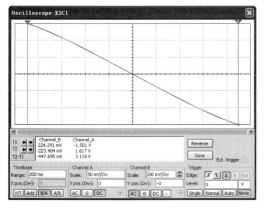

(e) R_{E1}=R_{E2}=300Ω 时的 u_{id}-u_{o1} 曲线

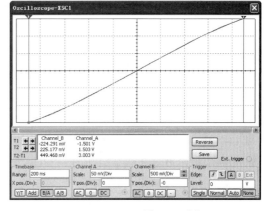

(f) R_{E1}=R_{E2}=300Ω 时的 u_{id}-u_{o2} 曲线

图 6-20 例 6-1 图解(2)

（3）差模输入且 $R_{E1} = R_{E2} = 300\Omega$ 时，测试双端输出差模电压增益的电路如图 6-21(a)所示，相应的示波器测试结果如图 6-21(b)所示，由图 6-21(b)可得双端输出差模电压增益为

$$A_{ud} = 1.693\text{V} / -112.454\text{mV} \approx -15.06$$

测试单端输出差模电压增益的电路如图 6-21(c)所示，相应的示波器测试结果如图 6-21(d)所示，由图 6-21(d)可得单端输出差模电压增益为

$$A_{ud1} = 846.53\text{mV} / -112.454\text{mV} \approx -7.53$$

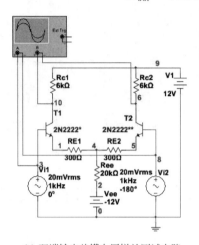

(a) 双端输出差模电压增益测试电路

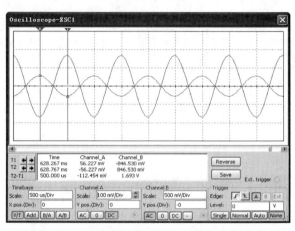

(b) 双端输出差模电压增益测试结果

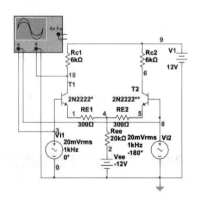

(c) 单端输出差模电压增益测试电路

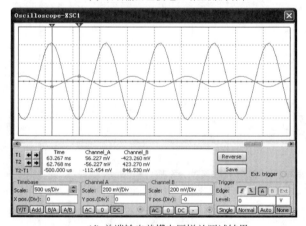

(d) 单端输出差模电压增益测试结果

图 6-21 例 6-1 图解(3)

可见，差动放大电路单端输出时的差模增益近似为双端输出时的一半。

（4）输入共模信号且 $R_{E1} = R_{E2} = 100\Omega$ 时，测试双端输出共模电压增益的电路如图 6-22(a)所示，相应的示波器测试结果如图 6-22(b)所示，由图 6-22(b)可得双端输出共模电压增益为

$$A_{uc} = -11.321\text{pV} / 281.135\text{mV} \approx 4 \times 10^{-11}$$

测试单端输出共模电压增益的电路如图 6-22(c)所示，相应的示波器测试结果如图 6-22(d)所示，由图 6-22(d)可得单端输出差模电压增益为

$$A_{uc1} = -41.024\text{mV} / 281.135\text{mV} \approx 0.146$$

可见，**差动放大电路由双端输出改为单端输出时，抗共模干扰能力减小。**

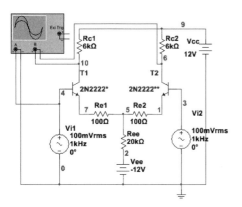

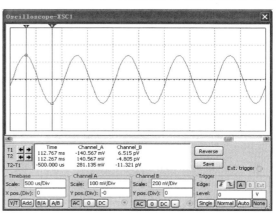

(a) 双端输出共模电压增益测试电路   (b) 双端输出共模电压增益测试结果

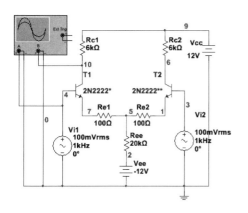

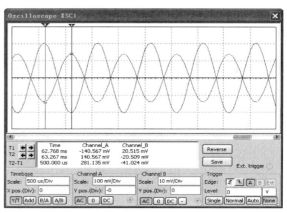

(c) 单端输出共模电压增益测试电路   (d) 单端输出共模电压增益测试结果

图 6-22 例 6-1 图解（4）

思考题与习题

【6-1】 填空。

（1）电流源在集成电路中的主要作用是_____。

（2）差动放大电路的 A_{ud} 越_____越好，而 A_{uc} 越_____越好；共模抑制比 K_{CMR} 是_____之比，K_{CMR} 越大，表明电路的_____能力越强。

（3）带 R_E 的（长尾式）差动放大电路中，R_E 越大，则 A_{ud} _____，A_{uc} _____，K_{CMR} _____。

（4）差动放大电路由双端输出改为单端输出，其 A_{ud} _____，A_{uc} _____，K_{CMR} _____。

（5）差动放大电路由双端输入改为单端输入，其空载差模电压增益_____。

（6）集成运放内部一般包括四个组成部分，它们是_____、_____、_____ 和_____。集成运放的输入级几乎都采用_____电路，其目的是_____；输出级通常采用_____电路，其目的是_____。

（7）集成运放的两个输入端分别为_____和_____，其含义是_____，_____。

（8）输入失调电压 U_{IO} 是_____,U_{IO} 越大,表示运放输入级的对称程度越_____。

（9）理想运放的主要技术指标为_____。

（10）理想运放工作在线性区和饱和区的重要结论分别是：线性区_____；饱和区_____。

【6-2】 电流源电路如图 6-23 所示,设各三极管特性一致,$|U_{BE}|=0.7V$。

（1）若 T_3、T_4 管的 $\beta=2$,试求 I_{C4}；

（2）若要求 $I_{C1}=26\mu A$,则 R_1 为多少?

【6-3】 由电流源组成的电流放大电路如图 6-24 所示,试估算电流放大倍数 $A_i=I_o/I_i=$?

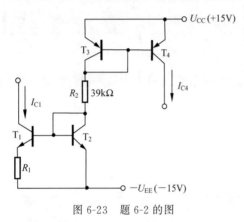

图 6-23 题 6-2 的图

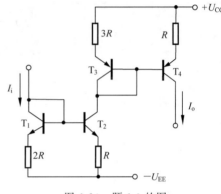

图 6-24 题 6-3 的图

【6-4】 差动放大电路如图 6-25 所示,已知 $U_{CC}=U_{EE}=12V$,$\beta_1=\beta_2=50$,$R_{C1}=R_{C2}=3k\Omega$,$R_{B1}=R_{B2}=10k\Omega$,$R_E=5.6k\Omega$,$R_L=20k\Omega$。求：

（1）静态工作点；

（2）差模电压增益；

（3）差模输入和输出电阻。

【6-5】 差动放大电路如图 6-26 所示,已知 $\beta=100$,$U_{BE}=0.7V$,r_{bb} 影响可忽略,试求：

（1）各管的静态工作点 I_{CQ} 和 U_{CEQ}；

（2）最大差模输入电压 U_{idmax}（设管子发射结反向击穿电压 $U_{BR(EBO)}=6V$）；

（3）最大正向共模输入电压 U_{icmax},最大负向共模输入电压 U_{icmax}。

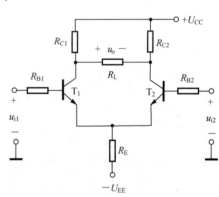

图 6-25 题 6-4 的图

【6-6】 差动放大电路如图 6-27 所示,试求：

（1）u_o 的直流电位 U_{OQ}；

（2）差模电压增益 $A_u=\dfrac{u_o}{u_{i1}-u_{i2}}$。

【6-7】 电路如图 6-28 所示,T_1、T_2、T_3 均为硅管,$\beta_1=\beta_2=50$,$\beta_3=80$,静态时输出端电压为零,试求：

（1）各管的静态电流、管压降及 R_{E2} 的阻值；

（2）$u_i=5mV$ 时的 U_o 值。

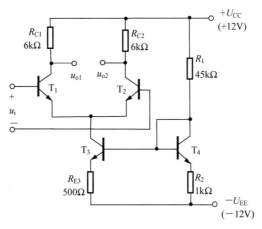

图 6-26　题 6-5 的图

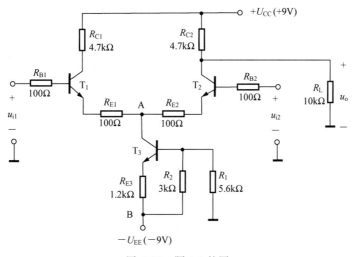

图 6-27　题 6-6 的图

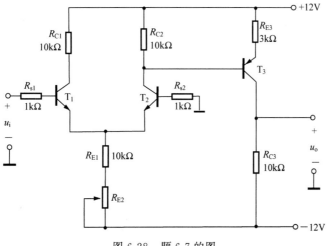

图 6-28　题 6-7 的图

【6-8】 集成运放 5G23 的电路原理图如图 6-29 所示。

(1) 简要叙述电路的组成原理；

(2) 说明二极管 D_1 的作用；

(3) 判断 2、3 端哪个是同相输入端，哪个是反相输入端。

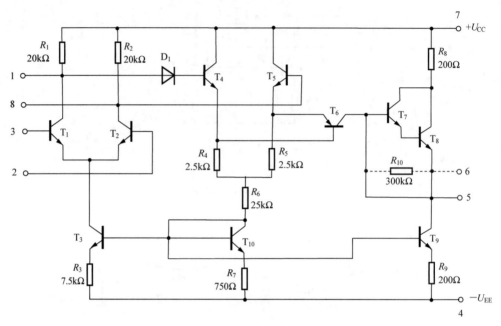

图 6-29 题 6-8 的图

【6-9】 低功耗型集成运放 LM324 的简化原理电路如图 6-30 所示。试说明：

(1) 输入级、中间级和输出级的电路形式和特点；

(2) 电路中 T_8、T_9 和电流源 I_{o1}、I_{o2}、I_{o3} 各起什么作用？

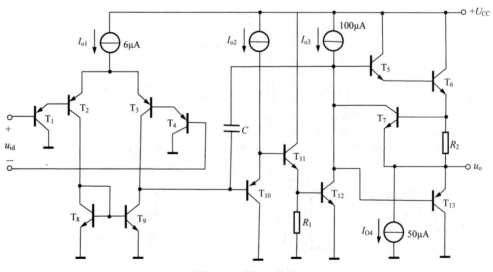

图 6-30 题 6-9 的图

第7章

CHAPTER 7

负反馈及其稳定性

反馈理论及反馈技术在自动控制、信号处理、电子电路及电子设备中有着十分重要的作用。在放大电路中,负反馈作为改善其性能的重要手段而倍受重视。

本章从反馈的基本概念出发,介绍了反馈的分类方法,推导出负反馈放大电路增益的基本方程式,给出了四种基本的负反馈结构,研究了负反馈对放大电路性能的影响,讨论了深度负反馈放大电路的近似估算方法以及负反馈放大电路的稳定性问题。

7.1 反馈的基本概念及反馈放大电路的一般框图

7.1.1 反馈的基本概念

反馈(Feedback)理论首先诞生在电子学领域,1928 年,美国西部电子公司的电子工程师 Harold Black 在研究中继放大电路增益的稳定方法时,发明了反馈放大电路。到今天为止,反馈的概念及理论不仅超越了电子学领域,而且也超越了工程领域,渗透到各个科学领域。在电子电路中,反馈现象是普遍存在的。下面以放大电路为例介绍反馈的概念。

所谓反馈,就是指将放大电路输出量(电压或电流)的一部分或全部,通过一定网络(称为反馈网络),以一定方式(与输入信号串联或并联)返送到输入回路,来影响电路性能的技术。

虽然在前面的章节并没有系统研究反馈现象,但已经接触到了反馈的例子。例如,在第 5 章位于共发射极电路的射极电阻 R_E,当晶体管的参数随温度变化时,它们可用来稳定 Q 点。这种稳定机理,恰恰是利用了负反馈的理论。重新回顾一下分压式偏置 Q 点稳定电路,如图 7-1 所示。

放大电路的输出电流 I_{CQ} 受控于基极电流 I_{BQ},而 I_{BQ} 的大小取决于基-射电压 U_{BEQ} 的大小。

$$U_{BEQ} = U_{BQ} - U_{EQ}$$

式中

$$U_{BQ} \approx \frac{R_{B2}}{R_{B1} + R_{B2}} U_{CC}$$

基本不变。但 U_{EQ} 则不同,$U_{EQ} = I_{EQ} R_E \approx I_{CQ} R_E$,它携带

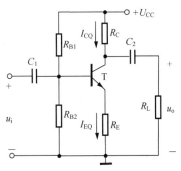

图 7-1　负反馈稳定 Q 点电路

着放大电路输出电流 I_{CQ} 的变化信息。如果因为某种因素(例如温度升高)使 I_{CQ} 增大时，U_{EQ} 也相应增大，导致 U_{BEQ} 反而减小，从而使 I_{BQ} 减小，进而牵制了 I_{CQ} 的增大，结果使 I_{CQ} 趋于稳定。这里，发射极电阻 R_E 将输出电流 I_{CQ} 的变化反馈到输入回路，引进了一种自动调节的机制，这种技术称为反馈。

7.1.2 反馈放大电路的一般框图

为了使问题的讨论更具普遍性，将反馈放大电路抽象为图 7-2 所示的方框图。由图可见，反馈放大电路由基本放大电路、反馈网络和比较环节组成。其中，$\dot{X}_i$、$\dot{X}_i'$、$\dot{X}_o$、$\dot{X}_f$ 分别表示反馈放大电路的输入信号、净输入信号、输出信号和反馈信号；$\dot{A}$ 表示基本放大电路的放大倍数，又称为**开环增益**；$\dot{F}$ 表示反馈网络的传输系数，称为**反馈系数**。放大电路和反馈网络中信号的传递方向如图中箭头所示。对输出量取样得到的信号经过反馈网络后成为反馈信号。符号 $\otimes$ 表示比较(叠加)环节，反馈信号和外加输入信号经过比较环节后得到净输入信号 $\dot{X}_i'$，然后送至基本放大电路。符号 $\otimes$ 下的"+"号表示将 $\dot{X}_i$ 与 $\dot{X}_f$ 同相相加，即 $\dot{X}_i' > \dot{X}_i$，称为正反馈；符号 $\otimes$ 下的"—"号表示将 $\dot{X}_i$ 与 $\dot{X}_f$ 反相相加(即相减)，即 $\dot{X}_i' < \dot{X}_i$，称为负反馈。反馈信号的极性不同，对放大电路性能的影响不同，本章主要讨论负反馈。

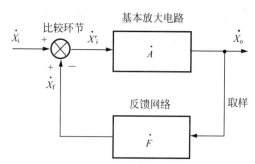

图 7-2　反馈放大电路的基本框图

在图 7-2 所示的框图中。$\dot{X}_i$、$\dot{X}_i'$、$\dot{X}_o$、$\dot{X}_f$ 可以是电压量，也可以是电流量。$\dot{A}$ 和 $\dot{F}$ 是广义的增益和反馈系数，由于其物理含义的不同，形成了不同的反馈类型。

7.2　反馈的分类及判别方法

在实际的放大电路中，可以根据不同的要求引入不同类型的反馈，按照考虑问题的不同角度，反馈有各种不同的分类方法。

1. 直流反馈和交流反馈

根据反馈信号中包含的交、直流成分来分，可以分为直流反馈和交流反馈。

在放大电路的输出量(输出电压和输出电流)中通常是交、直流信号并存的。如果反馈回来的信号是直流成分，称为直流反馈；如果反馈回来的信号是交流成分，则称为交流反馈。当然也可以将输出信号中的直流成分和交流成分都反馈回去，同时得到交、直流两种性质的反馈。

　　直流负反馈的作用是稳定静态工作点，对放大电路的动态性能没有影响；**交流负反馈用于改善放大电路的动态性能**。

　　判别交、直流反馈的方法是，首先画出放大电路的交流通路和直流通路，若反馈网络存在于直流通路中，则为直流反馈；若反馈网络存在于交流通路中，则为交流反馈；若反馈既存在于直流通路又存在于交流通路中，则为交、直流反馈。

　　如图 7-3 所示电路中，R_{E1}、R_{E2}、C_E 构成了反馈网络，在直流通路中，C_E 开路，R_{E1}、R_{E2} 构成了直流反馈；在交流通路中，由于 C_E 交流短路，反馈元件只剩下 R_{E1}，它构成了交流反馈。

2. 电压反馈和电流反馈

　　根据反馈信号从输出端的取样对象（取自放大电路的哪一种输出电量）来分类，可以分为电压反馈（voltage feedback）和电流反馈（current feedback）。

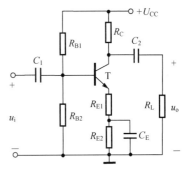

图 7-3　直流反馈和交流反馈

　　如果反馈信号取自输出电压，即反馈信号与输出电压成正比，称为**电压反馈**；如果反馈信号取自输出电流，即反馈信号与输出电流成正比，称为**电流反馈**。

　　判别反馈属于电压反馈还是电流反馈，可采用以下方法。

　　（1）负载短路法。

　　将负载短路，若反馈消失，则为电压反馈；若反馈依然存在，为电流反馈。

　　（2）结构判断法。

　　在输出回路，除公共地线外，若反馈线与输出线接在同一个点上，则为电压反馈；若反馈线与输出线接在不同点上，则为电流反馈。

　　例如，在图 7-4(a)所示电路中，用上述方法两种方法判断可知，R_E 构成了电流反馈；在图 7-4(b)所示电路中，用上述方法两种方法判断可知，R_E 构成了电压反馈。

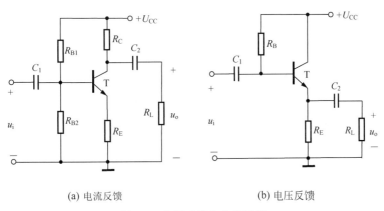

(a) 电流反馈　　　　　　　　　　　　　(b) 电压反馈

图 7-4　电压反馈和电流反馈

3. 串联反馈和并联反馈

　　根据反馈信号与外加输入信号在放大电路输入回路的连接方式来分类，可以分为串联反馈（series feedback）和并联反馈（shunt feedback）。

在放大电路的输入回路中,如果反馈信号与外加输入信号以电压的形式相比较(叠加),也就是说反馈信号与外加输入信号二者相互串联,则称为**串联反馈**;如果反馈信号与外加输入信号以电流的形式相比较(叠加),也就是说两种信号在输入回路并联,则称为**并联反馈**。

判别反馈属于串联反馈还是并联反馈,可采用以下方法。

(1) 反馈节点对地短路法。

将输入回路的反馈节点对地短路,若输入信号仍能送入放大电路中去,则为串联反馈;若信号源被短路,输入信号不能送入放大电路中,则为并联反馈。

(2) 结构判断法。

在输入回路,除公共地线外,若反馈线与输入信号线接在同一个点上,则为并联反馈;若反馈线与输入线接在不同点上,则为串联反馈。

例如,在图 7-5(a)所示电路中,用上述方法两种方法判断可知,R_f 和 R_{E2} 构成了并联反馈;在图 7-5(b)所示电路中,用上述方法两种方法判断可知,R_f 和 R_{E1}、R_{E3} 构成了串联反馈。

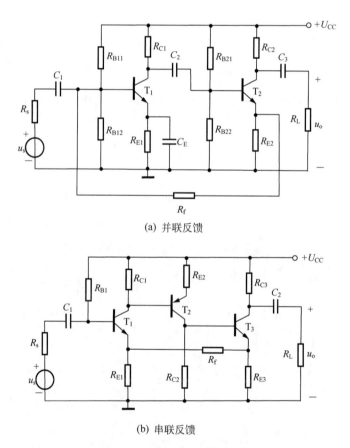

(a) 并联反馈

(b) 串联反馈

图 7-5　串联反馈和并联反馈

4. 正反馈和负反馈

根据反馈的极性分类,可以分为正反馈(positive feedback)和负反馈(negative feedback)。

放大电路引入反馈后,若反馈信号削弱了外加输入信号的作用,使放大倍数降低,称为**负反馈**;若反馈信号增强了外加输入信号的作用,使放大倍数提高,称为**正反馈**。

引入负反馈可以改善放大电路的性能指标,因此在放大电路中被广泛采用;正反馈多用于振荡和脉冲电路中。

判别正、负反馈常用的方法是瞬时极性法,即假设输入信号的变化处于某一瞬时极性(用符号⊕或⊖表示),沿闭环系统,逐一标出放大电路各级输入和输出的瞬时极性(这种标示要符合放大电路的基本原理)。最后将反馈信号的瞬时极性和输入信号的极性相比较。若反馈量的引入使净输入量增加,为正反馈;反之,为负反馈。

由于串联反馈和并联反馈在输入回路所比较的电量不同,因此又可以得到以下具体的判别法则。

(1)对串联反馈。若反馈信号和输入信号的极性相同,为负反馈;若相反,为正反馈。

(2)对并联反馈。若反馈信号和输入信号的极性相反,为负反馈;若相同,为正反馈。

需要注意的是:分析各级电路输入和输出之间的相位关系时,只考虑通带内的情况,即对电路中各种耦合、旁路电容的影响暂不考虑,将它们做短路处理。

例如,在图 7-6(a)所示的两级放大电路中,假设输入电压 u_i 的瞬时极性为正(用符号⊕表示),因为 u_i 加在差动对管 T_1 的基极,差动放大电路由 T_2 管的集电极单端输出,其瞬时

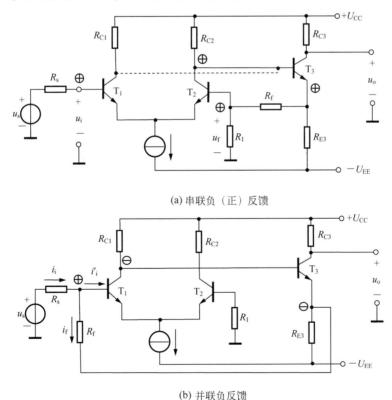

(a) 串联负(正)反馈

(b) 并联负反馈

图 7-6 正反馈和负反馈

极性为正。差动放大电路的输出直接驱动 T_3 管的基极,所以 T_3 管基极的瞬时极性也为正,三极管的基极与发射极同相位,故 T_3 管发射极的瞬时极性亦为正。反馈信号由 T_3 管的发射极引回,因此,反馈电压 u_f 的瞬时极性为正。反馈信号与输入信号在输入回路以电压形式相比较,二者极性相同,故为负反馈。若加在 T_3 管基极上的输入电压取自 T_1 管的集电极(如图中虚线所示),则电路变为正反馈。

在图 7-6(b)所示的两级放大电路中,同样假设输入电压 u_i 的瞬时极性为正(用符号 ⊕ 表示),u_i 加在差动对管 T_1 的基极,差动放大电路由 T_1 管的集电极单端输出,所以 T_1 管集电极的瞬时极性为负,T_1 管的集电极输出驱动 T_3 管的基极,所以 T_3 管基极的瞬时极性也为负,三极管的基极与发射极同相位,故 T_3 管发射极的瞬时极性亦为负。反馈信号与输入信号在输入回路以电流形式相比较,二者极性相反,故为负反馈。图 7-6(b)中标出了 T_1 管基极处的各电流流向,根据所标出的各点的瞬时极性,可以判断流过 R_f 的电流 i_f 的流向如图中所示,该电流削弱了外加输入电流 i_i,使放大电路的净输入电流 i_i' 减小,因此为负反馈。

除了上述分类方法之外,反馈还可以分为本级反馈和级间反馈。本级反馈表示反馈信号从某一级放大电路的输出端取样,只引回到本级放大电路的输入回路,本级反馈只能改善一个放大电路内部的性能;级间反馈表示反馈信号从多级放大电路某一级的输出端取样,引回到前面另一个放大电路的输入回路中去,级间反馈可以改善整个反馈环路内放大电路的性能。

反馈电路类型的判断是一个难点,只有多分析、多练习、多总结才能熟练掌握。判断放大电路反馈类型的基本步骤如下:首先判断是本级反馈还是级间反馈,是直流反馈还是交流反馈;然后判断反馈在放大电路输出端的取样方式,是电压反馈还是电流反馈;接着判断反馈在放大电路输入端的连接方式,是串联反馈还是并联反馈;最后确定反馈的极性,是正反馈还是负反馈。下面举几个例子具体说明。

【例 7-1】 一个反馈放大电路如图 7-7 所示,试说明电路中存在哪些反馈,并判断各反馈的类型。

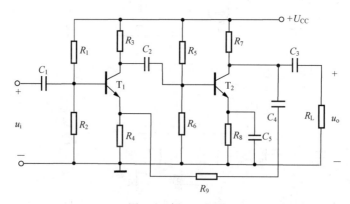

图 7-7 例 7-1 的图

【解】 该电路为两级阻容耦合放大电路。T_1、T_2 均为分压式偏置共发射极电路,其中 R_4 构成了第一级的本级反馈,由上述方法容易判断该反馈为交、直流并存的电流串联负反馈;R_8、C_5 构成了第二级的本级反馈,它属于直流电流串联负反馈;R_4、R_9、C_4 构成了级间反馈,容易看出,该反馈通路存在于放大电路的交流通路,因此,属于交流反馈,下面详细说明其反馈类型的判别方法。图 7-7 的交流通路如图 7-8 所示。

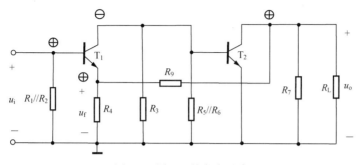

图 7-8 图 7-7 的交流通路

由图 7-8 可见,在输出回路,将负载 R_L 短路后,R_9 的一端也接地了,这时 R_4 和 R_9 并联,使放大电路的输入端和输出端无关联,无法将放大电路的输出量反送回输入端,反馈消失,因此,该反馈在输出端的取样方式为电压取样(请读者用结构法判断,看是否能得到同样的结论)。

将输入回路的反馈节点对地短路,则 T_1 管的发射极接地,不影响外加输入信号由 T_1 管的基极送入,所以,该反馈在输入端的连接方式为串联(同样请读者用结构法判断,看结论是否一致)。

用瞬时极性法判断反馈的极性。假设输入信号 u_i 的瞬时极性为正,用符号 $\oplus$ 表示,由于两级放大电路均为共发射极放大电路,而共发射极放大电路的输出电压与输入电压的相位相反,所以,T_1 管的集电极的极性为负,T_2 管的基极的极性也为负,T_2 管的集电极的极性为正,因而反馈电压 u_f 的瞬时极性为正。对串联反馈,输入信号与反馈信号同极性,所以为负反馈。

综上所述,R_4、R_9、C_4 构成了级间交流电压串联负反馈。

【例 7-2】 反馈放大电路如图 7-9 所示,试判断级间反馈的类型。

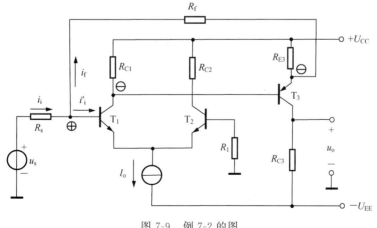

图 7-9 例 7-2 的图

【解】 该电路为两级放大电路,第一级为 T_1、T_2 组成的差动放大电路,第二级为 T_3 组成的共发射极电路,R_f 和 R_{E3} 构成了级间反馈。由图可以看出,输出信号由 T_3 管的集电极引出,而反馈信号由 T_3 管的发射极引回,二者不在同一点,所以,该反馈为电流反馈;输入信号送至 T_1 管的基极,反馈也引回至 T_1 管的基极,二者在同一点上,所以,该反馈为并联反馈;假设输入信号的瞬时极性为正,由于差动放大电路从 T_1 管的集电极单端输出,所以 T_1 管集电极的瞬时极性为负,也即 T_3 管基极的瞬时极性为负,反馈由 T_3 管的发射极引回,其瞬时极性也为负,流过 R_f 的电流 i_f 的流向如图 7-9 所示,可见。该电流削弱了外加输入电流 i_i,使净输入电流 i_i' 减小,因此为负反馈。

综上所述,R_f 和 R_{E3} 构成了级间电流并联负反馈。

【例 7-3】 试判断如图 7-10 所示反馈放大电路中级间反馈的类型。

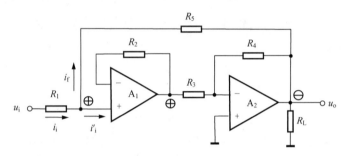

图 7-10 例 7-3 的图

【解】 该电路是由运放组成的两级放大电路,R_5 构成了级间反馈。在输出回路,将 R_L 短路,R_5 的一端接地,反馈消失,所以该反馈为电压反馈(用结构判断法也可得到同样的结论);在输入回路,将反馈节点对地短路,输入信号不能送入 A_1 的同相端,所以该反馈为并联反馈(用结构判断法也可得到同样的结论);假设输入信号的瞬时极性为正,由于输入信号送至运放 A_1 的同相输入端,所以 A_1 输出端的瞬时极性为正,也即 A_2 反相输入端的瞬时极性为正,输出信号取自 A_2 的输出端,其瞬时极性为负,电路中各点的瞬时极性如图 7-10 所示。流过 R_5 的电流 i_f 的流向如图 7-10 所示,可见。该电流削弱了外加输入电流 i_i,使净输入电流 i_i' 减小,因此为负反馈。

综上所述,R_5 构成了级间电压并联负反馈。

7.3 负反馈放大电路的一般表达式及四种基本组态

根据输出端采样方式的不同和输入端连接方式的不同,负反馈可分为四种基本组态,即**电压串联负反馈**、**电压并联负反馈**、**电流串联负反馈**、**电流并联负反馈**。不管什么类型的负反馈放大电路,都可以用如图 7-2 所示的方框图表示。根据图 7-2 可推导出负反馈放大电路的一般表达式。

7.3.1 负反馈放大电路的一般表达式

由图 7-2 可得开环增益为

$$\dot{A} = \frac{\dot{X}_\text{o}}{\dot{X}_\text{i}'} \tag{7-1}$$

反馈系数为

$$\dot{F} = \frac{\dot{X}_\text{f}}{\dot{X}_\text{o}} \tag{7-2}$$

对于负反馈,净输入信号为

$$\dot{X}_\text{i}' = \dot{X}_\text{i} - \dot{X}_\text{f} \tag{7-3}$$

由式(7-1)~式(7-3)可得

$$\dot{X}_\text{o} = \dot{A}\dot{X}_\text{i}' = \dot{A}(\dot{X}_\text{i} - \dot{X}_\text{f}) = \dot{A}(\dot{X}_\text{i} - \dot{F}\dot{X}_\text{o})$$

整理可得

$$\dot{A}_\text{f} = \frac{\dot{X}_\text{o}}{\dot{X}_\text{i}} = \frac{\dot{A}}{1 + \dot{A}\dot{F}} \tag{7-4}$$

式中,$\dot{A}_\text{f}$ 称为**闭环增益**;$\dot{A}\dot{F}$ 称为**环路增益**,常用 $\dot{T}$ 表示;$1 + \dot{A}\dot{F}$ 称为**反馈深度**,是一个反映反馈强弱的物理量,也是对负反馈放大电路进行定量分析的基础。

当环路增益 $\dot{A}\dot{F} \gg 1$ 时,式(7-4)可近似写为

$$\dot{A}_\text{f} \approx \frac{1}{\dot{F}} \tag{7-5}$$

由式(7-5)可以看出,当 $\dot{A}\dot{F} \gg 1$ 时,反馈放大电路的闭环增益与基本放大电路无关,只与反馈网络有关,这种反馈称为**深度负反馈**。

7.3.2 负反馈放大电路的四种组态

不同类型的负反馈放大电路,由于在输出端的取样方式及输入端的连接方式不同,因此其结构框图也有所不同,图 7-11 示出了四种基本负反馈放大电路的结构框图。

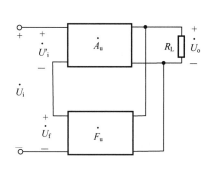

(a) 电压串联负反馈

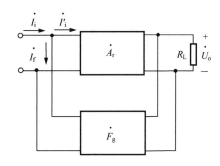

(b) 电压并联负反馈

图 7-11 负反馈放大电路的四种基本组态的结构框图

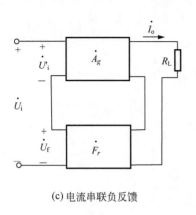

(c)电流串联负反馈

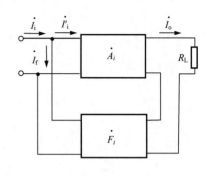

(d)电流并联负反馈

图 7-11 （续）

对于负反馈放大电路,放大的概念是广义的,引入不同类型的负反馈,放大电路增益的物理意义不同,反馈系数的物理意义也不同。四种负反馈放大电路中各参数的定义及名称如表 7-1 所示。

表 7-1　四种负反馈放大电路各参数的定义及名称

参　　数		组　　态			
		电压串联负反馈	电压并联负反馈	电流串联负反馈	电流并联负反馈
$\dot{A} = \dfrac{\dot{X}_o}{\dot{X}'_i}$	名称	开环电压增益	开环互阻增益	开环互导增益	开环电流增益
	定义	$\dot{A}_u = \dfrac{\dot{U}_o}{\dot{U}'_i}$	$\dot{A}_r = \dfrac{\dot{U}_o}{\dot{I}'_i}(\Omega)$	$\dot{A}_g = \dfrac{\dot{I}_o}{\dot{U}'_i}(S)$	$\dot{A}_i = \dfrac{\dot{I}_o}{\dot{I}'_i}$
$\dot{F} = \dfrac{\dot{X}_f}{\dot{X}_o}$	名称	电压反馈系数	互导反馈系数	互阻反馈系数	电流反馈系数
	定义	$\dot{F}_u = \dfrac{\dot{U}_f}{\dot{U}_o}$	$\dot{F}_g = \dfrac{\dot{I}_f}{\dot{U}_o}(S)$	$\dot{F}_r = \dfrac{\dot{U}_f}{\dot{I}_o}(\Omega)$	$\dot{F}_i = \dfrac{\dot{I}_f}{\dot{I}_o}$
$\dot{A}_f = \dfrac{\dot{A}}{1+\dot{A}\dot{F}}$	名称	闭环电压增益	闭环互阻增益	闭环互导增益	闭环电流增益
	定义	$\dot{A}_{uf} = \dfrac{\dot{U}_o}{\dot{U}_i}$	$\dot{A}_{rf} = \dfrac{\dot{U}_o}{\dot{I}_i}(\Omega)$	$\dot{A}_{gf} = \dfrac{\dot{I}_o}{\dot{U}_i}(S)$	$\dot{A}_{if} = \dfrac{\dot{I}_o}{\dot{I}_i}$

可见,在运用式(7-4)时,对于不同的反馈类型,$\dot{A}$、$\dot{F}$、$\dot{A}_f$ 必须采用相应的表示形式,切不可混淆。

7.4　负反馈对放大电路性能的影响

负反馈以牺牲增益为代价,换来了放大电路许多方面性能的改善。本节将详细讨论负反馈对放大电路性能的影响。

7.4.1　提高增益的稳定性

由于多种原因,例如环境温度的变化,器件的老化和更换以及负载的变化等,都能导致电路元件参数和放大器件的特性参数发生变化,因而引起电路增益的变化,引入负反馈后,能显著提高增益的稳定性。由式(7-5)可知,当引入深度负反馈后,放大电路的闭环增益仅仅取决于反馈网络,而与基本放大电路几乎无关,当然也就和放大器件的参数无关了,所以增益的稳定性会大大提高。

在一般情况下,为了从数量上表示增益的稳定程度,常用有、无反馈两种情况下放大倍数的相对变化之比来衡量。由于增益的稳定性是用它的绝对值的变化来表示的,在不考虑相位关系时,式(7-4)中的各量均用正实数表示,即

$$A_f = \frac{A}{1+AF} \tag{7-6}$$

对 A 求导得

$$\frac{\mathrm{d}A_f}{\mathrm{d}A} = \frac{(1+AF)-AF}{(1+AF)^2} = \frac{1}{(1+AF)^2}$$

即

$$\mathrm{d}A_f = \frac{\mathrm{d}A}{(1+AF)^2}$$

用式(7-6)来除上式,得

$$\frac{\mathrm{d}A_f}{A_f} = \frac{1}{1+AF} \cdot \frac{\mathrm{d}A}{A} \tag{7-7}$$

式(7-7)表明,**引入负反馈后,闭环增益的相对变化是开环增益相对变化的**$\dfrac{1}{1+AF}$。

【**例 7-4**】 已知一反馈系统的开环增益 $A=10^6$,闭环增益 $A_f=100$,如果 A 下降 20%,试问 A_f 下降多少?

【**解**】 由于 $A_f = \dfrac{A}{1+AF}$,所以,$1+AF = \dfrac{A}{A_f} = \dfrac{10^6}{100} = 10^4$,由式(7-7)可得

$$\frac{\mathrm{d}A_f}{A_f} = \frac{1}{1+AF} \cdot \frac{\mathrm{d}A}{A} = \frac{1}{10^4} \times 20\% = 0.002\%$$

可见,与开环增益相比,闭环增益变化的百分比要小得多。引入负反馈后,增益减小了,但却极大地提高了增益的稳定度。

应当指出的是,这里的 A_f 是广义的增益,引入不同类型的负反馈,只能稳定相应的增益。例如,电压串联负反馈只能稳定电压增益;电流串联负反馈只能稳定互导增益等。

7.4.2 减小非线性失真

放大电路的非线性失真是由于放大器件(如三极管,场效应管)的非线性特性引起的。当放大电路存在非线性失真时,若输入信号为单一频率的正弦波,输出信号将是非正弦波,除了基波以外,还含有一系列的谐波成分。

负反馈减小放大电路非线性失真的机理可用图 7-12 说明。

基本放大电路存在非线性失真时,其信号传输波形如图 7-12(a)所示。由图可见,由于放大器件的非线性特性,当基本放大电路输入正弦波时,输出信号产生了非线性失真,使正半周放大的幅度大于负半周放大的幅度,其形状为"上大下小"。引入负反馈后,如图 7-12(b)

所示,反馈信号 x_f 正比于输出信号 x_o,其波形也是"上大下小"。反馈信号 x_f 与输入正弦信号 x_i 相减(负反馈)后,使净输入信号 x_i' 的波形为"上小下大",即产生了"预失真"。预失真的净输入信号与放大器件非线性特性的作用正好相反,其结果使输出信号的非线性失真减小了。

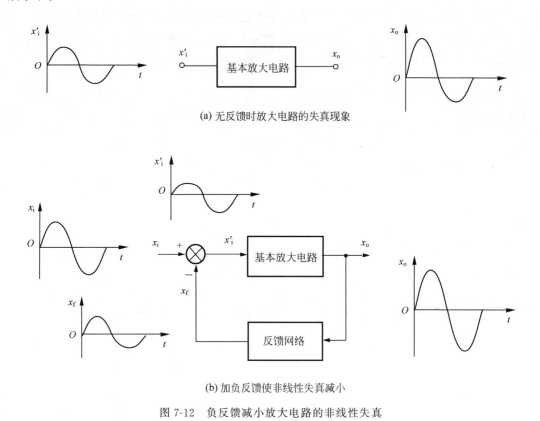

(a) 无反馈时放大电路的失真现象

(b) 加负反馈使非线性失真减小

图 7-12　负反馈减小放大电路的非线性失真

应当注意的是,**负反馈只能改善由放大电路本身所引起的非线性失真,对外加输入信号本身所固有的非线性失真,负反馈将无能为力。**

7.4.3　扩展通频带

频率响应是放大电路的重要特性之一,而通频带是它的重要技术指标。在有些场合,往往需要放大电路有较宽的通频带。**引入负反馈是展宽通频带的有效措施之一**,下面介绍负反馈展宽通频带的原理。

假设基本放大电路在高频段的增益为

$$\dot{A} = \frac{A_m}{1 + j\dfrac{f}{f_H}} \tag{7-8}$$

式中,A_m 是基本放大电路的中频增益;f_H 是它的上限截止频率。

当引入负反馈并设反馈系数为 $\dot{F}$ 时,负反馈放大电路的闭环增益为

$$\dot{A}_\mathrm{f}=\frac{\dot{A}}{1+\dot{A}\dot{F}}=\frac{\dfrac{A_\mathrm{m}}{1+\mathrm{j}\dfrac{f}{f_\mathrm{H}}}}{1+\dfrac{A_\mathrm{m}}{1+\mathrm{j}\dfrac{f}{f_\mathrm{H}}}\dot{F}}=\frac{\dfrac{A_\mathrm{m}}{1+A_\mathrm{m}\dot{F}}}{1+\mathrm{j}\dfrac{f}{f_\mathrm{H}(1+A_\mathrm{m}\dot{F})}} \tag{7-9}$$

式(7-9)可写成

$$\dot{A}_\mathrm{f}=\frac{A_\mathrm{mf}}{1+\mathrm{j}\dfrac{f}{f_\mathrm{Hf}}} \tag{7-10}$$

比较式(7-9)和式(7-10)可得

$$A_\mathrm{mf}=\frac{A_\mathrm{m}}{1+A_\mathrm{m}\dot{F}} \tag{7-11}$$

$$f_\mathrm{Hf}=(1+A_\mathrm{m}\dot{F})f_\mathrm{H} \tag{7-12}$$

可见,引入负反馈后,中频增益减小了$(1+A_\mathrm{m}\dot{F})$倍,而上限截止频率增大了$(1+A_\mathrm{m}\dot{F})$倍。

7.4.4　改变输入电阻和输出电阻

负反馈可以改变放大电路的输入电阻和输出电阻,不同类型的负反馈对放大电路的输入、输出电阻的影响不同。

1. 负反馈对输入电阻的影响

由于输入电阻和放大电路的输出端无关,只与反馈放大电路输入端的连接方式有关,因此,讨论输入电阻时,可以不考虑放大电路在输出端的取样方式。

(1) 串联负反馈。

串联负反馈放大电路的框图如图 7-13 所示。图中,$\dot{X}_\mathrm{o}$可能是电压也可能是电流,R_i是基本放大电路的输入电阻,即

$$R_\mathrm{i}=\frac{\dot{U}'_\mathrm{i}}{\dot{I}_\mathrm{i}} \tag{7-13}$$

反馈放大电路的输入电阻为

$$R_\mathrm{if}=\frac{\dot{U}_\mathrm{i}}{\dot{I}_\mathrm{i}}=\frac{\dot{U}'_\mathrm{i}+\dot{U}_\mathrm{f}}{\dot{I}_\mathrm{i}}=\frac{\dot{U}'_\mathrm{i}}{\dot{I}_\mathrm{i}}\left(1+\frac{\dot{U}_\mathrm{f}}{\dot{U}'_\mathrm{i}}\right)=R_\mathrm{i}(1+\dot{A}\dot{F}) \tag{7-14}$$

式(7-14)表明,**引入串联负反馈,放大电路的输入电阻将增大$(1+\dot{A}\dot{F})$倍**。

(2) 并联负反馈。

并联负反馈放大电路的框图如图 7-14 所示。图中,基本放大电路的输入电阻为

$$R_\mathrm{i}=\frac{\dot{U}_\mathrm{i}}{\dot{I}'_\mathrm{i}} \tag{7-15}$$

反馈放大电路的输入电阻为

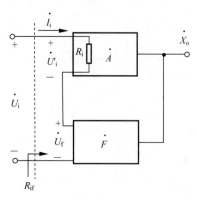

图 7-13　串联负反馈的框图

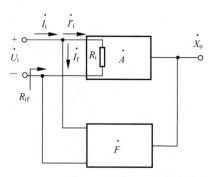

图 7-14　并联负反馈的框图

$$R_{if} = \frac{\dot{U}_i}{\dot{I}_i} = \frac{\dot{U}_i}{\dot{I}'_i + \dot{I}_f} = \frac{\dot{U}_i}{\dot{I}'_i\left(1 + \dfrac{\dot{I}_f}{\dot{I}'_i}\right)} = \frac{R_i}{1 + \dot{A}\dot{F}} \tag{7-16}$$

式(7-16)表明,**引入并联负反馈,放大电路的输入电阻将减小 $1+\dot{A}\dot{F}$ 倍**。

由以上讨论可知,在设计放大电路时,若要求输入电阻大,可引入串联负反馈;若要求输入电阻小,可引入并联负反馈。

2. 负反馈对输出电阻的影响

输出电阻是从放大电路输出端看进去的等效内阻,所以负反馈对输出电阻的影响取决于基本放大电路与反馈网络在输出端的连接方式,即取决于电路引入的是电压负反馈还是电流负反馈。

(1) 电压负反馈。

电压负反馈放大电路的框图如图 7-15 所示。其中,图 7-15(a)为电压串联负反馈的框图,图 7-15(b)为电压并联负反馈的框图。

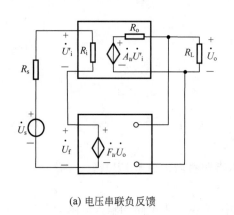

(a) 电压串联负反馈

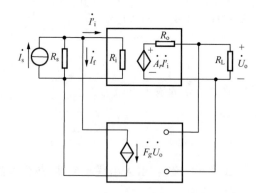

(b) 电压并联负反馈

图 7-15　电压负反馈的框图

求反馈放大电路的输出电阻时,要将信号源短路并且将负载去掉,在输出端加信号电压 $\dot{U}_T$,因此,求图 7-15 所示电路输出电阻的框图如图 7-16 所示。

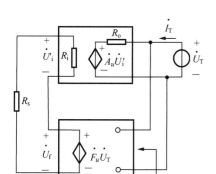 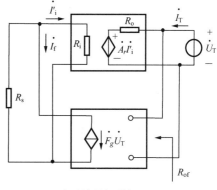

(a) 电压串联负反馈　　　　　　　　　　(b) 电压并联负反馈

图 7-16　求电压负反馈放大电路输出电阻的框图

在图 7-16(a)中,反馈放大电路的输出电阻为

$$R_{of} = \frac{\dot{U}_T}{\dot{I}_T} \tag{7-17}$$

由图 7-16(a)可得

$$\dot{I}_T = \frac{\dot{U}_T - \dot{A}_u \dot{U}'_i}{R_o} \tag{7-18}$$

由于电压串联负反馈放大电路用的信号源是电压源,R_s 很小,可以忽略,因此有

$$\dot{U}'_i \approx -\dot{U}_f \tag{7-19}$$

而

$$\dot{U}_f = \dot{F}_u \dot{U}_T \tag{7-20}$$

将式(7-19)、式(7-20)代入式(7-17)并整理可得

$$R_{of} = \frac{\dot{U}_T}{\dot{I}_T} = \frac{R_o}{1 + \dot{A}_u \dot{F}_u} \tag{7-21}$$

同理,可推导出图 7-16(b)所示反馈放大电路的输出电阻为

$$R_{of} = \frac{R_o}{1 + \dot{A}_r \dot{F}_g} \tag{7-22}$$

关于式(7-22)的具体推导请读者自己完成。

式(7-21)、式(7-22)表明,引入电压负反馈,使放大电路的输出电阻减小。将电压串联负反馈和电压并联负反馈的输出电阻可统一表示为如下形式

$$R_{of} = \frac{R_o}{1 + \dot{A}\dot{F}} \tag{7-23}$$

即引入电压负反馈,放大电路的输出电阻减小 $1 + \dot{A}\dot{F}$ 倍。

(2) 电流负反馈。

电流负反馈放大电路的框图如图 7-17 所示。其中,图 7-17(a)为电流串联反馈的框图,图 7-17(b)为电流并联负反馈的框图。

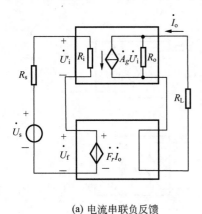
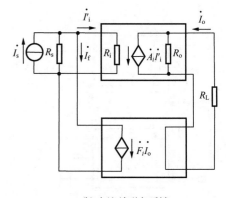

(a) 电流串联负反馈　　　　　　　　　　　(b) 电流并联负反馈

图 7-17　电流负反馈的框图

求电流负反馈放大电路输出电阻的框图如图 7-18 所示。

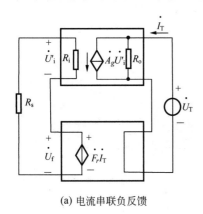
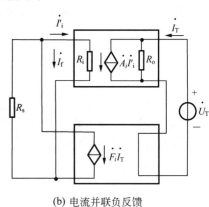

(a) 电流串联负反馈　　　　　　　　　　　(b) 电流并联负反馈

图 7-18　求电流负反馈放大电路输出电阻的框图

类似于电压负反馈放大电路输出电阻的推导方法,可求得图 7-18(a)、(b)反馈放大电路的输出电阻分别为

$$R_{of} = R_o(1 + \dot{A}_g \dot{F}_r) \tag{7-24}$$

$$R_{of} = R_o(1 + \dot{A}_i \dot{F}_i) \tag{7-25}$$

式(7-24)、式(7-25)可统一表示为

$$R_{of} = R_o(1 + \dot{A}\dot{F}) \tag{7-26}$$

式(7-26)表明,**引入电流负反馈,放大电路的输出电阻增大$(1 + \dot{A}\dot{F})$倍**。

由以上讨论可知,在设计放大电路时,若要求输出电阻大,可引入电流负反馈;若要求输出电阻小,可引入电压负反馈。

7.5　深度负反馈放大电路的近似估算

放大电路引入负反馈后,信号的传输不仅有正向传输(在基本放大电路中从输入到输出),也有反向传输(在反馈回路中从输出到输入),这就给电路的分析计算带来了困难。但在深度负反馈条件下,可对电路进行近似估算,从而使问题大为简化。由于实用的放大电路中多引入深度负反馈,因此,本节重点讨论深度负反馈放大电路的近似估算方法。

1. 深度负反馈的实质

前面曾经提到,在满足深度负反馈的条件$(\dot{A}\dot{F} \gg 1)$时,可知

$$\dot{A}_f \approx \frac{1}{\dot{F}}$$

$\dot{A}_f$ 和 $\dot{F}$ 的定义为

$$\dot{A}_f = \frac{\dot{X}_o}{\dot{X}_i}, \quad \dot{F} = \frac{\dot{X}_f}{\dot{X}_o}$$

由 $\dot{F}$ 的定义式可得

$$\dot{A}_f \approx \frac{1}{\dot{F}} = \frac{\dot{X}_o}{\dot{X}_f}$$

将上式与 $\dot{A}_f$ 的定义式相比较可得

$$\dot{X}_i \approx \dot{X}_f \tag{7-27}$$

式(7-27)表明,深度负反馈的实质是在近似分析中可忽略净输入量 $\dot{X}_i'$。但引入不同的反馈组态,所忽略的净输入量将不同。当电路引入深度串联负反馈时

$$\dot{U}_i \approx \dot{U}_f \tag{7-28}$$

认为净输入电压 $\dot{U}_i'$ 可忽略不计。

当电路引入深度并联负反馈时

$$\dot{I}_i \approx \dot{I}_f \tag{7-29}$$

认为净输入电流 $\dot{I}_i'$ 可忽略不计。

利用式(7-5)、式(7-28)、式(7-29)可以近似求出四种不同组态负反馈放大电路的闭环增益。

2. 深度负反馈放大电路的近似计算

下面举例说明深度负反馈放大电路的近似估算方法。

【例 7-5】 分压式偏置 Q 点稳定电路如图 7-19(a)所示,假设满足深度负反馈条件,试估算其闭环电压增益 $\dot{A}_{uf}$。

【解】 画出如图 7-19(a)所示电路的交流通路如图 7-19(b)所示(注意图中省去了基极偏置电阻)。图中,$R_L' = R_C /\!/ R_L$。可见,交流通路中由 R_{E1} 引入了电流串联负反馈。

由于是串联负反馈,所以,在满足深度负反馈的条件下,有

$$\dot{U}_i \approx \dot{U}_f$$

由图 7-19(b)可得

$$\dot{U}_o = -\dot{I}_c R_L', \quad \dot{U}_f = \dot{I}_e R_{E1}$$

而

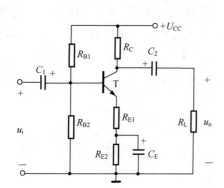
(a) 电路图

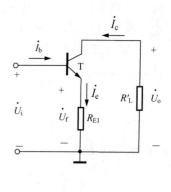
(b) 交流通路

图 7-19 例 7-5 的图

$$\dot{I}_c \approx \dot{I}_e$$

所以有

$$\dot{A}_{uf} = \frac{\dot{U}_o}{\dot{U}_i} \approx \frac{\dot{U}_o}{\dot{U}_f} \approx -\frac{R'_L}{R_{E1}} \tag{7-30}$$

将式(7-30)与例 7-1 的分析结果 $\dot{A}_u = -\dfrac{\beta(R_C /\!/ R_L)}{r_{be}+(1+\beta)R_{E1}}$ 做一比较可知,当电路处于深度负反馈(例如 β 值很大)时,两种方法分析的结果吻合。

【例 7-6】 反馈放大电路如图 7-20(a)所示。

(1) 试判断电路中引入的级间反馈的类型;

(2) 求在深度负反馈条件下的 $\dot{A}_f$ 和 $\dot{A}_{usf}$。

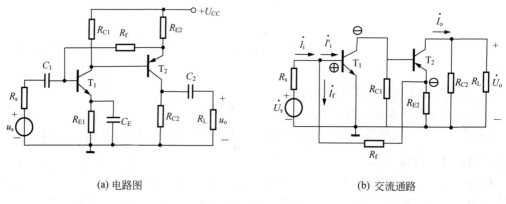
(a) 电路图

(b) 交流通路

图 7-20 例 7-6 的图

【解】 (1) 画出图 7-20(a)电路的交流通路如图 7-20(b)所示。由图可以判断由 R_{E2} 和 R_f 引入了电流并联负反馈。

(2) 由于电路引入的是电流并联负反馈,所以闭环增益 $\dot{A}_f$ 的具体形式应为闭环电流增益 $\dot{A}_{if}$。在深度负反馈条件下

$$\dot{A}_{if} \approx \frac{1}{\dot{F}_i}$$

而

$$\dot{F}_i = \frac{\dot{I}_f}{\dot{I}_o}$$

由图 7-20 可得

$$\dot{I}_f = \frac{R_{E2}}{R_{E2} + R_f} \dot{I}_{e2} \approx \frac{R_{E2}}{R_{E2} + R_f} \dot{I}_{c2} = \frac{R_{E2}}{R_{E2} + R_f} \dot{I}_o$$

所以有

$$\dot{A}_{if} \approx \frac{1}{\dot{F}_i} = 1 + \frac{R_f}{R_{E2}}$$

闭环源电压增益为

$$\dot{A}_{usf} = \frac{\dot{U}_o}{\dot{U}_s}$$

由图 7-20 可知

$$\dot{U}_o = \dot{I}_o (R_{C2} \mathbin{/\mkern-5mu/} R_L)$$

下面考虑 $\dot{U}_s$ 的求法。由于引入了深度并联负反馈,所以 $\dot{I}_i \approx \dot{I}_f$,$\dot{I}_i' \approx 0$。因为流入 T_1 管基极的净输入电流约为 0,因此,T_1 管基极的交流电位约为 0。故得

$$\dot{U}_s \approx \dot{I}_i R_s \approx \dot{I}_f R_s$$

因此求得

$$\dot{A}_{usf} = \frac{\dot{U}_o}{\dot{U}_s} = \frac{\dot{I}_o (R_{C2} \mathbin{/\mkern-5mu/} R_L)}{\dot{I}_f R_s} = \left(1 + \frac{R_f}{R_{E2}}\right) \cdot \frac{R_{C2} \mathbin{/\mkern-5mu/} R_L}{R_s}$$

【例 7-7】 反馈放大电路如图 7-21 所示,已知 $R_1 = 10\text{k}\Omega$,$R_2 = 100\text{k}\Omega$,$R_3 = 2\text{k}\Omega$,$R_L = 5\text{k}\Omega$。试求在深度负反馈条件下的 $\dot{A}_{uf}$。

【解】 由图 7-21 可知,电路由 R_1、R_2、R_3 引入了电流串联负反馈。对于深度串联负反馈,有

$$\dot{U}_i \approx \dot{U}_f$$

所以

$$\dot{A}_{uf} = \frac{\dot{U}_o}{\dot{U}_i} \approx \frac{\dot{U}_o}{\dot{U}_f}$$

由图 7-21 可得

$$\dot{U}_o = \dot{I}_c R_L, \quad \dot{U}_f = \dot{I}_{R_1} R_1$$

而

$$\dot{I}_{R_1} = \frac{R_3}{R_1 + R_2 + R_3} \dot{I}_e \approx \frac{R_3}{R_1 + R_2 + R_3} \dot{I}_c$$

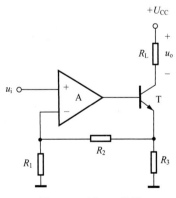

图 7-21 例 7-7 的图

所以可得

$$\dot{A}_{uf} = \frac{R_1 + R_2 + R_3}{R_1 R_3} R_L = \frac{10 + 100 + 2}{10 \times 2} \times 5 = 28$$

【例 7-8】 估算如图 7-22 所示深度负反馈放大电路的电压增益 $\dot{A}_{uf}$,已知 $R_1 = 100\text{k}\Omega$,$R_2 = 100\text{k}\Omega$,$R_3 = 50\text{k}\Omega$。

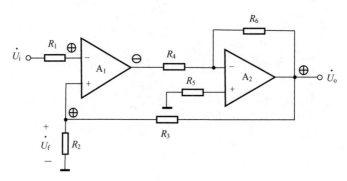

图 7-22 例 7-8 的图

【解】 该电路由运放组成了两级放大电路,级间由 R_2、R_3 引入了电压串联负反馈。若满足深度负反馈条件,则有 $\dot{U}_i \approx \dot{U}_f$。由图 7-22 可得

$$\dot{U}_f = \frac{R_2}{R_2 + R_3} \dot{U}_o$$

所以有

$$\dot{A}_{uf} = \frac{\dot{U}_o}{\dot{U}_i} \approx \frac{\dot{U}_o}{\dot{U}_f} = 1 + \frac{R_3}{R_2} = 1 + \frac{50}{100} = 1.5$$

【例 7-9】 电路如图 7-23 所示。

(1) 试判断级间反馈的类型;

(2) 假设满足深度负反馈条件,试求 $\dot{A}_f$ 和 $\dot{A}_{uf}$。

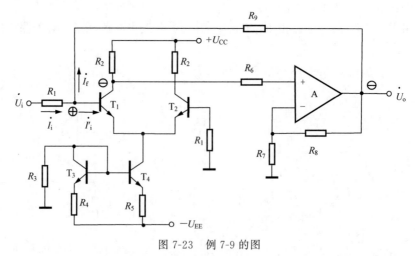

图 7-23 例 7-9 的图

【解】 （1）该电路由两级放大电路组成，第一级是由 $T_1 \sim T_4$ 组成的恒流源差动放大电路，其中，T_1、T_2 管为差动放大管，T_3、T_4 管组成的比例式电流源为其提供恒流偏置；第二级是由运放组成的放大电路。级间通过 R_9、R_1 引入了电压并联负反馈。图中标出了电路各点的瞬时极性。

（2）由于引入的是电压并联负反馈。所以闭环增益 $\dot{A}_f$ 的具体形式应为闭环互阻增益 $\dot{A}_{rf}$。在深度负反馈条件下，有

$$\dot{A}_{rf} \approx \frac{1}{\dot{F}_g} = \frac{1}{\dfrac{\dot{I}_f}{\dot{U}_o}} = \frac{\dot{U}_o}{\dot{I}_f} = \frac{-R_9 \dot{I}_f}{\dot{I}_f} = -R_9$$

注意，上式中 $\dot{U}_o = -R_9 \dot{I}_f$，这是因为，对于深度并联负反馈，$\dot{I}_i' \approx 0$。流入 T_1 管基极的净输入电流约为零，因此，T_1 管基极的交流电位约为零。

$$\dot{A}_{uf} = \frac{\dot{U}_o}{\dot{U}_i} = \frac{-R_9 \dot{I}_f}{R_1 \dot{I}_i} \approx \frac{-R_9 \dot{I}_f}{R_1 \dot{I}_f} = -\frac{R_9}{R_1}$$

7.6　负反馈放大电路的稳定性

由 7.4 节的讨论可知，反馈越深，负反馈对放大电路性能的影响越强。然而，事物总是具有两面性，**若反馈过深，则负反馈放大电路会产生自激振荡**。其原因是，施加负反馈后，展宽了通频带，由于电路中各种电抗元件（如耦合电容、旁路电容及晶体管的极间电容等）的存在，放大电路会在低频段和高频段产生附加相移。在中频区施加的负反馈，有可能在高频区和低频区变成正反馈。当形成正反馈时，即使外加输入信号为零，由于某种电扰动（如合闸通电），输出端也会产生一定频率和一定幅度的信号。电路一旦产生自激振荡将无法正常放大，自激振荡使负反馈放大电路处于不稳定状态。本节主要讨论负反馈放大电路稳定工作的条件以及保证负反馈放大电路稳定工作的技术手段。

7.6.1　稳定工作条件

负反馈放大电路的一般表达式为

$$\dot{A}_f = \frac{\dot{A}}{1 + \dot{A}\dot{F}}$$

由上式可知：当环路增益 $\dot{T} = \dot{A}\dot{F} = -1$ 时，闭环增益 $\dot{A}_f \to \infty$，电路产生**自激振荡**。因此，负反馈放大电路产生自激振荡的条件是

$$\dot{T} = \dot{A}\dot{F} = -1 \tag{7-31}$$

或同时满足

$$T(\omega) = 1, \quad \varphi_T(\omega) = \pm\pi \tag{7-32}$$

其中，$T(\omega) = 1$ 称为自激振荡的振幅条件，$\varphi_T(\omega) = \pm\pi$ 称为自激振荡的相位条件。

为了保证负反馈放大电路稳定工作，应破坏上述自激振荡条件，或破坏振幅条件，或破

坏相位条件。因此,负反馈放大电路稳定工作的条件可表述如下

$$\begin{cases} \text{当 } \varphi_T(\omega) = \pm \pi \text{ 时,} & T(\omega) < 1 \text{ 或 } 20\lg T(\omega) < 0\text{dB} & (7\text{-}33\text{a}) \\ \text{当 } T(\omega) = 1 \text{ 或 } 20\lg T(\omega) = 0\text{dB 时,} & |\varphi_T(\omega)| < \pi & (7\text{-}33\text{b}) \end{cases}$$

式(7-33a)和式(7-33b)所表示的稳定条件是等价的。

式(7-33)表明,可以用环路增益的波特图来判断负反馈系统是否稳定,如图 7-24 所示。

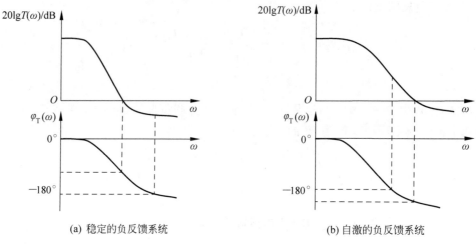

(a) 稳定的负反馈系统   (b) 自激的负反馈系统

图 7-24　负反馈放大电路的稳定性

在图 7-24(a)中,当 $20\lg T(\omega) = 0\text{dB}$ 时,$|\varphi_T(\omega)| < 180°$;当 $\varphi_T(\omega) = -180°$ 时,$20\lg T(\omega) < 0\text{dB}$。所以图 7-24(a)所示的负反馈放大电路是稳定的。在图 7-24(b)中,当 $20\lg T(\omega) = 0\text{dB}$ 时,$|\varphi_T(\omega)| > 180°$;当 $\varphi_T(\omega) = -180°$ 时,$20\lg T(\omega) > 0\text{dB}$。所以图 7-24(b)所示的负反馈放大电路是不稳定的。

7.6.2　稳定裕量

事实上,为了保证负反馈放大电路稳定工作,仅仅满足上述稳定条件是不充分的。因为,一旦放大电路接近自激,其性能将严重恶化。这时,若电源电压、温度等外界因素发生变

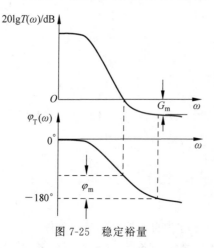

图 7-25　稳定裕量

化,将导致环路增益变化,放大电路就有可能满足自激条件。因此,要保证负反馈放大电路稳定工作,必须使它远离自激状态,远离自激状态的程度可用**稳定裕量**来表示。稳定裕量有**增益裕量**(gain margin)和**相位裕量**(phase margin)之分。它们的定义如图 7-25 所示。

如前所述,当 $\varphi_T(\omega) = \pm \pi$ 时,对应环路增益 $T(\omega) = 1$ 或 $20\lg T(\omega) = 0\text{dB}$ 是负反馈放大电路稳定和不稳定的界限,若 $T(\omega) < 1$ 或 $20\lg T(\omega) < 0\text{dB}$,则负反馈放大电路稳定。在稳定的负反馈放大电路环路增益的波特图中,$\varphi_T(\omega) = \pm \pi$ 时所对应的 $20\lg T(\omega)$ 值与 0dB 之间的差称为增益裕量,

用 G_m 表示。即

$$G_m = 20\lg T(\omega)\Big|_{\varphi_T(\omega)=\pm\pi} \tag{7-34}$$

稳定的负反馈放大电路 $G_m<0$，而且 $|G_m|$ 越大，电路越稳定。

当 $T(\omega)=1$ 或 $20\lg T(\omega)=0\text{dB}$ 时，$\varphi_T(\omega)=\pm\pi$ 是负反馈放大电路稳定和不稳定的界限，若 $|\varphi_T(\omega)|<\pi$，则负反馈放大电路是稳定的。在稳定的负反馈放大电路环路增益的波特图中，$180°$ 与环路增益为 0dB 时所对应的 $\varphi_T(\omega)$ 绝对值之间的差值称为相位裕量，用 φ_m 表示。即

$$\varphi_m = 180° - |\varphi_T(\omega)|\Big|_{20\lg T(\omega)=0\text{dB}} \tag{7-35}$$

稳定的负反馈放大电路 $\varphi_m>0$，而且 φ_m 越大，电路越稳定。

在工程实践中，通常要求 $G_m\leqslant-10\text{dB}$，$\varphi_m>45°$。按此要求设计的负反馈放大电路，不仅可以在预定的工作情况下满足稳定条件，而且当环境温度、电路参数及电源电压等因素发生变化时，也能稳定工作。

7.6.3 稳定性分析

在分析负反馈放大电路的稳定性时，若假设反馈网络是纯电阻性的，不需要对环路增益的波特图进行分析，而只需要从基本放大电路的波特图入手进行分析。

若反馈网络是纯电阻性的，则式(7-33b)可写为

$$|\varphi_A(\omega)|<\pi, \quad A(\omega)F=1 \quad \text{或} \quad 20\lg A(\omega)F=0\text{dB}$$

其中，$A(\omega)$ 和 $\varphi_A(\omega)$ 分别表示基本放大电路的幅频特性和相频特性。

负反馈放大电路的稳定性可用其开环增益的频率特性表示如下

$$|\varphi_A(\omega)|<\pi, \quad \text{当} \ 20\lg A(\omega)=20\lg\frac{1}{F} \ \text{时} \tag{7-36}$$

若要求留有 $45°$ 的相位裕量，则要求

$$|\varphi_A(\omega)|<135°, \quad \text{当} \ 20\lg A(\omega)=20\lg\frac{1}{F} \ \text{时} \tag{7-37}$$

式(7-37)表明，当基本放大电路的幅频特性值为 $20\lg\dfrac{1}{F}\text{dB}$，对应的相移的绝对值小于 $135°$ 时，负反馈放大电路处于稳定状态。

若考虑一个无零三极点的基本放大电路，其三个极点角频率分别为 ω_{p1}、ω_{p2}、ω_{p3}，且满足 $\omega_{p2}=10\omega_{p1}$，$\omega_{p3}=10\omega_{p2}$ 的条件；中频增益为 A_m，则该放大电路的增益表达式为

$$A(j\omega) = \frac{A_m}{\left(1+j\dfrac{\omega}{\omega_{p1}}\right)\left(1+j\dfrac{\omega}{\omega_{p2}}\right)\left(1+j\dfrac{\omega}{\omega_{p3}}\right)} \tag{7-38}$$

画出其波特图，如图 7-26 所示。由图可知，当施加电阻性负反馈时，限制反馈系数 F，使 $20\lg\dfrac{1}{F}$ 所确定的直线与基本放大电路幅频特性波特图相交于 $-20\text{dB}/$十倍频程段内，就能保证所构成的负反馈放大电路稳定工作。

集成运放是电子系统中最常用的单元电路，它是由大量元器件构成的复杂电路。从系统观点来看，它是含有众多零极点的高阶系统。不过，它的前三个极点角频率一般都满足

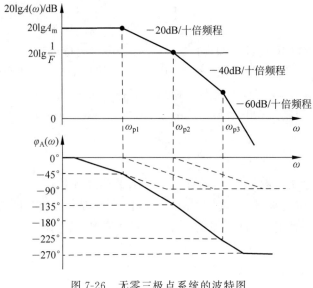

图 7-26　无零三极点系统的波特图

$\omega_{p3} \geqslant 10\omega_{p2}$，$\omega_{p2} \geqslant 10\omega_{p1}$ 的条件，而其他零极点频率都离得较远。因此，作为工程分析，在集成运放应用电路中，当施加电阻性负反馈时，可根据图 7-26 方便地判断其稳定性。

7.6.4　相位补偿技术

如前所述，在负反馈放大电路中，反馈深度受到稳定性的限制。而要改善放大电路的性能，往往需要加深度负反馈。这是一对矛盾，为了解决这对矛盾，需要用到**相位补偿**（phase compensation）技术。相位补偿的实质就是在基本放大电路或反馈网络中添加适当的电阻、电容等元器件，修改环路增益的波特图，使在一定要求的反馈深度下能保证负反馈放大电路稳定工作。相位补偿有时也称为**频率补偿**（frequency compensation）。

在电阻性负反馈系统中，相位补偿的基本出发点是在保持基本放大电路中频增益不变的前提下，增大其幅频特性波特图上第一个极点角频率与第二个极点角频率之间的距离，或者说拉长 $-20\text{dB}/$十倍频程的线段距离。常用的补偿方法有滞后补偿和超前补偿。

1. 滞后补偿

滞后补偿的基本思想是压低基本放大电路的最低极点（即主极点）频率。下面以集成运放 μA741 为例简要介绍滞后补偿的基本原理。

图 7-27 是 μA741 的内部简化电路。它包括三级放大电路，通常每一级对应一个极点，由于中间增益级（由 T_{16}、T_{17} 管组成）的输入、输出节点均为高阻抗节点，所以 μA741 的最低极点角频率 ω_{p1} 是由第二级产生的。因此，将补偿电容 C_{φ} 接在中间级的输入和输出端之间。由于中间级为共发射极放大电路，C_{φ} 的密勒电容效应使其输入端的电容增加了，增加的部分为

$$C_M = C_{\varphi}(1 + g_m R'_L) \tag{7-39}$$

这样就使 ω_{p1} 降低。补偿前、后 μA741 的幅频及相频特性波特图如图 7-28 中虚线和实线所示。

在 μA741 的设计中，内置 30pF 的小电容，利用密勒倍增效应，将主极点频率压至 7Hz，这也意味着其开环带宽只有 7Hz。然而，由图 7-28 可以看到，μA741 可以施加深度负反馈，

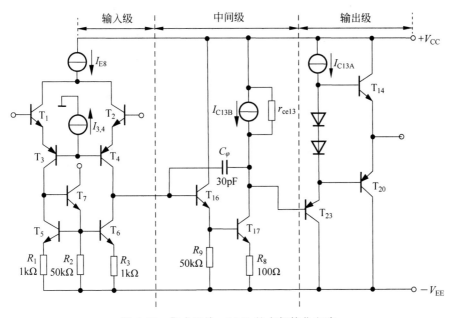

图 7-27 集成运放 µA741 的内部简化电路

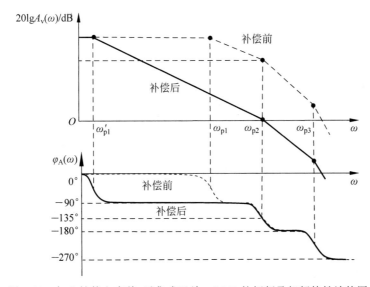

图 7-28 加入补偿电容前、后集成运放 µA741 的幅频及相频特性波特图

当电压增益为 1，即构成电压跟随器时，系统依然是稳定的。

2. 超前补偿

滞后补偿是以牺牲基本放大电路的通频带为代价的。若要求补偿后仍能保证基本放大电路的通频带，则可采用超前补偿。其基本思想是在电路中引入一个超前相移的零点，以抵消原来的滞后相移，从而达到消振的目的。

超前补偿的原理电路如图 7-29（a）所示。补偿前、后环路增益的波特图如图 7-29（b）所示。

在图 7-29（a）中，设集成运放为无零三极点系统，三个极点角频率分别为 ω_{p1}、ω_{p2}、ω_{p3}，

补偿前环路增益的波特图如图 7-29(b)中虚线所示。将补偿电容 C 加在反馈网络中,则反馈系数不再是实数而是复数了。

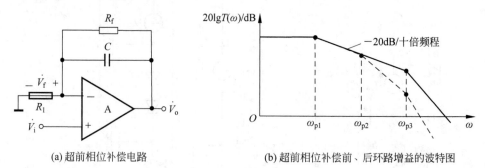

(a) 超前相位补偿电路 (b) 超前相位补偿前、后环路增益的波特图

图 7-29 超前相位补偿

由图 7-29(a)可得

$$\dot{F}_v = \frac{\dot{V}_f}{\dot{V}_o} = \frac{R_1}{R_1 + R_f \; // \; \frac{1}{j\omega C}} = \frac{R_1}{R_1 + \frac{R_f}{1 + j\omega R_f C}} = \frac{R_1(1 + j\omega R_f C)}{(R_1 + R_f)\left(1 + \frac{j\omega R_1 R_f C}{R_1 + R_f}\right)}$$

上式可以写成

$$\dot{F}_v = \frac{R_1}{R_1 + R_f} \cdot \frac{1 + j\dfrac{\omega}{\omega_z}}{1 + j\dfrac{\omega}{\omega_p}} \tag{7-40}$$

式中,$\omega_z = \dfrac{1}{R_f C}$,$\omega_p = \dfrac{1}{(R_1 // R_f)C}$。

由式(7-40)可知,加补偿电容 C 之后,反馈网络中引入了一个零点和一个极点。若选择合适的补偿电容值,使新增零点 $\omega_z = \omega_{p2}$,新增极点 $\omega_p \gg \omega_{p3}$,这样就可在不降低 ω_{p1} 的前提下,加长 $-20\text{dB}/$十倍频程的特性范围,补偿后环路增益的波特图如图 7-29(b)中实线所示。可见,补偿后,第二个极点角频率 ω_{p2} 被新增零点 ω_z 抵消,第三个极点角频率 ω_{p3} 变成了补偿后的第二个极点角频率,第一个极点角频率 ω_{p1} 不变,从而保证了系统的通频带基本不变。

7.7 用 Multisim 分析负反馈放大电路

【例 7-10】 电流并联负反馈电路如图 7-30 所示,T_1、T_2 管用 2N2222,其他参数按默认值。输入信号频率 $f = 1\text{kHz}$,幅值为 12mV 的正弦信号。

(1) 用 Multisim 观察加入反馈前后输出端波形的变化;

(2) 用 Multisim 仿真加入反馈前后电路的电压增益。

【解】 Multisim 仿真电路如图 7-31(a)所示。

(1) 开关打开,即不加反馈时,用示波器观察输出波形,其最大不失真输出电压波形如图 7-31(b)所示。开关闭合,加入反馈后,用示波器观察到输出电压波形如图 7-31(c)所示。

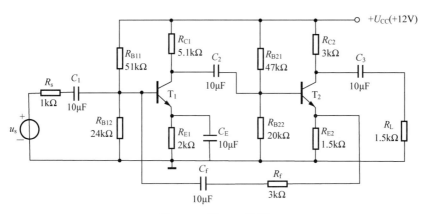

图 7-30　例 7-10 的图

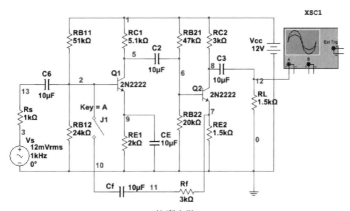

(a) 仿真电路

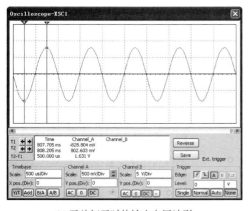

(b) 开关打开时的输出电压波形

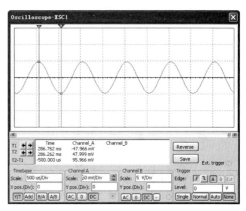

(c) 开关闭合时的输出电压波形

图 7-31　例 7-10 的图解

　　(2) 不加反馈时,由图 7-31(b)可得输出电压的峰-峰值 $U_{opp}=1.631\mathrm{V}$,此时,用示波器可测得输入电压(图 7-31(a)中的 13 点电压)的峰-峰值 $U_{ipp}=1.226\mathrm{mV}$,信号源电压(图 7-31(a)中的 3 点电压)的峰-峰值 $U_{spp}=33.84\mathrm{mV}$,因此可得开环电压增益以及源电压增益分别为

$$A_u = 1.631\text{V}/1.226\text{mV} \approx 1330.34 \quad \text{和} \quad A_{us} = 1.631\text{V}/33.84\text{mV} \approx 48.2$$

加入反馈后,由图 7-31(c)可得输出电压的峰-峰值 $U_{opp} = 95.966\text{mV}$,因此可得闭环电压增益以及源电压增益分别为

$$A_{uf} = 95.966\text{mV}/1.226\text{mV} \approx 78.28 \quad \text{和} \quad A_{usf} = 95.966\text{mV}/33.84\text{mV} \approx 2.84$$

由上述分析结果可知,引入负反馈后,电路的电压增益和源电压增益都下降很多。

思考题与习题

【7-1】 填空。

(1) 为了分别达到以下要求,应该引入何种类型的反馈。

a. 降低放大电路对信号源索取的电流:_____;

b. 农村广播系统中的放大电路,当在其输出端并联上不同数目的喇叭时,要求音量基本保持不变:_____;

c. 某传感器产生的是电压信号(几乎不能提供电流),经放大后希望输出电压与信号电压成正比,所使用的放大电路中应引入_____;

d. 需要一个阻抗变换电路,要求 R_i 大,R_o 小:_____;

e. 要得到一个由电流控制的电流源:_____;

f. 要得到一个由电流控制的电压源:_____。

(2) 在电压串联负反馈放大电路中,已知 $A_u = 80$,负反馈系数 $F_u = 1\%$,$U_o = 15\text{V}$,则 $U_i = $_____,$U_i' = $_____,$U_f = $_____。

(3) 已知放大电路的输入电压为 1mV 时,输出电压为 1V。当引入电压串联负反馈以后,若要求输出电压维持不变,则输入电压必须增大到 10mV,该反馈的深度等于_____,反馈系数等于_____。

(4) 有一负反馈放大电路的开环电压增益 $|A_u| = 10^4$,反馈系数 $|F_u| = 0.001$。则闭环电压增益 $|A_{uf}|$ 为_____,若因温度降低,静态点 Q 下降,使 $|A_u|$ 下降 10%,则闭环电压增益 $|A_{uf}|$ 为_____。

【7-2】 判断如图 7-32 所示电路中级间反馈的极性和组态。

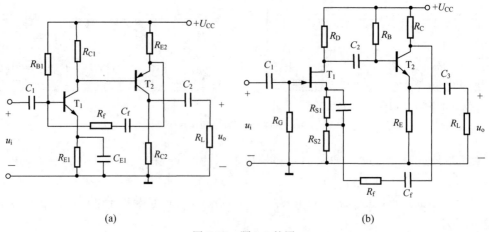

(a)   (b)

图 7-32　题 7-2 的图

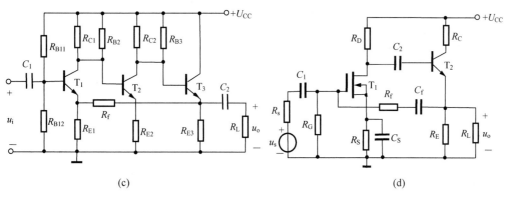

(c)   (d)

图 7-32 （续）

【7-3】 电路如图 7-33 所示。

（1）为使电路构成负反馈，试标出运算放大器的同相端和反相端；

（2）指出该电路的反馈类型。

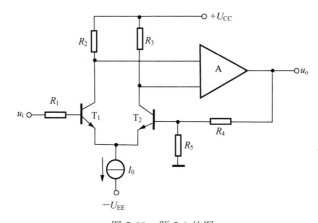

图 7-33 题 7-3 的图

【7-4】 试说明如图 7-34 所示各电路中分别存在哪些反馈支路（包括级间反馈和本级反馈）。指出反馈元件，并分析反馈类型。假设电路中各电容的容抗均可忽略。

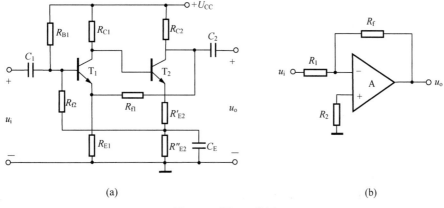

(a)   (b)

图 7-34 题 7-4 的图

【7-5】 图 7-35 为两个反馈放大电路。试指出在这两个电路中,哪些元件组成了放大电路? 哪些元件组成了反馈通路? 是正反馈还是负反馈? 属于何种组态? 设 A_1、A_2 为理想集成运放,试写出电压增益 u_o/u_i 的表达式。

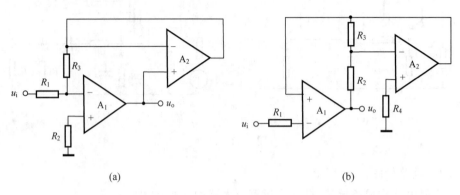

(a)   (b)

图 7-35 题 7-5 的图

【7-6】 判断如图 7-36 所示电路的反馈类别,并写出反馈系数与反馈网络元件的关系式。

【7-7】 设图 7-37 所示电路的运放是理想的,试问电路中存在何种极性和组态的级间反馈? 推导出 $A_u = u_o/u_i$ 的表达式。

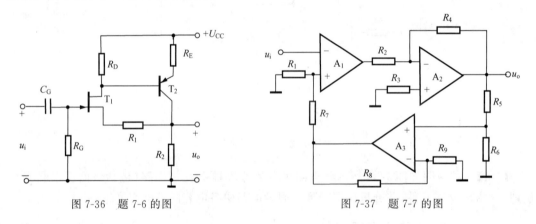

图 7-36 题 7-6 的图   图 7-37 题 7-7 的图

【7-8】 在图 7-38 所示电路中:

(1) 计算在未接入 T_3 且 $u_i = 0$ 时 T_1 管的 U_{CQ1} 和 U_{EQ1}(设 $\beta_1 = \beta_2 = 100$,$U_{BE1} = U_{BE2} = 0.7V$)。

(2) 计算当 $u_i = 5mV$ 时,u_{C1}、u_{C2} 各是多少? 给定 $r_{be} = 10.8k\Omega$。

(3) 如接入 T_3 并通过 c_3 经 R_f 反馈到 b_2,说明 b_3 应与 c_1 还是 c_2 相连才能实现负反馈。

(4) 在第(3)小题的情况下,在深度负反馈的条件下,试计算 R_f 应是多少才能使引入负反馈后的电压增益 $A_{uf} = 10$。

【7-9】 由差动放大电路和运算放大器组成的反馈放大电路如图 7-39 所示,回答下列问题:

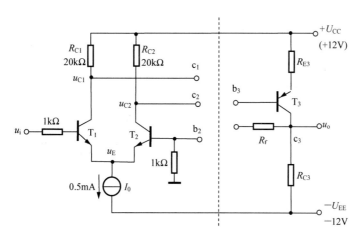

图 7-38 题 7-8 的图

(1) 当 $u_i = 0$ 时,$U_{C1} = U_{C2} = ?$(设 $U_{BE} = 0.7\text{V}$)。

(2) 要使由 u_o 到 b_2 的反馈为电压串联负反馈,则 c_1 和 c_2 应分别接至运放的哪个输入端(在图中用 +、- 号标出)?

(3) 引入电压串联负反馈后,闭环电压增益 A_{uf} 是多少?设 A 为理想运放。

(4) 若要引入电压并联负反馈,则 c_1、c_2 又应分别接至运放的哪个输入端?R_f 应接到何处?若 R_f、R_{B1}、R_{B2} 数值不变,则 $A_{uf} = ?$

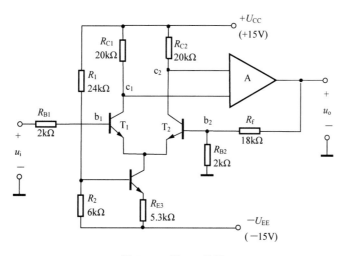

图 7-39 题 7-9 的图

【7-10】 某放大电路的开环幅频波特图如图 7-40 所示。

(1) 当施加 $F = 0.001$ 的负反馈时,反馈放大电路是否能稳定工作?若稳定,相位裕量等于多少?

(2) 若要求闭环增益为 40dB,为保证相位裕量大于 45°,试画出密勒补偿后的开环幅频特性曲线。

(3) 指出补偿前和补偿后的开环带宽 BW 各为多少。

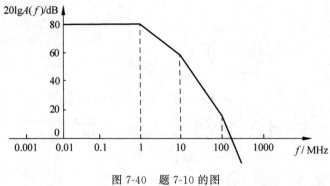

图 7-40 题 7-10 的图

第8章

集成运算放大器的应用

集成运算放大器作为一种通用器件,有着十分广泛的用途。从功能来看,它可构成信号的运算、处理和产生电路。信号运算电路包括比例、求和、微分和积分、对数和反对数(指数)以及乘法和除法运算电路等。信号处理电路包括有源滤波、电压比较器等。信号的产生电路包括正弦波和非正弦波产生电路。

8.1 基本的信号运算电路

集成运算放大器的应用首先表现在它能构成各种运算电路上,并因此而得名。

8.1.1 比例运算电路

比例运算电路的输出电压和输入电压之间存在比例关系。根据输入信号接到运放的输入端不同,可将比例运算电路分为三种基本形式:反相比例运算电路、同相比例运算电路和差动比例运算电路。

1. 反相比例运算电路

反相比例运算电路如图 8-1 所示。输入电压 u_i 通过电阻 R_1 作用于运放的反相输入端,故输出电压 u_o 与 u_i 反相。电阻 R_f 跨接在运放的输出端和反相输入端,引入了电压并联负反馈,故运放工作在线性区。同相输入端通过电阻 R' 接地,R' 为**补偿电阻**,以保证运放输入级差动放大电路的对称性,其值为 $u_i=0$ 时反相输入端总的等效电阻,即

$$R' = R_1 /\!/ R_f$$

由于运放工作在线性区,所以有

$$u_+ \approx u_-, \quad i_+ = i_- \approx 0$$

由图可得:$u_+ = R' i_+ = 0$,因此有

$$u_+ \approx u_- = 0 \tag{8-1}$$

式(8-1)表明,运放两个输入端的电位均为零,但它们并没有真正接地,故称为"虚地"。"虚地"是"虚短"的一种特例。

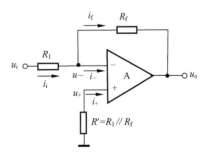

图 8-1 反相比例运算电路

列出运放反相端的节点电流方程为

$$i_i = i_- + i_f$$

而
$$i_- \approx 0$$

所以有
$$i_i = i_f$$

即
$$\frac{u_i - u_-}{R_1} = \frac{u_- - u_o}{R_f}$$

上式中 $u_- = 0$，整理得到

$$u_o = -\frac{R_f}{R_1} u_i \tag{8-2}$$

可见，u_o 与 u_i 成比例关系，比例系数为 $-R_f/R_1$，负号表示 u_o 与 u_i 反相。比例系数的数值可以是大于、等于和小于 1 的任何值。

因为电路引入了深度电压负反馈，所以输出电阻 $R_o = 0$，电路带负载后运算关系不变。

因为从电路输入端到地看进去的等效电阻等于从输入端到虚地之间看进去的等效电阻，所以电路的输入电阻为

$$R_i = R_1 \tag{8-3}$$

可见，虽然理想运放的输入电阻为无穷大，但是由于电路引入的是并联负反馈，反相比例运算电路的输入电阻却不大。

2. 同相比例运算电路

同相比例运算电路如图 8-2 所示。由图可见，将反相比例运算电路中的输入端和接地端互换，便得到了同相比例运算电路。电路引入了电压串联负反馈，运放工作在线性区。

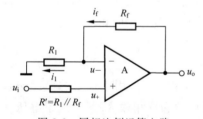

图 8-2　同相比例运算电路

根据"虚短"和"虚断"的概念，可得
$$u_+ \approx u_- = u_i$$
$$i_1 = i_f$$

由图 8-2 可得
$$i_1 = \frac{u_- - 0}{R_1}, \quad i_f = \frac{u_o - u_-}{R_f}$$

所以有
$$\frac{u_- - 0}{R_1} = \frac{u_o - u_-}{R_f}$$

整理上式，并考虑到 $u_- = u_i$，可得

$$u_o = \left(1 + \frac{R_f}{R_1}\right) u_i \tag{8-4}$$

式(8-4)表明，u_o 与 u_i 同相且 $u_o > u_i$。

由于电路引入了电压串联负反馈，所以可认为同相比例运算电路的输入电阻为无穷大，输出电阻为零，这是它的优点。但应当指出，由于 $u_+ \approx u_- = u_i$，所以运放有共模输入，为了提高运算精度，要选用高共模抑制比的运放。

在图 8-2 所示电路中，若将输出电压全部反馈到反相输入端，就得到了如图 8-3 所示的电压跟随器。

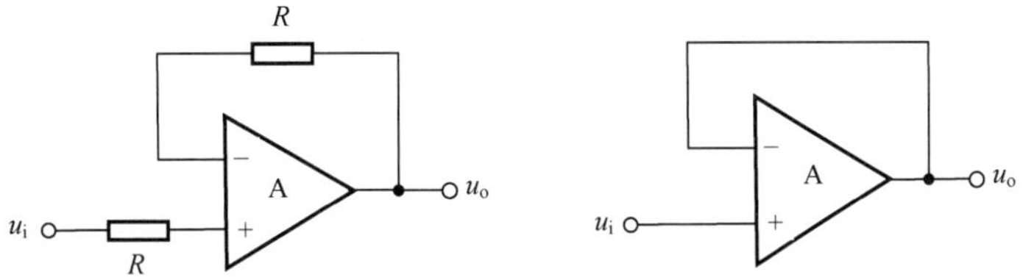

图 8-3 电压跟随器

电路引入了电压串联负反馈,反馈系数为 1,所以 $u_- = u_o$。根据"虚短"和"虚断"的概念,可得 $u_- \approx u_+ = u_i$。因此,电压跟随器输出电压与输入电压之间的关系为

$$u_o = u_i \tag{8-5}$$

由于理想运放的开环差模电压增益为无穷大,所以**电压跟随器具有比射极输出器好得多的跟随特性**。

3. 差动比例运算电路

差动比例运算电路如图 8-4 所示。输入电压 u_{i1}、u_{i2} 分别通过电阻加在集成运放的反相端和同相端,为了保证运放两个输入端对地电阻的平衡,同时为了避免降低共模抑制比,通常要求 $R_1 = R_1'$,$R_f = R_f'$,

根据"虚断"的特点和叠加原理,反相端的电压为

$$u_- = \frac{R_f}{R_1 + R_f} u_{i1} + \frac{R_1}{R_1 + R_f} u_o$$

而同相端的电压为

$$u_+ = \frac{R_f'}{R_1' + R_f'} u_{i2} = \frac{R_f}{R_1 + R_f} u_{i2}$$

根据"虚短"的特点 $u_+ = u_-$,得到差动比例运算电路的电压放大倍数为

$$A_{uf} = \frac{u_o}{u_{i1} - u_{i2}} = -\frac{R_f}{R_1} \tag{8-6}$$

电路的输出电压与两个输入电压的差值成正比,实现了差动比例运算。

在实际应用中,经常要对一些物理量如温度、压力、流量等进行测量。一般先利用传感器将它们转换为电信号(电压或电流),再将这些微弱的电信号进行放大,之后进行后续处理。由于传感器现场工作环境一般比较恶劣,经常会受到较强的干扰信号,它们和转换得到的电信号叠加在一起。此外,电信号从传感器到放大电路,需要通过屏蔽电缆进行传输,外层屏蔽上也不可避免地会接收到一些干扰信号。这些干扰信号往往大于有用的电信号,它们一起加到放大电路上,如图 8-5 所示。一般的放大电路不能有效地抑制干扰,同时放大有用的电信号,必须采用专用的**测量放大器**(或称为**仪用放大器**)。

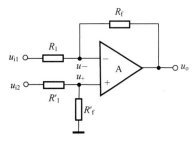

图 8-4 差动比例运算电路

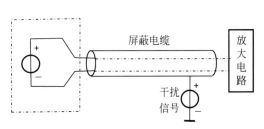

图 8-5 数据放大电路

【例 8-1】 测量放大器如图 8-6 所示,求输出电压 u_o 的表达式(设运放均为理想的)。

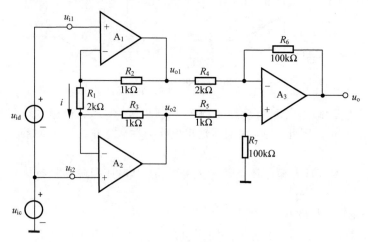

图 8-6 测量放大器

【解】 运放 A_1、A_2 组成第一级放大,均接成同相输入方式,由于电路结构对称,它们的漂移和失调能相互抵消。运放 A_3 构成差放大级,将差分输入转换成单端输出。

$$\begin{cases} u_{i1} = u_{id} + u_{ic} \\ u_{i2} = u_{ic} \end{cases}$$

运放 A_1、A_2、A_3 都是理想的,且都工作在线性区,均具有"虚短"和"虚断"的特点。

由于"虚短",所以电阻 R_1 两端的电压为 $u_{i1} - u_{i2}$,流过 R_1 的电流为

$$i = \frac{u_{i1} - u_{i2}}{R_1}$$

由于"虚断",因此流过 R_1 的电流也即流过 R_2 和 R_3 的电流,注意 $R_2 = R_3$,所以有

$$u_{o1} - u_{o2} = (R_1 + R_2 + R_3)i = \left(1 + \frac{2R_2}{R_1}\right)(u_{i1} - u_{i2})$$

由于 $R_4 = R_5$,$R_6 = R_7$,所以 A_3 构成的差动比例运算电路的电压放大倍数为

$$\frac{u_o}{u_{o1} - u_{o2}} = -\frac{R_6}{R_4}$$

该测量放大器的输出电压为

$$u_o = -\frac{R_6}{R_4}\left(1 + \frac{2R_2}{R_1}\right)(u_{i1} - u_{i2}) = -\frac{R_6}{R_4}\left(1 + \frac{2R_2}{R_1}\right)u_{id} = -100u_{id}$$

从 u_o 的表达式可以看出,输出电压与差模信号 u_{id} 成正比,与共模信号 u_{ic} 无关,表明该测量放大器具有很强的共模抑制能力。

8.1.2 求和运算电路

用集成运放可实现信号相加(求和)的功能。根据信号加到运放输入端的不同,可分为反相求和与同相求和。

1. 反相求和运算电路

反相求和运算电路的多个输入信号均作用于运放的反相输入端,如图 8-7 所示。

根据"虚短"和"虚断"的概念,有

$$u_+ \approx u_- = 0$$

$$i_1 + i_2 + i_3 = i_f$$

上述电流方程又可写为

$$\frac{u_{i1}}{R_1} + \frac{u_{i2}}{R_2} + \frac{u_{i3}}{R_3} = -\frac{u_o}{R_f}$$

整理上式可得

$$u_o = -R_f \left(\frac{u_{i1}}{R_1} + \frac{u_{i2}}{R_2} + \frac{u_{i3}}{R_3} \right) \tag{8-7}$$

式(8-7)表明,电路实现了反相加法的运算功能。该电路中,**各信号源互不影响**,这是它的优点。

对于运放的线性应用电路,若为多输入信号,还可利用叠加原理进行分析。例如,对如图 8-7 所示电路,设 u_{i1} 单独作用,此时将 u_{i2}、u_{i3} 接地,如图 8-8 所示。由于电阻 R_2、R_3 的一端接"地",另一端是"虚地",所以

$$i_2 = 0, \quad i_3 = 0$$

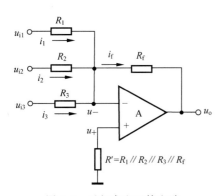

图 8-7 反相求和运算电路

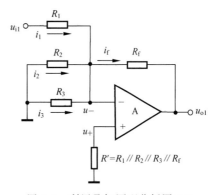

图 8-8 利用叠加原理分析图 8-7

电路实现的是反相比例运算,输出电压为

$$u_{o1} = -\frac{R_f}{R_1} u_{i1}$$

利用同样的方法,可分别求出 u_{i2} 和 u_{i3} 单独作用时的输出电压 u_{o2} 和 u_{o3} 为

$$u_{o2} = -\frac{R_f}{R_2} u_{i2}, \quad u_{o3} = -\frac{R_f}{R_3} u_{i3}$$

当 u_{i1}、u_{i2} 和 u_{i3} 同时作用时,则有

$$u_o = u_{o1} + u_{o2} + u_{o3} = -R_f \left(\frac{u_{i1}}{R_1} + \frac{u_{i2}}{R_2} + \frac{u_{i3}}{R_3} \right)$$

上式与式(8-7)相同。若 $R_1 = R_2 = R_3 = R_f$,则有

$$u_o = -(u_{i1} + u_{i2} + u_{i3}) \tag{8-8}$$

2. 同相求和运算电路

同相求和运算电路的多个输入信号均作用于运放的同相输入端,如图 8-9 所示。

利用同相比例运算电路的分析结果可得

$$u_\mathrm{o} = \left(1 + \frac{R_\mathrm{f}}{R}\right) u_+ \qquad (8\text{-}9)$$

根据"虚断"的概念,可列出同相端的电流方程为

$$i_1 + i_2 + i_3 = i_4$$

上式又可写为

$$\frac{u_\mathrm{i1} - u_+}{R_1} + \frac{u_\mathrm{i2} - u_+}{R_2} + \frac{u_\mathrm{i3} - u_+}{R_3} = \frac{u_+}{R_4}$$

整理上式可得到同相输入端电位 u_+ 为

$$u_+ = R_+ \left(\frac{u_\mathrm{i1}}{R_1} + \frac{u_\mathrm{i2}}{R_2} + \frac{u_\mathrm{i3}}{R_3}\right) \qquad (8\text{-}10)$$

式中

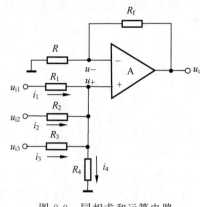

图 8-9 同相求和运算电路

$$R_+ = R_1 /\!/ R_2 /\!/ R_3 /\!/ R_4$$

将式(8-10)代入式(8-9),并整理得到

$$u_\mathrm{o} = \left(1 + \frac{R_\mathrm{f}}{R}\right) R_+ \left(\frac{u_\mathrm{i1}}{R_1} + \frac{u_\mathrm{i2}}{R_2} + \frac{u_\mathrm{i3}}{R_3}\right) = \left(1 + \frac{R_\mathrm{f}}{R}\right) \cdot \frac{R_\mathrm{f}}{R_\mathrm{f}} \cdot R_+ \left(\frac{u_\mathrm{i1}}{R_1} + \frac{u_\mathrm{i2}}{R_2} + \frac{u_\mathrm{i3}}{R_3}\right)$$

$$= R_\mathrm{f} \cdot \frac{R + R_\mathrm{f}}{R R_\mathrm{f}} \cdot R_+ \left(\frac{u_\mathrm{i1}}{R_1} + \frac{u_\mathrm{i2}}{R_2} + \frac{u_\mathrm{i3}}{R_3}\right) = R_\mathrm{f} \cdot \frac{R_+}{R_-} \cdot \left(\frac{u_\mathrm{i1}}{R_1} + \frac{u_\mathrm{i2}}{R_2} + \frac{u_\mathrm{i3}}{R_3}\right) \qquad (8\text{-}11)$$

式中

$$R_- = R /\!/ R_\mathrm{f}$$

若 $R_- = R_+$,则有

$$u_\mathrm{o} = R_\mathrm{f}\left(\frac{u_\mathrm{i1}}{R_1} + \frac{u_\mathrm{i2}}{R_2} + \frac{u_\mathrm{i3}}{R_3}\right) \qquad (8\text{-}12)$$

式(8-12)与式(8-7)相比,仅差符号。应当说明,式(8-12)只有在 $R_- = R_+$ 的条件下才成立。否则,应按式(8-11)求解。

在图 8-9 中,若 $R_1 /\!/ R_2 /\!/ R_3 = R /\!/ R_\mathrm{f}$,则可省去 R_4。

式(8-10)表明,同相求和运算电路中同相端的电位与各信号源的串联电阻(可理解为信号源内阻)有关,**各信号源互不独立**,这是人们所不希望的。

【**例 8-2**】 试用一只集成运放实现运算: $u_\mathrm{o} = 3u_\mathrm{i1} + 0.5u_\mathrm{i2} - 3u_\mathrm{i3}$。

【**解**】 由运算关系知,可将 u_i1、u_i2 经电阻从同相端输入,u_i3 经电阻从反相端输入,电路如图 8-10 所示。

根据叠加原理,u_o 为 u_i1、u_i2、u_i3 分别单独作用时产生的输出电压(设为 u_o1、u_o2、u_o3)的代数和,由电路图 8-10 可知

$$u_\mathrm{o3} = -\frac{R_\mathrm{f}}{R_3} u_\mathrm{i3} = -3u_\mathrm{i3}$$

$$R_\mathrm{f} = 3R_3 \qquad \qquad ①$$

$$u_\mathrm{o1} = \left(1 + \frac{R_\mathrm{f}}{R_3}\right)\left(\frac{R_2 /\!/ R_4}{R_1 + R_2 /\!/ R_4}\right) u_\mathrm{i1} = 3u_\mathrm{i1}$$

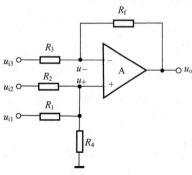

图 8-10 例 8-2 的图

$$\left(1+\frac{R_f}{R_3}\right)\left(\frac{R_2\,/\!/\,R_4}{R_1+R_2\,/\!/\,R_4}\right)=3 \qquad\qquad ②$$

$$u_{o2}=\left(1+\frac{R_f}{R_3}\right)\left(\frac{R_1\,/\!/\,R_4}{R_2+R_1\,/\!/\,R_4}\right)u_{i1}=0.5u_{i2}$$

$$\left(1+\frac{R_f}{R_3}\right)\left(\frac{R_1\,/\!/\,R_4}{R_2+R_1\,/\!/\,R_4}\right)=0.5 \qquad\qquad ③$$

联立方程①、②、③可得

$$R_2=6R_1, \quad R_4=6R_1$$

R_1、R_2、R_3、R_4、R_f 按求得的关系式取值即可实现要求的运算。

8.1.3　积分和微分运算电路

积分和微分运算电路互为逆运算,其应用非常广泛。在自动控制系统中,常用积分和微分电路作为调节环节,除此之外,它们还广泛应用于波形的产生和变换以及仪器仪表之中。以集成运放作为放大电路,利用电阻和电容作为反馈网络,可以实现这两种运算电路。

1. 积分运算电路

图 8-11 为积分运算电路。根据"虚短"和"虚断"的概念,可得

$$u_-\approx u_+=0$$

$$i_C=i_R$$

电路中,输出电压与电容上电压的关系为

$$u_o=-u_C$$

而电容上电压等于其电流的积分,即

$$u_o=-\frac{1}{C}\int i_C\,\mathrm{d}t$$

由图可得 $i_C=i_R=\dfrac{u_i}{R}$,将此式代入上式得到

$$u_o=-\frac{1}{RC}\int u_i\,\mathrm{d}t \qquad (8\text{-}13)$$

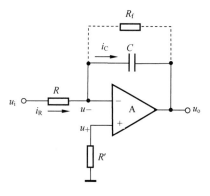

图 8-11　积分运算电路

式(8-13)表明,输出电压 u_o 是输入电压 u_i 对时间的积分,负号表示输入和输出电压在相位上是相反的。

在求解 t_1 到 t_2 时间段的积分值时,有

$$u_o=-\frac{1}{RC}\int_{t_1}^{t_2}u_i\,\mathrm{d}t+u_o(t_1) \qquad (8\text{-}14)$$

式中,$u_o(t_1)$ 是积分运算的起始值,积分的终值是 t_2 时刻的输出电压。

若输入信号 u_i 为常量时,则有

$$u_o=-\frac{1}{RC}u_i(t_2-t_1)+u_o(t_1) \qquad (8\text{-}15)$$

在实用电路中,为了防止低频信号增益过大,常在电容上并联一个电阻加以限制,如图 8-11 中虚线所示。

　　由于运放输入失调电压、输入失调电流及输入偏置电流的影响,常常出现积分误差,因此做积分运算时,要选用 U_{IO}、I_{IO}、I_{IB} 较小和低漂移的运放,并在同相输入端接入可调平衡电阻;或选用输入级为场效应管组成的 BiFET 运放。除此之外,积分电容器 C 存在的漏电流也是产生积分误差的来源之一,选用泄漏电阻大的电容器,如薄膜电容、聚苯乙烯电容器可减少这种误差。

　　下面给出了几种典型输入信号作用下积分输出电压的波形。当输入为阶跃信号且假设电容上无初始电压时,输出电压波形如图 8-12(a)所示。当输入信号为方波和正弦波时,输出波形分别如图 8-12(b)、图 8-12(c)所示。

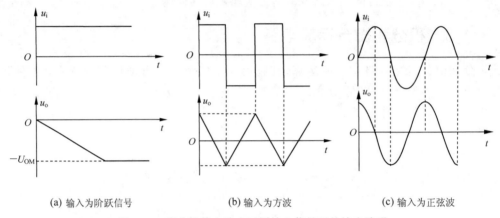

| (a) 输入为阶跃信号 | (b) 输入为方波 | (c) 输入为正弦波 |

图 8-12　积分运算电路在不同输入信号下的输出波形

2. 微分运算电路

　　将如图 8-11 所示电路中的电阻 R 和电容 C 的位置互换,并选取比较小的时间常数 RC,便得到了微分运算电路,如图 8-13 所示。

　　根据"虚短"和"虚断"的概念,可得

$$u_- \approx u_+ = 0$$

$$i_C = i_R$$

由图可得电容 C 两端电压的 $u_C = u_i$,因而有

$$i_C = C \frac{du_i}{dt}$$

电路的输出电压 $u_o = -i_R R = -i_C R$,将 i_C 的表达式代入 u_o 的表达式得到

$$u_o = -RC \frac{du_i}{dt} \tag{8-16}$$

　　式(8-16)表明,输出电压 u_o 正比于输入电压 u_i 对时间的微分,负号表示输入和输出电压在相位上是相反的。

　　若输入电压为方波,且 $RC \ll T/2$(T 为方波的周期),则输出变换为尖顶脉冲波,如图 8-14 所示。

　　若输入信号是正弦函数 $u_i = \sin\omega t$,则输出信号 $u_o = -RC\omega\cos\omega t$,该式表明,输出电压的幅度将随频率的增加而线性增加。因此,微分电路对高频噪声特别敏感,以致有可能使输出噪声完全淹没微分信号。

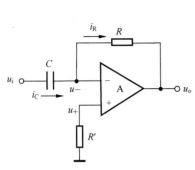

图 8-13 微分运算电路

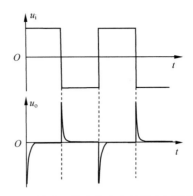

图 8-14 微分运算电路在方波输入下的波形

8.1.4 对数和指数运算电路

利用 PN 结伏安特性所具有的指数规律,将二极管或者三极管分别接入运放的反馈回路和输入回路,可以实现对数和指数运算电路。

1. 对数运算电路

图 8-15 是由三极管组成的对数运算电路。

根据"虚短"和"虚断"的概念,可得

$$u_- \approx u_+ = 0$$
$$i_C = i_R$$

由图 8-15 可得

$$u_o = -u_{BE}$$

而三极管的 $i_C \sim u_{BE}$ 的关系为

$$i_C \approx I_S e^{u_{BE}/U_T} \quad 或 \quad u_{BE} \approx U_T \ln \frac{i_C}{I_S}$$

其中,I_S 为发射结的反向饱和电流转化到集电极上的电流值。

由图 8-15 又可得

$$i_C = i_R = \frac{u_i}{R}$$

故

$$u_o \approx -U_T \ln \frac{u_i}{I_S R} \qquad (8\text{-}17)$$

式(8-17)表明,输出电压与输入电压呈对数关系。但该电路存在两个问题:一是 u_i 必须为正;二是 I_S、U_T 都是温度的函数,其运算结果受温度的影响较大。改善性能常用的方法是:用对管消除 I_S 的影响,用热敏电阻补偿 U_T 的温度影响,感兴趣的读者可参考书后参考文献[10]。

2. 指数运算电路

将如图 8-15 所示对数运算电路中的电阻和三极管的位置互换,便得到了指数运算电路,如图 8-16 所示。

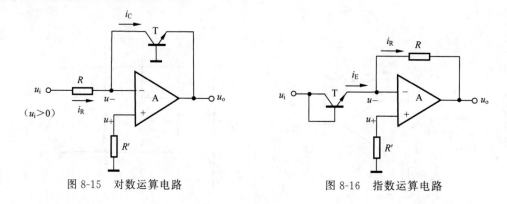

图 8-15　对数运算电路　　　　　　　　图 8-16　指数运算电路

根据"虚短"和"虚断"的概念,可得

$$u_- \approx u_+ = 0$$
$$i_R = i_E$$

由图 8-16 可得

$$u_o = -i_R R = -i_E R$$

而

$$i_E \approx I_s e^{u_{BE}/U_T} \approx I_s e^{u_i/U_T}$$

故得

$$u_o \approx -RI_s e^{u_i/U_T} \tag{8-18}$$

式(8-18)表明,输出电压与输入电压成指数关系。为了使三极管 T 导通,u_i 应大于零,且只能在发射结导通电压范围内,故其变化范围很小。同时,从式(8-18)可以看出,运算结果与温度敏感的因子 U_T 和 I_s 有关,所以指数运算的精度也与温度有关。实用的指数运算电路同样需要采用温度补偿电路。

8.1.5　乘法和除法运算电路

利用对数和指数运算电路,可以实现乘法和除法运算电路。图 8-17 是利用对数和指数运算电路实现乘法运算和除法运算的电路框图。

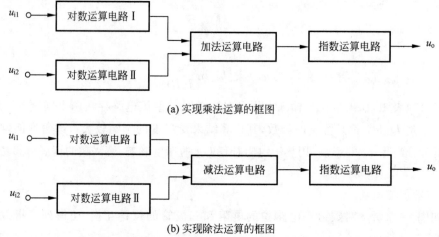

(a) 实现乘法运算的框图

(b) 实现除法运算的框图

图 8-17　利用对数和指数运算电路实现乘、除法运算的框图

图 8-18 是一个可实现乘法运算的实际电路。图中，A_1、A_2 组成对数运算电路，A_3 组成反相求和电路，A_4 组成指数运算电路。若各三极管特性相同，则有

$$u_{o1} \approx -U_T \ln \frac{u_{i1}}{I_S R}, \quad u_{o2} \approx -U_T \ln \frac{u_{i2}}{I_S R}$$

$$u_{o3} = -(u_{o1} + u_{o2}) \approx U_T \ln \frac{u_{i1} u_{i2}}{(I_S R)^2}$$

$$u_o \approx -I_S R e^{u_{o3}/U_T} \approx -\frac{u_{i1} u_{i2}}{I_S R}$$

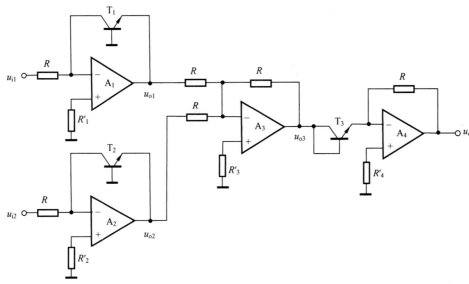

图 8-18 乘法运算电路

可见，电路实现了乘法运算。若将图 8-18 中的加法运算电路换为减法运算电路，则可得到除法运算电路，此处不再赘述。

8.1.6 电压-电流(V/I)和电流-电压(I/V)变换电路

1. 电压-电流(V/I)变换电路

在一些控制系统中，负载要求电流源驱动，而实际的信号又可能是电压源，这就要求将电压源变换为电流源，不论负载如何变化，电流源电流只取决于输入电压源信号，而与负载大小无关。

电路如图 8-19 所示，由图可得

$$u_+ = i_2 R_2 = \left(\frac{u_o - u_+}{R_3} - I_L \right) R_2$$

$$u_- = \frac{R_f}{R_1 + R_f} u_i + \frac{R_1}{R_1 + R_f} u_o$$

由 $u_+ \approx u_-$，且设 $R_1 R_3 = R_2 R_f$，可得

$$I_L = -\frac{u_i}{R_2}$$

可见，负载电流 I_L 与输入电压成正比，与负载 R_L 无关。

2. 电流-电压(I/V)变换电路

某些器件如光敏二极管或光敏三极管的输出为微弱的电流信号,需要将电流信号转换为电压信号。

如图 8-20 所示电路中,根据运放"虚断"和"虚地"的特性可知

$$i_f = i_i$$

$$u_o = -i_f R_f = -i_i R_f$$

可见,输出电压 u_o 与输入电流 i_i 成正比,实现了电流-电压转换。

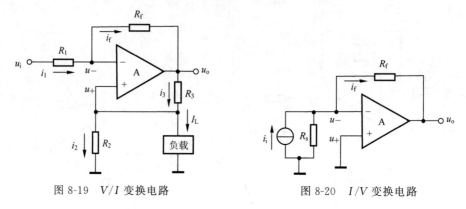

图 8-19 V/I 变换电路   图 8-20 I/V 变换电路

※8.2 有源滤波电路

滤波电路(filter)允许一定范围内的信号通过,对不需要的频率范围内的信号进行有效的抑制,是一种具有频率选择功能的电路。滤波电路在通信、信号处理、测控仪表等领域有着广泛的应用。用无源元件(R、L、C 等)构成的滤波电路称为**无源滤波器**,用集成运放和 R、L、C 构成的滤波电路称为**有源滤波器**。有源滤波器和无源滤波器相比除了具有体积小、轻便的特点之外,更重要的是在滤波的过程中具有信号放大能力。此外,由于运放的输出阻抗低,所以可以使滤波器的负载效应很小。

8.2.1 有源滤波器的分类

通常把能通过的信号频率范围称为通带,把受阻或衰减的信号频率范围称为阻带,通带和阻带的界限频率称为截止频率。滤波器常分为以下几种类型。

1. 低通滤波器

低通滤波器的理想幅频特性如图 8-21(a)所示,在 $0 \sim \omega_H$ 的低频信号通过,大于 ω_H 的所有频率信号完全衰减,滤波器的带宽 $BW = \omega_H$。

2. 高通滤波器

高通滤波器的理想幅频特性如图 8-21(b)所示,小于 ω_L 的所有频率信号完全衰减,大于 ω_L 的所有频率信号通过。理论上带宽 $BW = \infty$。

3. 带通滤波器

带通滤波器的理想幅频特性如图 8-21(c)所示,ω_0 为中心角频率,ω_L 为下限截止频率,ω_H 为上限截止频率,滤波器的带宽 $BW = \omega_H - \omega_L$。

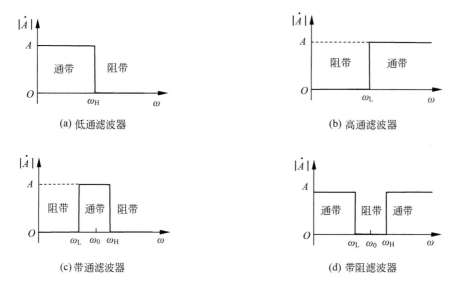

图 8-21　各种滤波器的理想幅频特性曲线

4. 带阻滤波器

带阻滤波器的理想幅频特性如图 8-21(d) 所示，ω_0 为中心角频率，$\omega < \omega_L$ 和 $\omega > \omega_H$ 为通带，$\omega_L < \omega < \omega_H$ 为阻带。

8.2.2　有源低通滤波器

1. 一阶有源低通滤波器

由运放、R、C 构成的一阶有源低通滤波器如图 8-22(a) 所示。由图可以看出，电路由两大部分组成：一部分是由电阻和电容组成的无源低通滤波器；另一部分是由运放组成的同相比例放大电路。根据电路结构可求得其传递函数为

$$A_u(s) = \frac{u_o(s)}{u_i(s)} = \frac{u_o(s)}{u_+(s)} \cdot \frac{u_+(s)}{u_i(s)} = \left(1 + \frac{R_f}{R_1}\right) \cdot \frac{1}{1 + sRC} = \frac{A_0}{1 + s/\omega_n} \tag{8-19}$$

式中

$$A_0 = 1 + \frac{R_f}{R_1} \tag{8-20}$$

$$\omega_n = \frac{1}{RC} \tag{8-21}$$

分别为**通带电压增益**和滤波器 **3dB 截止频率**。

用 $j\omega$ 取代式(8-19)中的 s，则得到电路的频率响应为

$$A_u(j\omega) = \frac{u_o(j\omega)}{u_i(j\omega)} = \frac{A_0}{1 + j\omega/\omega_n} \tag{8-22}$$

图 8-22(b) 为滤波器的归一化幅频特性，其中实线表示实际的幅频特性，虚线为采用渐近线的波特图表示。

式(8-19)所示的传递函数中分母为 s 的一次幂，故称为一阶有源低通滤波器。和低通滤波器的理想幅频特性相比，在阻带内幅频特性的衰减率仅为 $-20\text{dB}/$十倍频。若要求响

应曲线以-40dB/十倍频或-60dB/十倍频的斜率变化,则需采用二阶、三阶或更高阶次的滤波器。

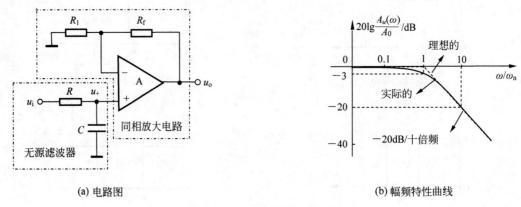

(a) 电路图   (b) 幅频特性曲线

图 8-22   一阶有源低通滤波器

2. 二阶有源低通滤波器

二阶有源低通滤波器如图 8-23(a)所示。根据集成运放"虚短"和"虚断"的特性以及电路结构,可导出其传递函数为

$$A_u(s) = \frac{A_0 \omega_n^2}{s^2 + \dfrac{\omega_n}{Q}s + \omega_n^2} \tag{8-23}$$

式中

$$A_0 = 1 + \frac{R_b}{R_a} \tag{8-24}$$

$$\omega_n = \frac{1}{\sqrt{R_1 R_2 C_1 C_2}} \tag{8-25}$$

$$Q = \frac{\sqrt{R_1 R_2 C_1 C_2}}{C_2(R_1 + R_2) + R_1 C_1 (1 - A_0)} \tag{8-26}$$

分别为通带电压增益、特征角频率和等效品质因数。

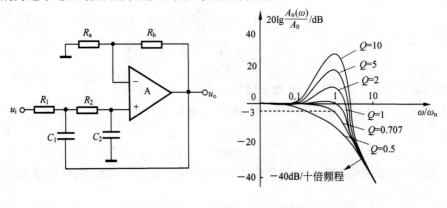

(a) 电路图   (b) 幅频特性曲线

图 8-23   二阶有源低通滤波器

用 $j\omega$ 取代式(8-23)中的 s，可得到二阶有源低通滤波器的幅频特性和相频特性分别为

$$A_u(\omega) = \frac{A_0}{\sqrt{\left[1 - \left(\dfrac{\omega}{\omega_n}\right)^2\right] + \dfrac{\omega^2}{Q^2\omega_n^2}}} \tag{8-27}$$

$$\varphi(\omega) = -\arctan\left[\frac{\omega/(Q\omega_n)}{1 - (\omega/\omega_n)^2}\right] \tag{8-28}$$

归一化后的幅频特性取对数表示为

$$20\lg\frac{A_u(\omega)}{A_0} = -10\lg\left\{\left[1 - \left(\frac{\omega}{\omega_n}\right)^2\right]^2 + \frac{\omega^2}{Q^2\omega_n^2}\right\} \tag{8-29}$$

画出不同 Q 值时电路的幅频特性曲线如图 8-23(b)所示。由图可见，当 $Q=0.707$ 时，幅频特性最为平坦，且当 $\omega=\omega_n$ 时，增益下降 3dB；当 $Q>0.707$ 时，幅频特性将出现峰值。当 $\omega/\omega_n=10$ 时，$20\lg\dfrac{A_u(\omega)}{A_0}=-40$dB，显然其滤波效果比一阶滤波器要好得多。

8.2.3　有源高通滤波器

高通滤波器和低通滤波器具有对偶关系，只要把图 8-23 中电阻、电容的位置互换，就可以得到二阶有源高通滤波器，如图 8-24(a)所示。

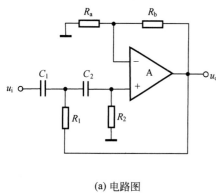

(a) 电路图　　　　　　　　　(b) 幅频特性曲线

图 8-24　二阶有源高通滤波器

根据电路结构并利用运放的特性，可导出传递函数的表达式为

$$A_u(s) = \frac{A_0 s^2}{s^2 + \dfrac{\omega_n}{Q}s + \omega_n^2} \tag{8-30}$$

式中

$$A_0 = 1 + \frac{R_b}{R_a} \tag{8-31}$$

$$\omega_n = \frac{1}{\sqrt{R_1 R_2 C_1 C_2}} \tag{8-32}$$

$$Q = \frac{\sqrt{R_1 R_2 C_1 C_2}}{R_1(C_1 + C_2) + R_2 C_2(1 - A_0)} \tag{8-33}$$

用 $j\omega$ 取代式(8-30)中的 s,可得到二阶有源高通滤波器的幅频特性和相频特性分别为

$$A_u(\omega) = \frac{A_0 \omega^2}{\sqrt{(\omega_n^2 - \omega^2)^2 + \dfrac{\omega_n^2 \omega^2}{Q^2}}} \tag{8-34}$$

$$\varphi(\omega) = -180° - \arctan\left(\frac{\omega_n \omega/Q}{\omega_n^2 - \omega^2}\right) \tag{8-35}$$

归一化后的幅频特性取对数表示为

$$20\lg\frac{A_u(\omega)}{A_0} = -10\lg\left\{\left[1 - \left(\frac{\omega_n}{\omega}\right)^2\right]^2 + \frac{\omega_n^2}{Q^2\omega^2}\right\} \tag{8-36}$$

图 8-24(b)画出了不同 Q 值时电路的幅频特性。当 $Q = 0.707$ 时,幅频特性最为平坦,且当 $\omega = \omega_n$ 时,增益下降 3dB;当 $Q > 0.707$ 时,幅频特性将出现峰值。幅频特性在阻带内以 -40dB/十倍频下降。

8.2.4 带通滤波器

带通滤波器的电路如图 8-25(a)所示,可以看成是 R_1、C_2 组成的低通网络,R_3、C_1 组成的高通网络共同组合而成。

由图可推导出带通滤波器的传递函数为

$$A_u(s) = \frac{A_0 \cdot \dfrac{\omega_0 s}{Q}}{s^2 + \dfrac{\omega_0}{Q}s + \omega_0^2} \tag{8-37}$$

式中

$$A_0 = \frac{1 + R_b/R_a}{R_1 C_2\left[\dfrac{1}{R_3 C_1} + \dfrac{1}{R_3 C_2} + \dfrac{1}{R_1 C_2} + \dfrac{1}{R_2 C_2}\left(-\dfrac{R_b}{R_a}\right)\right]} \tag{8-38}$$

$$\omega_0 = \sqrt{\frac{R_1 + R_2}{R_1 R_2 R_3 C_1 C_2}} \tag{8-39}$$

$$Q = \frac{\sqrt{R_1 + R_2}\sqrt{R_1 R_2 R_3 C_1 C_2}}{R_1 R_2(C_1 + C_2) + R_3 C_1[R_2 + R_1(-R_b/R_a)]} \tag{8-40}$$

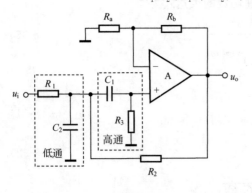

(a) 电路图   (b) 幅频特性曲线

图 8-25 二阶带通滤波器

用 $j\omega$ 取代式(8-37)中的 s,可画出二阶带通滤波器的幅频特性如图 8-25(b)所示。

已知 Q 和 ω_0 时,可利用 $BW = \dfrac{\omega_0}{2\pi Q}$ 计算出带通滤波器的带宽。Q 值越高,通频带越窄。但 Q 值不能太大,否则电路将产生自激振荡。

8.2.5 带阻滤波器

带阻滤波器如图 8-26(a)所示,用双 T 网络实现选频。可推导出带阻滤波器的传递函数为

$$A_u(s) = \frac{A_0 \cdot (s^2 + \omega_0^2)}{s^2 + \dfrac{\omega_0}{Q}s + \omega_0^2} \tag{8-41}$$

式中

$$\omega_0 = \frac{1}{RC} \tag{8-42}$$

$$A_0 = 1 + \frac{R_b}{R_a} \tag{8-43}$$

$$Q = \frac{1}{2(2 - A_0)} \tag{8-44}$$

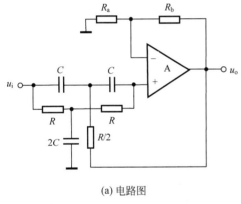

(a) 电路图

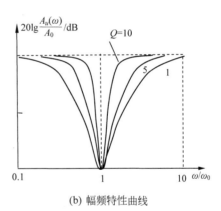

(b) 幅频特性曲线

图 8-26　二阶带阻滤波器

用 $j\omega$ 取代式(8-41)中的 s,可画出二阶带阻滤波器的幅频特性如图 8-26(b)所示。

当 $A_0 = 1$ 时,$Q = 0.5$。增大 A_0,Q 随之增大,当 A_0 趋近于 2 时,Q 趋向于无穷大,带阻滤波器的选频特性越好(即阻断的频率范围越窄)。

8.3 电压比较器

电压比较器(comparator)的基本功能是比较两个输入电压的大小,并根据比较的结果决定输出是高电平还是低电平,其输出电压常用于控制后续电路。电压比较器广泛应用于自动控制、波形变换、取样保持等电路中。

电压比较器可以用运放构成,也可用专用芯片构成。用运放组成电压比较器时,运放通常工作在开环或正反馈状态,若不加限幅措施,其输出高电平可接近正电源电压 $+U_{CC}$,输

出低电平可接近负电源电压$-U_{EE}$。专用比较器的输出电平一般与数字电路兼容。

根据输出电压发生跃变的特征,电压比较器可分为单限电压比较器、滞回电压比较器和窗口电压比较器。下面将具体讨论这三种比较器。

8.3.1 单限电压比较器

单限电压比较器只有一个阈值电压U_T,在输入电压u_i逐渐增大或减小的过程中,当通过U_T时,输出电压u_o发生跃变。

图8-27(a)为常见的单限电压比较器。图中,输入电压u_i加在运放的反相输入端,参考电压U_R加在运放的同相输入端,所以该电路又称为反相输入电压比较器。若将u_i和U_R的位置互换,则电路称为同相输入电压比较器。图中R为限流电阻,稳压管D_{Z1}、D_{Z2}用于限幅,其稳压值均应小于运放的最大输出电压。

假设稳压管D_{Z1}、D_{Z2}的稳压值分别为U_{Z1}、U_{Z2},它们的正向导通电压均为U_D。当$u_i<U_R$时,$u_o'=+U_{OM}$,D_{Z1}工作在稳压状态,D_{Z2}工作在正向导通状态,比较器的输出电压$u_o=U_{OH}=+(U_{Z1}+U_D)$;当$u_i>U_R$时,$u_o'=-U_{OM}$,D_{Z2}工作在稳压状态,D_{Z1}工作在正向导通状态,比较器的输出电压$u_o=U_{OL}=-(U_{Z2}+U_D)$。由此可画出如图8-27(a)所示电路的电压传输特性,如图8-27(b)所示,该比较器的阈值电压$U_T=U_R$。

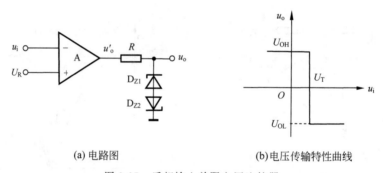

(a) 电路图　　　　　　　　(b)电压传输特性曲线

图 8-27　反相输入单限电压比较器

需要指出的是,图8-27(a)所示电路中的参考电压U_R可正、可负,也可为零。当$U_R=0$时,称为反相输入**过零电压比较器**。

请读者自行画出同相输入单限电压比较器的电压传输特性,并与图8-27(b)做比较。

【**例 8-3**】　求如图8-28所示电压比较器的阈值电压U_T,并画出其电压传输特性曲线。

【**解**】　在图8-28中,输入电压u_i和参考电压U_R均加在运放的同相输入端,根据叠加原理可确定运放同相输入端的电位为$u_+=\dfrac{R_1}{R_1+R_2}u_i+\dfrac{R_2}{R_1+R_2}U_R$,而运放反相输入端的电位$u_-=0$。

当$u_+>u_-$,即$u_i>-\dfrac{R_2}{R_1}U_R$时,$u_o'=+U_{OM}$,$u_o=U_{OH}=U_Z$;

当$u_+<u_-$,即$u_i<-\dfrac{R_2}{R_1}U_R$时,$u_o'=-U_{OM}$,$u_o=U_{OL}=-U_Z$。

由以上分析可知,该比较器的阈值电压$U_T=-\dfrac{R_2}{R_1}U_R$,其电压传输特性曲线如图8-29所示。

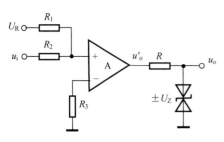

图 8-28 例 8-3 的图

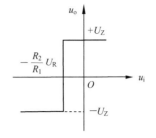

图 8-29 图 8-28 的电压传输特性曲线

单限电压比较器电路简单,灵敏度高,但它的抗干扰能力很差。例如,在图 8-27(a) 所示的电路中,当 u_i 中含有噪声或干扰电压时,其输入和输出电压波形如图 8-30 所示。由于在 $u_i = U_T = U_R$ 附近出现干扰,u_o 将时而为 U_{OH},时而为 U_{OL},导致比较器输出不稳定。如果用这个输出电压 u_o 去控制电机,电机将频繁起停,这种情况是不允许的。提高比较器抗干扰能力的一种方案是采用滞回电压比较器。

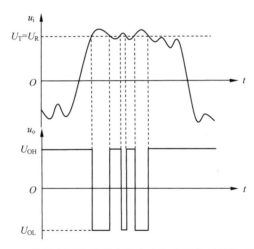

图 8-30 单限电压比较器在输入中包含干扰时的输出波形

8.3.2 滞回电压比较器

滞回电压比较器有两个阈值电压,在输入电压 u_i 逐渐由小增大以及逐渐由大减小的过程中,输出电压 u_o 经过不同的阈值电压发生跃变,电路具有滞回特性,即具有惯性,因而具有一定的抗干扰能力,而且可以通过改变电路参数控制抗干扰能力的大小。反相输入滞回电压比较器的电路如图 8-31(a) 所示。由图可见,滞回电压比较器电路中引入了正反馈。

在图 8-31(a) 所示电路中,输出电压 $u_o = \pm U_Z$。运放反相输入端的电位为 $u_- = u_i$,同相输入端的电位为

$$u_+ = \frac{R_2}{R_2 + R_3} u_o = \pm \frac{R_2}{R_2 + R_3} U_Z$$

当输入电压 u_i 很小时,输出电压 $u_o = +U_Z$,运放同相输入端的电位

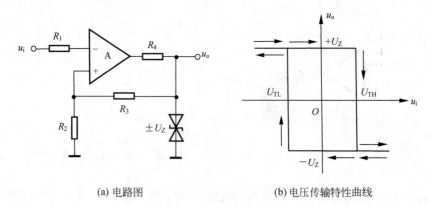

(a) 电路图　　　　　　　　　(b) 电压传输特性曲线

图 8-31　滞回电压比较器

$$u_+ = +\frac{R_2}{R_2+R_3}U_Z$$

如果 u_i(即 u_-)逐渐由小增大到略大于 u_+ 时,输出电压 u_o 由 $+U_Z$ 跳变到 $-U_Z$。由此可得到比较器由高电平跳变到低电平时所通过的阈值电压为

$$U_{TH} = +\frac{R_2}{R_2+R_3}U_Z \tag{8-45a}$$

当输入电压 u_i 很大时,输出电压 $u_o = -U_Z$,运放同相输入端的电位

$$u_+ = -\frac{R_2}{R_2+R_3}U_Z$$

如果 u_i(即 u_-)逐渐由大减小到略低于 u_+ 时,输出电压 u_o 由 $-U_Z$ 跳变到 $+U_Z$。由此可得比较器由低电平跳变到高电平时所通过的阈值电压为

$$U_{TL} = -\frac{R_2}{R_2+R_3}U_Z \tag{8-45b}$$

由以上分析可知,滞回电压比较器输出电压由高到低及由低到高跳变时经过不同的阈值电压。图 8-31(a)电路的电压传输特性如图 8-31(b)所示。

定义**回差电压** ΔU_T 为

$$\Delta U_T = U_{TH} - U_{TL} \tag{8-46}$$

则图 8-31(a)所示电路的回差电压为

$$\Delta U_T = \frac{2R_2}{R_2+R_3}U_Z \tag{8-47}$$

可见,只要改变 R_2、R_3 和 U_Z 的值就可改变 ΔU_T。

回差电压的大小表明了滞回电压比较器抗干扰能力的大小。 ΔU_T 越大,表明抗干扰能力越强,相应地,比较器的灵敏度越低。抗干扰能力和灵敏度是相互矛盾的,在滞回电压比较器的设计中,应根据实际需求适当地设计 ΔU_T 的大小。

【例 8-4】　在图 8-31(a)所示电路中,已知 $\pm U_Z = \pm 10\text{V}$,$R_1 = 10\text{k}\Omega$,$R_2 = R_3 = 20\text{k}\Omega$,$R_4 = 1\text{k}\Omega$。输入电压 u_i 的波形如图 8-32(a)所示。试画出电压传输特性及输出电压 u_o 的波形。

【解】　比较器的输出高、低电平分别为:$U_{OH} = +10\text{V}$,$U_{OL} = -10\text{V}$。

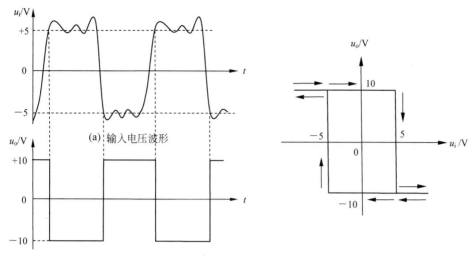

(a) 输入电压波形

(b) 输出电压波形　　　　　　　　　　　(c) 电压传输特性曲线

图 8-32　例 8-4 的图

两个阈值电压分别为

$$U_{TH} = +\frac{R_2}{R_2 + R_3}U_Z = +\frac{20\text{k}\Omega}{20\text{k}\Omega + 20\text{k}\Omega} \times 10\text{V} = 5\text{V}$$

$$U_{TL} = -\frac{R_2}{R_2 + R_3}U_Z = -\frac{20\text{k}\Omega}{20\text{k}\Omega + 20\text{k}\Omega} \times 10\text{V} = -5\text{V}$$

由此可画出电压传输特性如图 8-32(c)所示。根据电压传输特性可画出 u_o 的波形如图 8-32(b)所示。

比较图 8-32(a)、图 8-32(b)可见,虽然输入电压 u_i 的波形很不"整齐",但输出电压 u_o 的波形近似为矩形波,滞回电压比较器可用于波形整形。此外,具有滞回特性的比较器在控制系统、信号甄别和波形产生电路中应用较广。

8.3.3　窗口电压比较器

窗口电压比较器有两个阈值电压,与单限电压比较器和滞回电压比较器所不同的是,在输入电压 u_i 由小变大或由大变小的过程中,输出电压 u_o 产生两次跃变。图 8-33(a)所示为一种窗口电压比较器电路,有两个参考电压 U_{R1}、U_{R2},且有 $U_{R1} > U_{R2}$。电阻 R_1、R_2 和稳压管 D_Z 构成限幅电路。

(1) 当 $u_i > U_{R1}$ 时,$u_{+1} > u_{-1}$,$u_{o1} = +U_{OM}$;$u_{+2} < u_{-2}$,$u_{o2} = -U_{OM}$。二极管 D_1 导通,D_2 截止,电流通路如图 8-33(a)中实线所示,稳压管工作在稳压状态,输出电压 $u_o = +U_Z$。

(2) 当 $u_i < U_{R2}$ 时,$u_{+1} < u_{-1}$,$u_{o1} = -U_{OM}$;$u_{+2} > u_{-2}$,$u_{o2} = +U_{OM}$。二极管 D_1 截止,D_2 导通,电流通路如图 8-33(a)中虚线所示,稳压管依然工作在稳压状态,输出电压 $u_o = +U_Z$。

(3) 当 $U_{R2} < u_i < U_{R1}$ 时,$u_{+1} < u_{-1}$,$u_{o1} = -U_{OM}$;$u_{+2} < u_{-2}$,$u_{o2} = -U_{OM}$。二极管 D_1、D_2 均截止,稳压管亦处于截止状态,输出电压 $u_o = 0$。

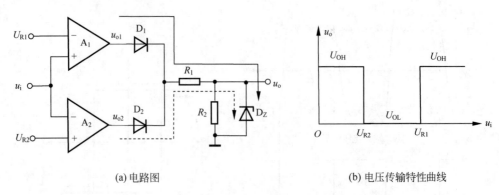

(a) 电路图　　　　　　　　　　　　(b) 电压传输特性曲线

图 8-33　窗口电压比较器及其电压传输特性曲线

若设 U_{R1} 和 U_{R2} 均大于 0,则如图 8-33(a)所示电路的电压传输特性曲线如图 8-33(b)所示。

由图 8-33(b)可见,窗口电压比较器可用来判断输入电压是否处于两个已知电平之间,因此,常用于自动测试、故障检测等场合。

8.4　波形产生电路

波形产生电路在无外加输入信号的情况下,能自动产生一定波形、一定频率和一定振幅的交流信号。按波形来分,可分为正弦波和非正弦波两大类。非正弦波包括矩形波、三角波和锯齿波等。

8.4.1　正弦波产生电路

为了改善放大电路的性能,常采用负反馈措施。在波形产生电路(振荡器)中,为了产生振荡,必须引入正反馈。

1. 振荡的基本原理

振荡器包括基本放大电路和选频网络两部分,如图 8-34 所示。虽然实际振荡器中没有输入信号 $\dot{X}_i$,这里为了便于理解,假定有输入信号 $\dot{X}_i$。

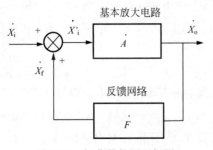

图 8-34　振荡器的原理框图

若环路增益满足

$$\dot{T} = \dot{A}\dot{F} = 1 \tag{8-48}$$

即 $\dot{X}'_i = \dot{X}_f$,意味着没有输入信号 $\dot{X}_i$,电路也会有输出信号 $\dot{X}_o$。式(8-48)是持续振荡的**平衡条件**。可以用幅度平衡条件和相位平衡条件来表示。即

$$|\dot{A}\dot{F}| = 1 \tag{8-49a}$$

$$\varphi_A + \varphi_F = 2n\pi, \quad n = 0, \pm 1, \pm 2, \cdots \tag{8-49b}$$

那么振荡是怎样从无到有逐步建立起来的呢? 一个实际的振荡器的初始信号是由电路内噪声或瞬态过程的扰动引起的。这些噪声或扰动的频

谱很宽,选频网络把所需频率分量选择出来,这时只要环路增益

$$\dot{T} = \dot{A}\dot{F} > 1 \tag{8-50}$$

振荡就可以从无到有逐步地建立起来。式(8-50)为正弦波振荡的**起振条件**,也可以用幅度起振条件和相位起振条件来表示。即

$$|\dot{T}| = |\dot{A}\dot{F}| > 1 \tag{8-51a}$$

$$\varphi_A + \varphi_F = 2n\pi, \quad n = 0, \pm 1, \pm 2, \cdots \tag{8-51b}$$

振荡一旦建立起来,信号就由小到大不断增大,最终受放大电路非线性的限制,幅度增大时$|\dot{T}|$逐渐减小,最终达到平衡状态$|\dot{T}| = 1$。

2. 文氏桥振荡器

文氏桥振荡器如图 8-35 所示。运放 A 和 R_1、R_2 组成负反馈放大电路作为基本放大电路,增益为$\dot{A} = 1 + \dfrac{R_2}{R_1}$,$RC$ 串并联网络作为选频网络同时实现正反馈,反馈系数为 $\dot{F} = \dfrac{Z_P}{Z_P + Z_S}$,式中 Z_S 和 Z_P 分别为 RC 网络的串并联阻抗。即

$$Z_P = \frac{R}{1 + sRC}$$

$$Z_S = \frac{1 + sRC}{sC}$$

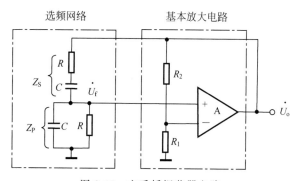

图 8-35　文氏桥振荡器电路

环路增益为

$$\dot{T} = \dot{A}\dot{F} = \left(1 + \frac{R_2}{R_1}\right)\left(\frac{Z_P}{Z_P + Z_S}\right) \tag{8-52}$$

把 Z_S 和 Z_P 的表达式代入 $\dot{T}$,可得

$$\dot{T} = \left(1 + \frac{R_2}{R_1}\right) \cdot \frac{1}{3 + sRC + \dfrac{1}{sRC}}$$

令 $s = j\omega$,得到文氏桥振荡器环路增益的频率响应为

$$T(j\omega) = \left(1 + \frac{R_2}{R_1}\right) \cdot \frac{1}{3 + j\omega RC + \dfrac{1}{j\omega RC}} \tag{8-53}$$

当 $j\omega RC + \dfrac{1}{j\omega RC} = 0$，即 $\omega = \omega_0 = \dfrac{1}{RC}$ 时，则

$$T(j\omega_0) = \frac{1}{3}\left(1 + \frac{R_2}{R_1}\right) \tag{8-54}$$

选取 $\dfrac{R_2}{R_1} = 2$，文氏桥振荡器满足振荡的平衡条件，振荡频率由 RC 串并联网络的谐振频率决定，即

$$f_0 = \frac{1}{2\pi RC} \tag{8-55}$$

为了便于起振，必须选择

$$\frac{R_2}{R_1} > 2$$

3. 石英晶体振荡器

石英晶体是一种各向异性的结晶体，化学成分是二氧化硅。从晶体上按一定的方位角切下的薄片称为晶片，在晶片两边涂敷银层，接上引线，用金属或玻璃壳封装即构成石英晶体产品。

(1) 石英晶体的压电效应及其等效电路。

若在石英晶体的两个电极间加一电场，晶片就会产生机械变形；反之，若在晶片两侧加机械力。晶片就会在相应的方向上产生电场，这种机电相互转换的物理现象称为**压电效应**。

石英晶片有一固有振荡频率，其值极其稳定，仅与晶片的切割方法、几何形状、尺寸有关。当外加交变电压的频率与晶片的固有频率相等时，机械振动与它所产生的交变电压都会显著增大，这种现象称为**压电谐振**。

石英晶体的压电谐振现象与 LC 谐振电路的谐振现象十分相似，压电现象可用图 8-36(a) 所示的等效电路来模拟。图 8-36(b) 为石英晶体的电路符号。

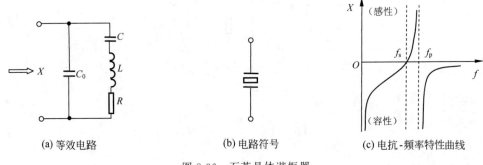

(a) 等效电路　　　　　(b) 电路符号　　　　　(c) 电抗-频率特性曲线

图 8-36　石英晶体谐振器

当晶体不振动时，相当于一个平板电容 C_0；当晶体振动时，用电感 L 模拟机械振动的惯性，用电容 C 模拟晶片的弹性，用电阻 R 模拟晶片振动的是摩擦损耗。

晶片的等效电感 L 很大（$10^{-3} \sim 10^2$ H），等效电容 C 很小（$10^{-2} \sim 10^{-2}$ pF），摩擦损耗 R 很小，因而回路的品质因数 Q 很大，可达 $10^4 \sim 10^6$，故其频率的稳定性很高，所构成的石英晶体振荡器频率稳定度可达 $10^{-6} \sim 10^{-11}$ 数量级。

由等效电路可知，石英晶体有两个谐振频率，当 R、L、C 支路串联谐振时，该支路的等

效阻抗为纯电阻 R,**串联谐振频率**为

$$f_s = \frac{1}{2\pi\sqrt{LC}} \tag{8-56}$$

当 L、C、C_0 并联谐振时,石英晶体等效为一个很大的纯电阻,**并联谐振频率**为

$$f_p = \frac{1}{2\pi\sqrt{L\dfrac{CC_0}{C+C_0}}} = \frac{1}{2\pi\sqrt{LC}}\sqrt{1+\frac{C}{C_0}} = f_s\sqrt{1+\frac{C}{C_0}} \tag{8-57}$$

由于 $C \ll C_0$,所以 f_s 和 f_p 非常接近。石英晶体的电抗-频率特性如图 8-36(c)所示。

(2) 石英晶体振荡电路。

石英晶体振荡电路可归结为串联型和并联型两类。前者发生振荡时,石英晶体工作在串联谐振频率 f_s 处,呈现小电阻;后者发生振荡时,石英晶体工作在 f_s 和 f_p 之间,呈现感抗。

图 8-37(a)为**串联型石英晶体振荡电路**。T_1、T_2 组成两级放大,晶体接在正反馈回路中,当 $f = f_s$ 时,晶体产生串联谐振,呈小电阻特性,正反馈最强,电路满足自激振荡条件,该电路的振荡频率为 f_s。

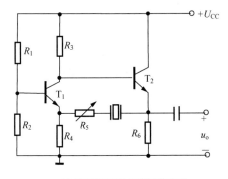

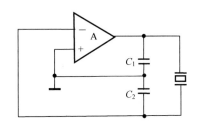

(a) 串联型石英晶体振荡电路   (b) 并联型石英晶体振荡电路

图 8-37 石英晶体振荡电路

图 8-37(b)为**并联型石英晶体振荡电路**。石英晶体相当于电感,和 C_1、C_2 一起构成并联谐振回路,振荡频率由 C_1、C_2 和石英晶体的等效电感决定。由于 C_1、C_2、C_0(晶体静态电容)均远大于 C(晶体弹性电容),电路谐振频率主要由 L、C 决定,即

$$f_0 \approx \frac{1}{2\pi\sqrt{LC}} = f_s$$

8.4.2 非正弦波产生电路

1. 方波发生器

方波是占空比为 50% 的矩形波,在数字系统中有广泛的应用。由迟滞比较器和 RC 电路构成的方波发生器如图 8-38(a)所示。

设 $t = 0$ 时,电源接通,电容 C 的起始电压为 0,$u_o = +U_Z$,运放同相端对地的电压为

$$U'_+ = \frac{R_1}{R_1 + R_2}U_Z \tag{8-58}$$

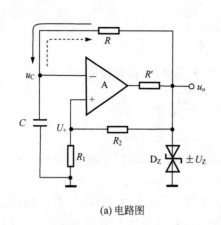

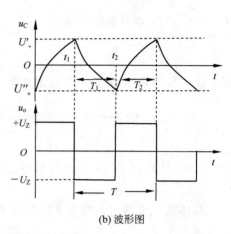

(a) 电路图　　　　　　　　(b) 波形图

图 8-38　方波发生器

$u_o=+U_Z$ 通过 R 对 C 充电,u_C 呈指数规律增加。当 $t=t_1$,$u_C \geqslant U'_+$ 时,u_o 跳变为 $-U_Z$,这时运放同相端对地的电压为

$$U''_+ = -\frac{R_1}{R_1+R_2}U_Z \tag{8-59}$$

$u_o=-U_Z$,C 通过 R 放电,u_C 呈指数规律下降。当 $t=t_2$,$u_C \leqslant U''_+$ 时,u_o 跳变为 $+U_Z$,电容 C 又被充电。如此周而复始即可在输出端得到 $\pm U_Z$ 的方波。电路工作波形如图 8-38(b)所示。

电容放电时间常数 $\tau=RC$,终值 $u_C(\infty)=-U_Z$,根据**三要素法**求得从 U'_+ 到 U''_+ 的放电时间为

$$T_1 = \tau\ln\frac{u_C(\infty)-U'_+}{u_C(\infty)-U''_+} = RC\ln\frac{-U_Z-\dfrac{R_1}{R_1+R_2}U_Z}{-U_Z+\dfrac{R_1}{R_1+R_2}U_Z} = RC\ln\left(1+\frac{2R_1}{R_2}\right) \tag{8-60}$$

充电时间 T_2 和放电时间 T_1 相等,方波周期为

$$T = 2T_1 = 2RC\ln\left(1+\frac{2R_1}{R_2}\right) \tag{8-61}$$

方波频率为

$$f = \frac{1}{T} = \frac{1}{2RC\ln\left(1+\dfrac{2R_1}{R_2}\right)} \tag{8-62}$$

式(8-62)表明,方波频率与 R、C、$\dfrac{R_1}{R_2}$ 有关,与输出电压幅度 U_Z 无关,可通过调节 R、C、R_1、R_2 来改变方波频率。

2. 三角波发生器

三角波可通过方波积分来得到,如图 8-39(a)所示为三角波发生器。

设 $t=0$ 时,电源接通,$u_{o1}=+U_Z$,电容 C 的起始电压为 0,$u_o=0$,运放 A_1 的同相端对地的电压为

$$U_+ = \frac{R_1}{R_1+R_2}U_Z$$

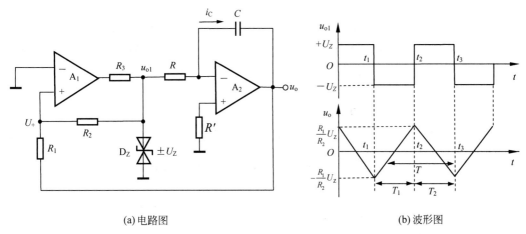

(a) 电路图   (b) 波形图

图 8-39　三角波发生器

$u_{o1}=+U_Z$ 通过 R 对 C 恒流充电，u_o 线性下降，U_+ 亦不断减小。即

$$U_+=\frac{R_1}{R_1+R_2}U_Z+\frac{R_2}{R_1+R_2}u_o \tag{8-63}$$

当 $t=t_1$ 时，$u_o=-\dfrac{R_1}{R_2}U_Z$，u_{o1} 由 $+U_Z$ 跳变为 $-U_Z$。此时运放 A_1 的同相端对地的电压变为

$$U_+=-\frac{R_1}{R_1+R_2}U_Z+\frac{R_2}{R_1+R_2}u_o \tag{8-64}$$

C 通过 R 恒流放电，u_o 线性上升，U_+ 亦不断增大。当 $t=t_2$ 时，$u_o=\dfrac{R_1}{R_2}U_Z$，u_{o1} 由 $-U_Z$ 跳变为 $+U_Z$。u_{o1} 又通过 R 对 C 充电。如此周而复始，可在 u_o 端得到幅度为 $\pm\dfrac{R_1}{R_2}U_Z$ 的三角波，电路的工作波形如图 8-39(b) 所示。

在 T_1 期间，C 恒流放电，放电电流为 $i_C=-\dfrac{U_Z}{R}$，电容上电压的变化量为 $\Delta U_C=-\dfrac{2R_1}{R_2}U_Z$，放电时间为

$$T_1=\frac{C\Delta U_C}{i_C}=\frac{C\left(-\dfrac{2R_1}{R_2}U_Z\right)}{\dfrac{U_Z}{R}}=2RC\frac{R_1}{R_2} \tag{8-65}$$

充电时间 T_2 与放电时间 T_1 相等，三角波的周期为

$$T=T_1+T_2=4RC\frac{R_1}{R_2} \tag{8-66}$$

三角波的频率为

$$f=\frac{1}{T}=\frac{R_2}{4RR_1C} \tag{8-67}$$

3. 锯齿波发生器

在图 8-39 的基础上，附加少量元件，使电容充放电的时间常数不一样，就可获得锯齿

波,电路如图 8-40(a)所示。

由图 8-40(a)可见,当 $u_{o1} = +U_Z$ 时,电容 C 充电,充电电阻为 $R /\!/ R_4$(忽略二极管的正向导通电阻);当 $u_{o1} = -U_Z$ 时,电容 C 放电,放电电阻为 R。充电时间常数小,u_o 下降快,放电时间常数大,u_o 上升慢,分别构成了锯齿波的**回程**和**正程**,波形如图 8-40(b)所示。

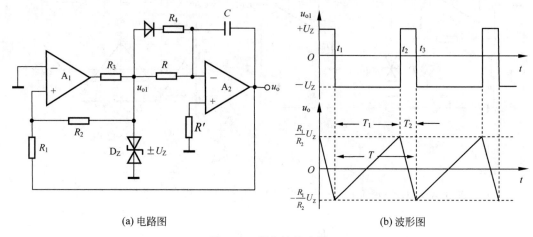

(a) 电路图   (b) 波形图

图 8-40   锯齿波发生器

锯齿波的幅值为 $\pm \dfrac{R_1}{R_2} U_Z$,可计算出上升和下降时间分别为

$$T_1 = \frac{2R_1 RC}{R_2} \tag{8-68}$$

$$T_2 = \frac{2R_1 (R /\!/ R_4)C}{R_2} \tag{8-69}$$

锯齿波的周期为

$$T = T_1 + T_2 = \frac{2R_1 RC}{R_2} + \frac{2R_1 (R /\!/ R_4)C}{R_2} \tag{8-70}$$

4. 压控振荡器

在前面几种波形发生器中,无论方波、三角波还是锯齿波,要改变输出信号的频率,可通过人为的方法去调节电阻或电容。在某些系统中这是不现实的,而压控振荡器能很好地解决这一问题。

压控振荡器通过外加的电压控制端来控制信号的振荡频率,能实现频率与控制电压成正比。

压控的三角波、方波发生器如图 8-41 所示。A_1、A_2 构成两个相互串联的反相器,它们的输出电压大小相等、方向相反,即 $u_{o2} = -u_{o1} = u_i$。D_1、D_2 的工作状态受 A_4 输出的控制,设 D_1、D_2 的正向压降可以忽略,当 A_4 输出高电平时,其值大于 u_i,D_1 截止,D_2 导通,积分器 A_3 对 $u_{o2}(u_i)$ 积分。反之,当 A_4 输出低电平时,其值小于 $u_{o1}(-u_i)$,D_1 导通,D_2 截止,积分器 A_3 对 $u_{o1}(-u_i)$ 积分。工作波形如图 8-42 所示。

当 $u_{o4} = +U_Z$ 时,A_4 的同相端电位为

$$U_{+4} = \frac{R_4}{R_4 + R_5} U_Z + \frac{R_5}{R_4 + R_5} u_{o3} \tag{8-71}$$

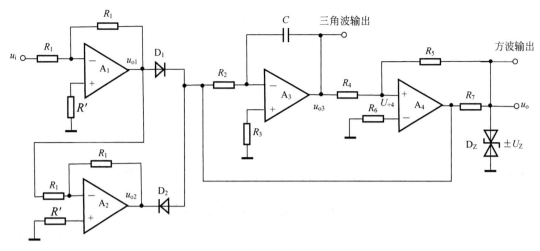

图 8-41　压控三角波、方波发生器

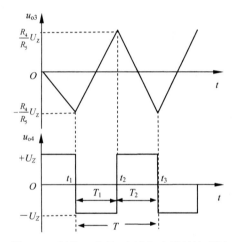

图 8-42　压控三角波、方波发生器的波形图

当 u_{o3} 达到 $-\dfrac{R_4}{R_5}U_Z$ 时，u_{o4} 从 $+U_Z$ 跳变到 $-U_Z$。当 $u_{o4}=-U_Z$ 时，A_4 的同相端电位为

$$U_{+4}=-\frac{R_4}{R_4+R_5}U_Z+\frac{R_5}{R_4+R_5}u_{o3}$$

当 u_{o3} 达到 $\dfrac{R_4}{R_5}U_Z$ 时，u_{o4} 从 $-U_Z$ 跳变到 $+U_Z$。

在 T_1 期间，电容上的电压变化量为 $\Delta U_C=\dfrac{2R_4}{R_5}U_Z$，电容的充放电电流为 $i_C=\dfrac{u_i}{R_2}$，由 $T_1=\dfrac{C\Delta U_C}{i_C}$ 得

$$T_1=\frac{C\dfrac{2R_4}{R_5}U_Z}{\dfrac{u_i}{R_2}}=\frac{2R_2R_4CU_Z}{R_5u_i} \tag{8-72}$$

$$T = T_1 + T_2 = 2T_1 = \frac{4R_2 R_4 CU_z}{R_5 u_i} \tag{8-73}$$

振荡频率为

$$f = \frac{1}{T} = \frac{R_5}{4R_2 R_4 CU_z} u_i \tag{8-74}$$

由式(8-74)可见,改变外加电压 u_i 时,三角波和方波的频率 f 随 u_i 的改变成正比地变化,实现了压控功能。

随着大规模集成电路的发展,已出现了集成多功能信号(函数)发生器,其中常用的有5G8038 等。外接适当的电阻、容,可方便地得到矩形波、三角波、正弦波和锯齿波等。

8.5 用 Multisim 分析集成运放的应用电路

【例 8-5】 RC 正弦波振荡电路如图 8-43 所示,其中运放选用 μA741,其电源电压$+U_{CC}=$ 12V,$-U_{EE} = -12$V。D_1、D_2 用 1N4148,其他参数改为: $R_1 = 15$kΩ,$R_2 = 10$kΩ,$R=5.1$kΩ,$C=0.033\mu$F,R_w 为 100kΩ 的可调电阻。试用 Multisim 做如下分析:

(1) 观察输出电压波形由小到大的起振和稳定到某一幅度的全过程,求出振荡频率 f_0;

(2) 分析输出波形的谐波失真情况。

【解】 Multisim 仿真电路如图 8-44 所示,用示波器 XSC1 观察振荡波形,用频率计 XFC1 测量振荡频率。

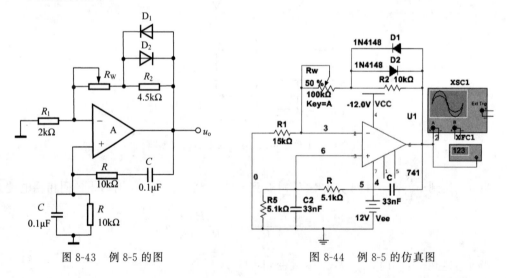

图 8-43 例 8-5 的图　　　　　图 8-44 例 8-5 的仿真图

(1) 文氏桥振荡器起振时,要求放大电路的增益$|\dot{A}_u|>3$,在给定的电路参数下,滑动变阻器使其接入反馈支路的电阻值为 25kΩ 时,用示波器观察到电路输出电压波形由小到大的起振和稳定到某一幅度的全过程如图 8-45(a)所示,图中,示波器的刻度为 2V/每格。

稳定振荡时,用频率计测得振荡频率 $f_0 = 937.675$Hz。该值与理论计算值

$$f_0 = \frac{1}{2\pi RC} = \frac{1}{2 \times 3.14 \times 5.1 \times 10^3 \times 0.033 \times 10^{-6}} \text{Hz} \approx 946\text{Hz}$$

相吻合。

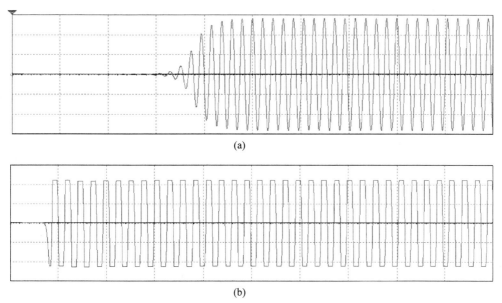

(a)

(b)

图 8-45　例 8-5 的图解

（2）谐波失真是与 RC 文氏桥振荡电路中基本放大电路的增益大小相关，也与反馈电阻值相关，滑动变阻器使其接入反馈支路的电阻值增大，随之增益值增大，当增益值过大时，会导致运放脱离线性区，电路产生非线性失真。当调整滑动变阻器，使接入反馈支路的阻值为 50kΩ 时，失真波形如图 8-45(b)所示，图中，示波器的刻度为 5V/每格。

思考题与习题

【8-1】　在图 8-46 中，各个集成运放均为理想的，试求出各电路输出电压的值。

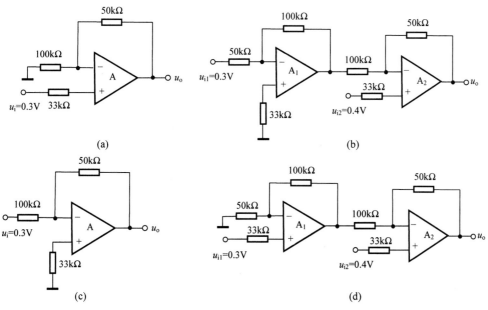

图 8-46　题 8-1 的图

【8-2】 理想运放组成的电路如图 8-47 所示。

(1) 导出 $u_{o1} \sim u_i$、$u_o \sim u_i$ 的关系式;

(2) 当 $R_2 = 2R_1$，$R_3 = R_4$，运放最大输出电压 $U_{omax} = \pm 15V$，画出 $u_{o1} \sim u_i$、$u_o \sim u_i$ 的电压传输特性曲线。

【8-3】 理想运放组成的电路如图 8-48 所示。

(1) 试导出 $u_o \sim u_i$ 的关系式;

(2) 说明电阻 R_1 的大小对电路性能的影响。

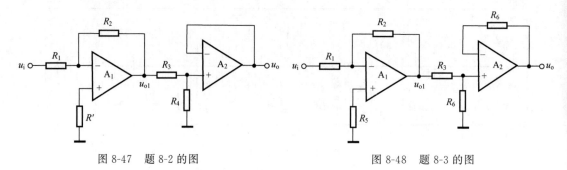

图 8-47 题 8-2 的图　　　　　　图 8-48 题 8-3 的图

【8-4】 试用集成运放和若干电阻组成运算电路,要求实现以下运算:

$$u_o = -(2u_{i1} + 2u_{i2}) + 10u_{i3}$$

【8-5】 设图 8-49 中的 A 为理想运放,其共模和差模输入范围都足够大,$+U_{CC}$ 和 $-U_{EE}$ 同时也是运放 A 的电源电压。已知晶体三极管的 $r_{be2} = r_{be2} = 1k\Omega$,$\beta_1 = \beta_2 = 50$,$I$ 为理想恒流源,求电压放大倍数 $A_u = \dfrac{u_o}{u_i}$。

【8-6】 在图 8-50 中,已知运放是理想的,电阻 $R_1 = 10k\Omega$,$R_2 = R_3 = R_5 = 20k\Omega$,$R_4 = 0.5k\Omega$,试求输出电压 $u_o = f(u_i)$ 的表达式。

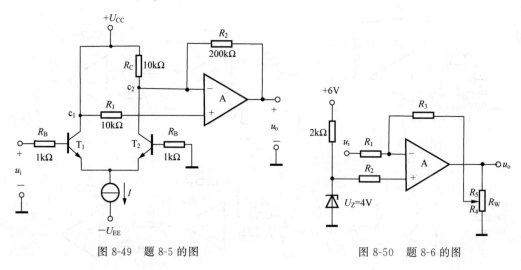

图 8-49 题 8-5 的图　　　　　　图 8-50 题 8-6 的图

【8-7】 电路如图 8-51(a)所示。A 为理想运算放大器。

(1) 求 u_o 与 u_{i1}、u_{i2} 的运算关系式;

（2）若 $R_1=1\mathrm{k}\Omega$，$R_2=2\mathrm{k}\Omega$，$C=1\mu\mathrm{F}$，u_{i1} 和 u_{i2} 的波形如图 8-51(b)所示，$t=0$ 时，$u_C=0$，画出 $u_o(0{\leqslant}t{\leqslant}5\mathrm{ms})$ 的波形图，并标明电压值。

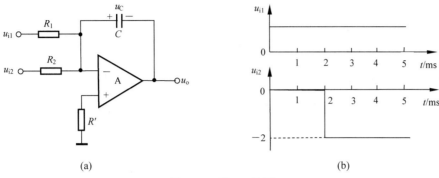

图 8-51　题 8-7 的图

【8-8】　图 8-52 所示为理想运放和 T 形电阻网络组成的 T 形网络 D/A 转换电路，其中 S_i 为电子开关，当相应的 d_i 端接高电平时，S_i 自动打向左侧接通 $-U_{ref}$，反之当 d_i 端为低电平时，打向右端接地。

（1）简述 T 形电阻网络的特点；

（2）导出输出 u_o 和输入 d_{n-1}，d_{n-2}，$\cdots$，d_0 的关系式；

（3）电阻网络为 8 位时，$U_{ref}=10.04\mathrm{V}$，$R=20\mathrm{k}\Omega$，$R_f=60\mathrm{k}\Omega$，求输出 u_o 的范围。

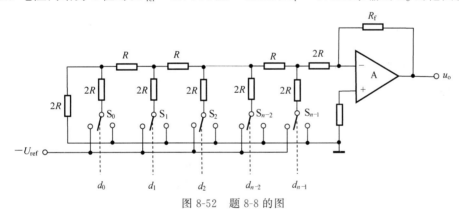

图 8-52　题 8-8 的图

【8-9】　理想运放组成图 8-53(a)所示的电路，其中，$R_1=R_2=100\mathrm{k}\Omega$，$C_1=10\mu\mathrm{F}$，$C_2=5\mu\mathrm{F}$，图 8-53(b)为输入信号波形，分别画出 u_{o1}、u_o 相对于 u_i 的波形。

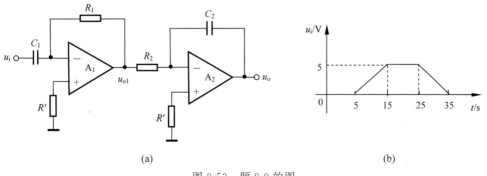

图 8-53　题 8-9 的图

【8-10】 设图 8-54 中各晶体管的参数相同,各个输入信号都大于 0。
(1)试说明各组成何种基本运算电路;
(2)分别给出两个电路的输出电压与输入电压之间关系的表达式。

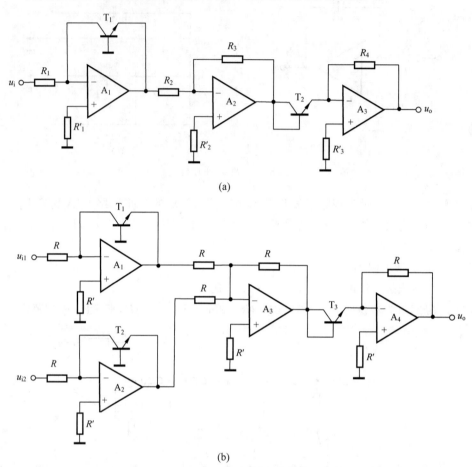

(a)

(b)

图 8-54 题 8-10 的图

【8-11】 假设实际工作中提出以下要求,试选择滤波器的类型(低通、高通、带通、带阻):
(1)有效信号为 20～200Hz 的音频信号,消除其他频率的干扰噪声;
(2)抑制频率低于 100Hz 的信号;
(3)在有效信号中抑制 50Hz 的工频干扰;
(4)抑制频率高于 20MHz 的噪声。

【8-12】 电路如图 8-55 所示,设 A_1、A_2 为理想运放。
(1)求 $A_1(s)=u_{o1}(s)/u_i(s)$ 及 $A(s)=u_o(s)/u_i(s)$;
(2)根据导出的 $A_1(s)$ 和 $A(s)$ 的表达式判断它们分别属于什么类型的滤波电路。

【8-13】 将正弦信号 $u_i=U_m\sin\omega t$ 分别加到图 8-56(a)、(b)、(c)三个电路的输入端,试画出它们的输出电压的波形,并在波形图上标明电压值。已知 $U_m=15V$。
(1)图 8-56(a)中稳压管的稳压值 $U_z=\pm7V$;
(2)图 8-56(b)中稳压管的参数同上,且参考电压 $U_{REF}=6V$,$R_1=R_2=10k\Omega$;

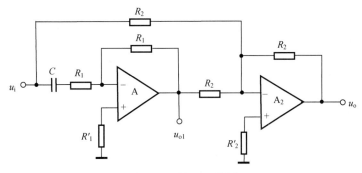

图 8-55 题 8-12 的图

（3）图 8-56(c)中稳压管的参数同上，且参考电压 $U_{REF}=6V$，$R_1=8.2k\Omega$，$R_2=50k\Omega$，$R_f=10k\Omega$。

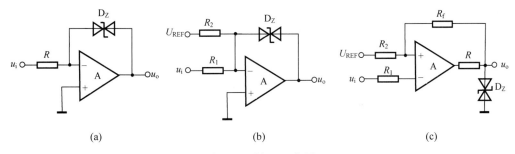

(a)　　　　　　　　(b)　　　　　　　　(c)

图 8-56 题 8-13 的图

【8-14】 设图 8-57 中各个集成运放均为理想运放。

（1）分析 A_1、A_2、A_3、A_4 是否虚地或虚短；

（2）各集成运放分别组成何种基本应用电路；

（3）根据电路参数值写出 u_{o1}、u_{o2}、u_{o3}、u_{o4} 的表达式；

（4）假设 $u_{i1}=1V$，$u_{i2}=-1V$，$u_{i3}=-0.5V$，$u_{i4}=0.5V$，试问当 $t=0.1s$ 时，u_{o4}、u_{o5} 分别等于多少？已知运放的最大输出幅度为 $\pm15V$，当 $t=0$ 时，电容 C 上的电压为 0。

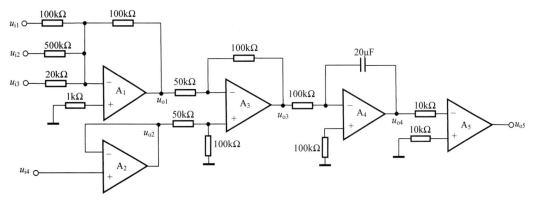

图 8-57 题 8-14 的图

【8-15】 在图 8-58 所示电路中，运放 A_1、A_2 的最大输出电压幅度为 $\pm12V$。

（1）分析电路由哪些基本单元组成；

(2) 设 $u_{i1}=u_{i2}=0$ 时,电容上的电压 $u_C=0$,$u_o=12V$。求当 $u_{i1}=-10V$,$u_{i2}=0$ 时,经过多长时间 u_o 由 $+12V$ 变为 $-12V$;

(3) u_o 变成 $-12V$ 时,u_{i2} 由 0 改为 $+15V$,求经过多长时间 u_o 由 $-12V$ 变为 $+12V$;

(4) 画出 u_{o1} 和 u_o 的波形。

【8-16】 集成电压比较器 LM311 组成图 8-59 所示的电路,已知 LM311 输出高电平 $U_{OH}=5V$,输出低电平 $U_{OL}=0V$,其输出端并联,满足逻辑与的关系。设图中 $U_A=+5V$,$U_B=2.5V$,分析电路的工作原理,画出 $u_o \sim u_i$ 曲线。

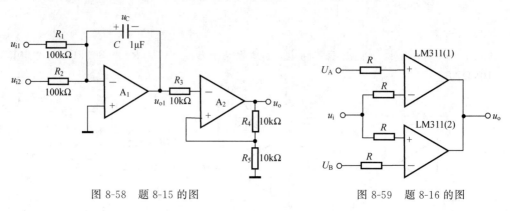

图 8-58 题 8-15 的图   图 8-59 题 8-16 的图

【8-17】 电路如图 8-60(a)所示,$A_1 \sim A_3$ 均为理想运放,其电源电压为 $\pm 15V$。晶体管 T 的饱和压降 $U_{CE(sat)}=0.3V$,穿透电流 $I_{CEO}=0$,电流放大系数 $\beta=100$。当 $t=0$ 时,电容器

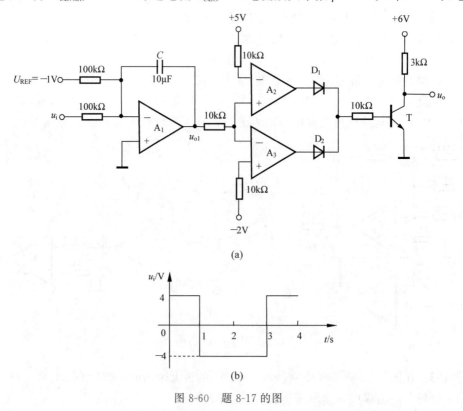

(a)

(b)

图 8-60 题 8-17 的图

的初始电压 $u_C(0)=0V$,输入电压 u_i 的波形如图 8-60(b)所示,试画出对应于 $u_i(0 \leqslant t \leqslant 4s)$ 的 u_{o1} 和 u_{o2} 的波形。

【8-18】 用相位平衡条件判断图 8-61 所示的电路是否有可能产生正弦波振荡,并简述理由。假设耦合电容和射极旁路电容很大,可视为对交流短路。

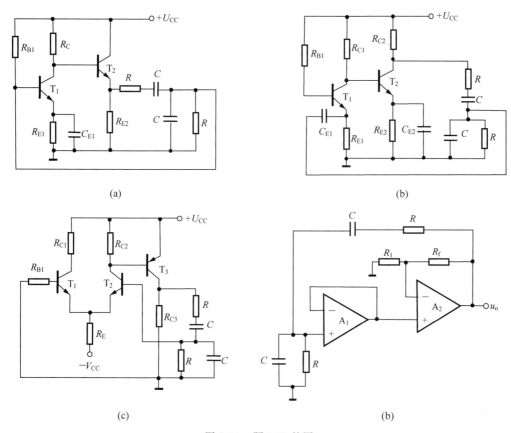

图 8-61 题 8-18 的图

【8-19】 为了使图 8-62 所示的电路产生正弦波振荡,图中 j、k、m、n 四点应如何连接(或不连)? 振荡频率为多少? 设耦合电容和射极旁路电容很大,可视为对交流短路。

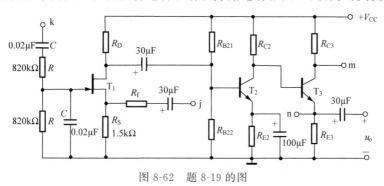

图 8-62 题 8-19 的图

【8-20】 正弦波振荡电路如图 8-63 所示。

(1)设 $R_1=R_2=R=8.2k\Omega$,$C_1=C_2=C=0.2\mu F$,估算振荡频率 f_0。

（2）若电路接线无误且静态工作点正常，但不能产生振荡，可能是什么原因？调整电路中哪个参数最为合适？调大还是调小？

（3）若输出波形严重失真，又应如何调整？

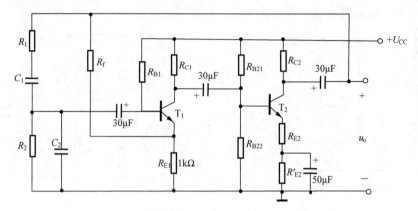

图 8-63　题 8-20 的图

【8-21】　试用相位平衡条件判断图 8-64 所示的电路能否产生正弦波振荡。如可能振荡，指出是属于串联型还是并联型石英晶体振荡电路；如不能振荡，则加以改正。图中 C_E 为旁路电容，C_C 为耦合电容。

【8-22】　图 8-65 是一个三角波发生电路，为了实现以下几点不同的要求，U_R、U_S 应做哪些调整？

（1）u_{o1} 端输出对称矩形波，u_o 端输出对称三角波；

（2）矩形波以及三角波的电平可以移动（如使波形上移）；

（3）输出矩形波的占空比可以改变（如占空比减少）。

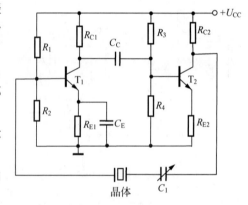

图 8-64　题 8-21 的图

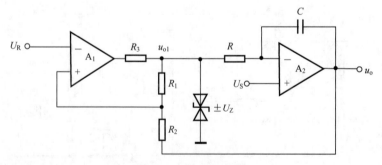

图 8-65　题 8-22 的图

第 9 章

直流稳压电源

在生产、科研和日常生活中，除了广泛使用交流电外，在某些场合，例如电解、电镀、蓄电池充电、直流电动机供电、同步电机励磁等，都需要直流电源。为了获得直流电，除利用直流发电机外，在大多数情况下，广泛采用各种半导体直流电源。

9.1 直流稳压电源的组成

一般小功率半导体直流稳压电源由**电源变压器**、**整流电路**、**滤波电路**和**稳压电路**四部分组成，其原理框图及各部分输出波形如图 9-1 所示。

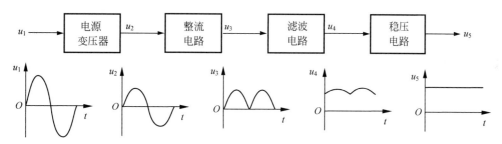

图 9-1 小功率直流稳压电源的组成框图

图 9-1 中，电源变压器的作用是将电网供给的交流电压变换为符合电子设备所要求的电压值。比如，它可将 220V 的电压变换为十几伏或几十伏的电压值。目前，有些电路不用变压器，而采用其他方法降压。

整流电路的作用是将变压器次级正、负交替变化的交变电压 u_2 变换为单向脉动的直流电压 u_3，通常由具有单向导电性能的元件组成。

滤波电路的作用是滤除整流输出 u_3 中的脉动成分，从而获得比较平滑的直流电压 u_4。一般由电容、电感等储能元件组成。

稳压电路的作用是当电网电压波动、负载和温度变化时，维持输出直流电压稳定，以获得足够高的稳定性。它是半导体直流电源的重要组成部分，其性质的优劣往往决定着直流电源的主要技术性能。

9.2　单相桥式整流电路

整流电路有多种形式。从所用交流电源的相数,可把整流电路分为单相和三相整流电路;从电路的结构形式,可把整流电路分为半波、全波和桥式整流电路。本节只讨论常用的单相桥式整流电路。

9.2.1　电路组成及工作原理

单相桥式整流电路如图 9-2(a)所示,它由 4 只二极管组成,并接成电桥的形式,故称为桥式整流电路。图 9-2(b)是电路的简化画法。

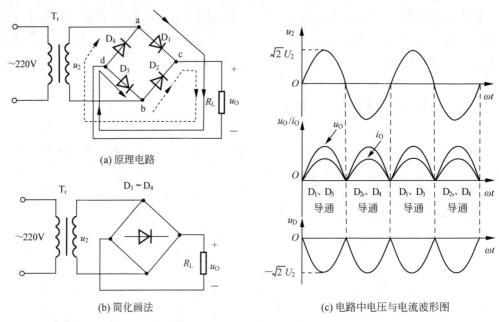

(a) 原理电路

(b) 简化画法

(c) 电路中电压与电流波形图

图 9-2　单相桥式整流电路

为了使问题简化,假定负载为纯电阻性,整流二极管和变压器都是理想的,即认为二极管的正向压降为 0,正向电阻为 0,反向电阻为无穷大,变压器无内部压降等。

设变压器副边电压 $u_2 = \sqrt{2}U_2\sin\omega t$,$U_2$ 为其有效值。

在 u_2 的正半周,变压器副边电压的极性上正(+)下负(-),二极管 D_1、D_3 导通,D_2、D_4 截止,电流由 a 经 $D_1 \rightarrow R_L \rightarrow D_3 \rightarrow$ b 形成通路,如图 9-2(a)中实线所示。这时,二极管 D_2、D_4 承受反向电压。

在 u_2 的负半周,变压器副边电压的极性上负(-)下正(+),二极管 D_2、D_4 导通,D_1、D_3 截止,电流由 b 经 $D_2 \rightarrow R_L \rightarrow D_4 \rightarrow$ a 形成通路,如图 9-2(a)中虚线所示。这时,二极管 D_1、D_3 承受反向电压。

由上述分析可以看出,尽管 u_2 的方向是交变的,但通过负载 R_L 的电流 i_O 及其两端电压 u_O 的方向不变,因此,负载上得到了大小变化而方向不变的脉动直流电流和电压。u_O、$i_O(i_D)$ 及二极管承受的电压 u_D 的波形如图 9-2(c)所示。

负载上得到的脉动直流电压,常用一个周期的平均值来说明它的大小,即

$$U_O = \frac{1}{T}\int_0^{2\pi} u_O \mathrm{d}(\omega t) = \frac{1}{2\pi}\int_0^{2\pi}\sqrt{2}U_2\sin\omega t\,\mathrm{d}(\omega t) = \frac{2\sqrt{2}U_2}{\pi} \approx 0.9U_2 \tag{9-1}$$

$$I_O = \frac{U_O}{R_L} = 0.9\frac{U_2}{R_L} \tag{9-2}$$

9.2.2　整流二极管的选择

由工作原理的分析可知,每个周期中,D_1、D_3 串联与 D_2、D_4 串联各轮流导电半周,故每个二极管中流过的平均电流只有负载电流的一半,即

$$I_D = \frac{1}{2}I_O = 0.45\frac{U_2}{R_L} \tag{9-3}$$

由图 9-2(a)可以看出,二极管截止时承受的最高反向电压为 u_2 的最大值,即

$$U_{RM} = \sqrt{2}U_2 \tag{9-4}$$

因此,选用整流二极管时,应使

$$U_{RM} > \sqrt{2}U_2 \tag{9-5}$$

$$I_F > \frac{1}{2}I_O \tag{9-6}$$

在工程实际中,为了保证电路安全、可靠地工作,在选择二极管时应留有充分的余量,避免整流管处于极限运用状态。

目前,器件生产厂商已经将 4 个整流二极管封装在一起,构成模块化的整流桥,使用起来十分方便。

9.3　滤波电路

整流电路的输出电压虽然是单一方向的,但是脉动较大,含有较大的谐波成分(交流分量),不能适应大多数电子电路和设备的要求,因此,需要用滤波电路滤除交流分量,以得到比较平滑的直流电压。本节介绍几种常用的滤波电路。

9.3.1　电容滤波电路

电容滤波电路是最常见、最简单和最有效的一种滤波电路,其基本工作原理就是利用电容的充放电作用,使负载电压趋于平滑。

1. 电路组成及工作原理

如图 9-3(a)所示为单相桥式整流电容滤波电路。整流电路不接滤波电容 C 时,负载 R_L 上的脉动电压 u_O 的波形如图 9-3(b)中虚线所示。

考虑电路接入滤波电容 C 时的情况。设 C 上无初始储能,且电源在 $t=0$ 时接通。

在 u_2 的正半周,D_1 和 D_3 导通,电源除向负载 R_L 提供电流 i_O 外,也给电容 C 充电,电容上电压 u_C 的极性上正(+)下负(-),且 $u_C = u_2$。当 u_2 上升到峰值 $\sqrt{2}U_2$(图 9-3 中 a 点)时,u_C 充电到最大值 $\sqrt{2}U_2$。此后,u_2 按正弦规律从峰值开始下降,电容因放电其两端电压 u_C 也开始下降。由于电容以时间常数 $\tau = R_L C$ 按指数规律放电,所以当 u_2 下降到一定值

时,u_C 的下降速度就会小于 u_2 的下降速度,使 $u_C > u_2$(如图 9-3 中 b 点),此后,D_1、D_3 因承受反向电压而截止,电容 C 继续通过 R_L 放电,u_O 呈指数规律缓慢下降。

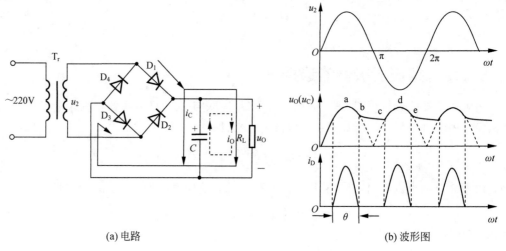

(a) 电路   (b) 波形图

图 9-3   单相桥式整流电容滤波电路及其波形

在 u_2 的负半周,当 u_2 的数值大于 u_C(图 9-3 中 c 点)时,D_2 和 D_4 导通,电源再次向电容 C 充电,当 u_C 达到峰值(图中 d 点)之后,随着 u_2 数值的减小,电容再次放电,直到 u_2 的数值小于 u_C(图 9-3 中 e 点),此后,D_2、D_4 截止,u_O 呈指数规律缓慢下降。

上述过程周而复始地循环,在输出端便得到了比较平滑的直流电压,如图 9-3(b)中实线所示。

2. 电容滤波电路的特点

(1)电容滤波电路放电时间常数($\tau = R_L C$)愈大,放电过程愈慢,输出中脉动成分愈小,输出电压愈高,滤波效果愈好。

(2)滤波电容的选取。实验证明,为了获得较好的滤波效果,一般按下式选择滤波电容

$$R_L C \geqslant (3 \sim 5) \frac{T}{2} \tag{9-7}$$

其中,T 为电网交流电的周期。一般情况下滤波电容的容量都比较大,从几十微法到几千微法,所以通常选用有极性的电解电容器,在接入电路时,应注意极性不要接反,电容的耐压值应大于 $\sqrt{2} U_2$。

(3)输出电压的平均值。在整流电路的内阻不太大(几欧姆)和放电时间常数满足式(9-7)时,单相桥式整流电容滤波电路输出电压的平均值约为

$$U_O \approx 1.2 U_2 \tag{9-8}$$

(4)整流二极管的选取。未加滤波电容 C 之前,每只整流二极管均有半个周期处于导通状态,即其导通角 $\theta = \pi$。加滤波电容后,只有当 $|u_2| > u_C$ 时,整流管才导通,因此每只整流管的导通角都小于 π。并且 $R_L C$ 的值愈大,θ 愈小,整流管在短暂的导通时间内有很大的**冲击电流**流过,如图 9-3(b)所示。这对于管子的使用寿命不利,因此应选取较大容量的二极管,要求它承受正向电流的能力应大于输出平均电流的 2～3 倍。

(5)电容滤波电路适用于输出电压较高,负载电流较小而且变化不大的场合。

9.3.2 电感滤波电路

在大电流负载的情况下,若采用电容滤波,使得整流管及电容器的选择很困难,有时甚至不可能,这时,可采用电感滤波。电感滤波就是在整流电路与负载电阻之间串联一个电感线圈 L,如图 9-4 所示。

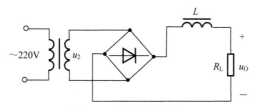

图 9-4 电感滤波电路

在第 3 章已经讲过,当通过电感线圈的电流变化时,电感线圈将产生自感电动势阻止电流的变化。当通过电感线圈的电流增加时,电感线圈产生的自感电动势与电流方向相反,阻止电流的增加;当通过电感线圈的电流减小时,自感电动势与电流方向相同,阻止电流的减小,从而使负载电流的脉动成分大大降低,波形变得平滑。

L 愈大,R_L 愈小,滤波效果愈好,**电感滤波适用于负载电流比较大的场合。**

9.3.3 复式滤波电路

无论是电容滤波电路还是电感滤波电路,它们都有各自的优点及不足。为了提高滤波效果,进一步减小输出电压中的脉动成分,可用电容和电感组成复合式滤波电路。表 9-1 给出了几种复式滤波电路的形式、性能特点及适用场合,可供选用时参考。

表 9-1 几种常用的复式滤波电路

指 标	LC 滤波	$LC\text{-}\pi$ 滤波	$RC\text{-}\pi$ 滤波
电路形式			
U_O	$\approx 1.2 U_2$	$\approx 1.2 U_2$	$\approx 1.2 \dfrac{R_L}{R+R_L} U_2$
整流管冲击电流	小	大	大
适用场合	大电流且变动大的负载	小电流负载	小电流负载

【例 9-1】 单相桥式整流电容滤波电路如图 9-5 所示,已知交流电源频率 $f=50\,\text{Hz}$,负载电阻 $R_L=200\,\Omega$,要求直流输出电压 $U_O=30\,\text{V}$,试选择整流二极管和滤波电容器。

【解】 (1)选择整流二极管。

流过二极管的电流为

$$I_D = \frac{1}{2}I_O = \frac{1}{2} \times \frac{U_O}{R_L} = \frac{1}{2} \times \frac{30}{200}\,\text{A} = 0.075\,\text{A} = 75\,\text{mA}$$

226

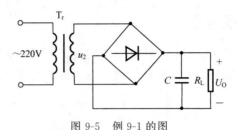

图 9-5　例 9-1 的图

根据式(9-8),取 $U_O = 1.2 U_2$,可求得变压器副边电压的有效值为

$$U_2 = \frac{U_O}{1.2} = \frac{30}{1.2} \text{V} = 25 \text{V}$$

二极管承受的最大反向电压为

$$U_{RM} = \sqrt{2} U_2 = \sqrt{2} \times 25 \text{V} \approx 35 \text{V}$$

因此可选用二极管 2CP11,其最大整流电流为 100mA,最高反向工作电压为 50V。

(2) 选择滤波电容。

根据式(9-7),取

$$R_L C = 5 \times \frac{T}{2} = 5 \times \frac{0.02}{2} \text{s} = 0.05 \text{s}$$

则

$$C = \frac{0.05}{R_L} = \frac{0.05}{200} \text{F} = 250 \times 10^{-6} \text{F} = 250 \mu\text{F}$$

电容的耐压值应大于

$$\sqrt{2} U_2 \approx 35 \text{V}$$

所以,选用容量为 $250 \mu\text{F}$,耐压为 50V 的电解电容器。

9.4　稳压电路

整流滤波后得到的平滑直流电压会随着电网电压的波动和负载的变化而改变,这种电压不稳定会引起负载工作的不稳定,甚至不能正常工作。而精密的电子测量仪器、自动控制、计算装置等都要求有稳定的直流电源供电。为了得到稳定的直流输出电压,需要采取稳压措施。稳压电路的种类很多,下面扼要介绍几种稳压电路的原理及特点。

9.4.1　硅稳压管稳压电路

最简单的直流稳压电源是采用稳压管来稳定电压的,如图 9-6 所示。经过桥式整流电容滤波后得到的直流电压 U_I,再经过由限流电阻 R 和稳压管 D_Z 组成的稳压电路接到负载电阻 R_L 上,这样,负载上得到的就是一个比较稳定的电压。

下面简述该稳压电路的稳压作用。

当电网电压升高而使 U_I 上升时,输出电压 U_O 应随之上升。但稳压管两端反向电压 (U_O) 的微小增量,会引起稳压管电流 I_Z 的急剧增加(见图 4-12(a)),从而使 I_R 增大,相应地,R 的压降 U_R 也增大,以抵偿 U_I 的上升,使输出电压 U_O($U_O = U_I - U_R$)基本保持不变。

相反,当因电网电压降低而使 U_I 减小时,输出电压 U_O 应随之减小,这时稳压管的电流 I_Z 急剧减小,从而使 I_R 减小,U_R 也减小,仍然保持输出电压 U_O 基本不变。

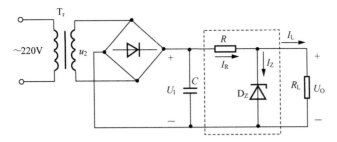

图 9-6　硅稳压管稳压电路

同理,当因负载变动而引起输出电压 U_O 波动时,电路仍能起到稳压作用。例如,当因负载电阻 R_L 减小即负载电流 I_L 增大时,I_R 随之增大,U_R 亦随之增大,在电网电压稳定的前提下,输出电压 U_O 会有所下降。而 U_O 的微小下降,导致 I_Z 的显著减小,若参数选择恰当,可使 $\Delta I_Z = -\Delta I_L$,从而使 I_R 基本不变,U_R 基本不变,因此输出电压 U_O 也基本保持不变。

可见,稳压管的电流调节作用是如图 9-6 所示电路能够稳压的关键。它利用稳压管电压的微小变化,引起电流的较大变化,通过电阻 R 实现电压的调整作用,从而保证输出电压基本恒定。

选择稳压管时,一般取

$$\begin{cases} U_Z = U_O \\ I_{ZM} = (1.5 \sim 3)I_{OM} \\ U_I = (2 \sim 3)U_O \end{cases} \tag{9-9}$$

硅稳压管稳压电路的优点是结构简单,缺点是负载电流变化范围小,输出电压不能调节,且电压稳定性不够高,因此,**仅适用于输出电压固定且要求不高的场合。**

9.4.2　串联反馈式稳压电路

串联反馈式稳压电路如图 9-7 所示,其稳压原理可简述如下。

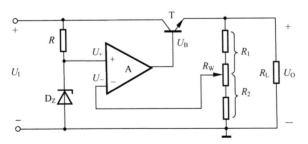

图 9-7　串联反馈式稳压电路

当由于某种原因使输出电压 U_O 升高时,由图 9-7 可知

$$U_- = \frac{R_2}{R_1 + R_2} U_O$$

也升高,而 $U_B = A_{od}(U_+ - U_-) = A_{od}(U_Z - U_-)$,故 U_B 随之减小,由于 T 接成射极跟随器

的形式,所以 T 的发射极电位,也即输出电压 U_O 必然随之降低。具体稳压过程如下:

$$U_O \uparrow \to \ U_- \uparrow \to (U_+ - U_-) \downarrow \to U_B = A_{od}(U_+ - U_-) \downarrow$$

$$U_O \downarrow \xleftarrow{\text{T 为射极跟随器}}$$

当输出电压降低时,其稳压过程相反。

可见输出电压的变化量经过运放放大后去调整晶体三极管 T(通常称为**调整管**)的输出,从而达到稳定输出电压的目的。这个自动调整过程实质上是一个负反馈过程,图 9-7 引入的是电压串联负反馈。由于负载与调整管串联,故该电路称为串联反馈式稳压电路。

根据同相比例运算电路(见式(8-4))的输入输出关系可得

$$U_O = \left(1 + \frac{R_1}{R_2}\right) U_Z \tag{9-10}$$

可见调节电位器 R_W 便可调节输出电压 U_O。当 R_W 的滑动端移到最上端时,输出电压最小;移到最下端时,输出电压最大。

9.4.3 线性集成稳压电路

随着集成电路工艺的发展,目前已生产出各种类型的集成稳压器,并得到了广泛应用。集成稳压器的类型很多,按结构形式可分为串联型、并联型和开关型;按输出电压类型可分为固定式和可调式;按封装引线端的多少可分为三端式和多端式。目前常用的集成稳压器除开关型稳压器外,基本上是串联型三端固定和可调稳压器,其中,可调三端稳压器的性能优于固定三端稳压器的性能。

1. 三端固定式稳压器

三端固定式稳压器的输出电压是固定的,如果不采取其他的方法,其输出电压一般是不可调的。三端固定式稳压器有 W78×× 和 W79×× 两个系列。**W78×× 为正电压输出,W79×× 为负电压输出**。×× 为集成稳压器输出电压的标称值,78 或 79 系列集成稳压器的输出电压有 5V、6V、8V、9V、10V、12V、15V、18V、24V 等。其额定输出电流以 78 或 79 后面所加的字母来区分。L 表示 0.1A,M 表示 0.5A,无字母表示 1.5A。如 W78L05 表示该稳压器输出电压为+5V,最大输出电流为 0.1A。三端固定式稳压器的外形及引线排列如图 9-8 所示。

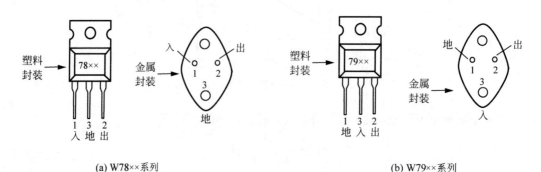

(a) W78×× 系列 (b) W79×× 系列

图 9-8 三端固定式稳压器的外形及引线排列

三端固定式稳压器的使用非常方便,图9-9给出了几种典型应用电路。

图9-9(a)为基本应用电路。其中,C_1用以减小纹波以及抵消输入端接线较长时的电感效应,防止自激振荡,并抑制高频干扰,其值一般取$0.1\sim1\mu F$。C_2用以改善由于负载电流瞬时变化而引起的高频干扰,其值可取$1\mu F$。二极管D用作保护。

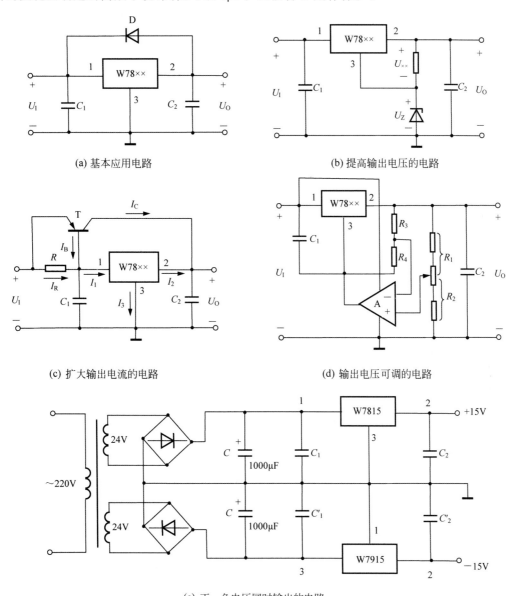

(a) 基本应用电路

(b) 提高输出电压的电路

(c) 扩大输出电流的电路

(d) 输出电压可调的电路

(e) 正、负电压同时输出的电路

图9-9 三端固定式稳压器的典型应用电路

图9-9(b)所示电路能使输出电压高于固定输出电压。它是采用稳压管来提高输出电压的,其中,$U_{\times\times}$为W78$\times\times$稳压器的固定输出电压,显然

$$U_O = U_{\times\times} + U_Z \tag{9-11}$$

图9-9(c)是一种扩展稳压器输出电流的电路。当直流电源要求的输出电流超过稳压器

的额定输出电流时,可采用外接功率管 T 的方法来扩大输出电流。图中,I_2 为稳压器的输出电流,I_C 为功率管的集电极电流,I_R 是电阻 R 上的电流,一般 I_3 很小,可忽略不计,则 $I_1 \approx I_2$,因而得出

$$I_C = \beta I_B = \beta(I_1 - I_R) \approx \beta(I_2 - I_R) \tag{9-12}$$

可见电路的输出电流比稳压器的输出电流大得多。图 9-8 中的电阻 R 的阻值要使功率管只能在输出电流较大时才导通。

图 9-8(d)是一种输出电压可调的电路。图中,$U_- \approx U_+$,于是由 KVL 定律可得

$$\frac{R_3}{R_3 + R_4} U_{\times\times} = \frac{R_1}{R_1 + R_2} U_O$$

即

$$U_O = \left(1 + \frac{R_2}{R_1}\right) \times \frac{R_3}{R_3 + R_4} U_{\times\times} \tag{9-13}$$

可见,用可调电阻来调整 R_2 与 R_1 的比值,便可调节输出电压 U_O 的大小。

图 9-9(e)是利用 W7815 与 W7915 相配合,得到正、负输出电压的稳压电路,其中,W7815 与 W7915 的使用方法相同,只是要特别注意输入与输出电压的极性以及外引线的正确连接。

2. 三端可调式稳压器

三端可调式稳压器是在三端固定式稳压器基础上发展起来的一种性能更为优异的集成稳压组件。它除了具备三端固定式稳压器的优点外,可用少量的外接元件,实现大范围的输出电压连续可调(调节范围为 1.2～37V),应用更为灵活。其典型产品有输出正电压的 W117、W217、W317 系列和输出负电压的 W137、W237、W337 系列。同一系列的内部电路和工作原理基本相同,只是工作温度不同,如 W117、W217、W317 的工作温度分别为-55～150℃、-25～150℃、0～125℃。根据输出电流的大小,每个系列又分为 L 型系列($I_O \leqslant 0.1A$)、M 型系列($I_O \leqslant 0.5A$),如果不标 M 或 L,则表示该器件的 $I_O \leqslant 1.5A$。三端可调式稳压器的外形及引脚排列如图 9-10 所示。

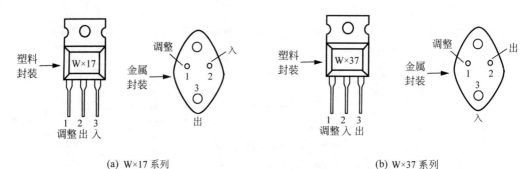

(a) W×17 系列   (b) W×37 系列

图 9-10 三端可调式稳压器的外形及引线排列

正常工作时,三端可调式稳压器输出端与调整端之间的电压为基准电压 U_{REF},其典型值为 1.25V。流过调整端的电流的典型值 $I_{adj} = 50\mu A$。三端可调式稳压器的基本应用电路如图 9-11 所示。由图可知

$$U_O = U_{REF} + \left(\frac{U_{REF}}{R_1} + I_{adj}\right)R_2 = U_{REF}\left(1 + \frac{R_2}{R_1}\right) + I_{adj}R_2$$

$$\approx 1.25 \times \left(1 + \frac{R_2}{R_1}\right) \tag{9-14}$$

调节电位器 R_W 可改变 R_2 的大小,从而调节输出电压 U_O 的大小。

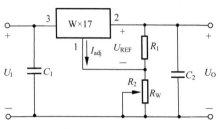

图 9-11 三端可调式稳压器的基本应用电路

需要强调的是,在使用集成稳压器时,要正确选择输入电压的范围,保证其输入电压比输出电压至少高 2.5～3V,即要有一定的压差。另一个不容忽视的问题是散热,因为三端集成稳压器工作时有电流通过,且其本身又具有一定的压差,所以就有一定的功耗,而这些功耗一般又转换为热量。因此,使用中、大电流三端稳压器时,应加装足够尺寸的散热器,并保证散热器与稳压器的散热头(或金属底座)之间接触良好,必要时两者之间要涂抹导热胶以加强导热效果。

※9.4.4 开关型稳压电路

由于串联型线性稳压电路中的调整管工作在放大区,工作时调整管中一直有电流通过,所以自身功耗很大,电源效率一般只能达到 30%～50%。开关型稳压电路中调整管工作在开关状态(饱和或截止),自身功耗小,所以电源效率可提高到 75%～85%以上,而且它体积小、重量轻、使用方便。目前,开关型稳压电源已成为宇航、计算机、通信和功率较大电子设备中电源的主流,应用日趋广泛。

随着集成技术的发展,开关型稳压电源已逐渐集成化。集成开关型稳压电源可分为脉宽调制型(PWM)、频率调制型(PFM)和混合调制(脉宽-频率调制)型三大类,其中脉宽调制型开关电源使用较为普遍。限于篇幅,关于各类开关型稳压电路的工作原理此处不再赘述,有兴趣的读者可参阅相关文献。

9.5 用 Multisim 分析直流电源电路

【例 9-2】 某电源电路如图 9-12 所示,设二极管用 1N4002,稳压管用 1N750A,其稳压值 $U_Z = 6V$,$I_{ZM} = 30mA$。若输入电压 $u_2 = 8\sin\omega t \, V$,滑动电位器 R_W 处于中间位置,试用 Multisim 做如下分析。

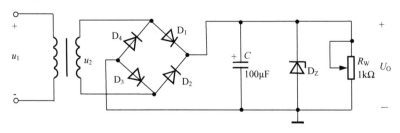

图 9-12 例 9-2 的图

(1) 当 R_W 的阻值变化时,观察负载电流和输出电压的变化情况,并求稳压电源的输出电阻 R_o;

(2) 当输入电压 u_2 变化 20% 时,观察输出电压的变化情况,并求该稳压电源的稳压系数 S_r。

【解】 (1) 当 R_W 为 0.5kΩ 时,仿真结果如图 9-13(a)所示,测得负载电压 $U_O=6.013V$,负载电流 $I_O=0.012A$;当 R_W 为 1kΩ 时,仿真结果如图 9-13(b)所示,测得载电压 $U_O=6.029V$,负载电流 $I_O=6.03mA$。可见,负载电阻变化时,负载电流会随之变化,但输出电压基本保持不变。

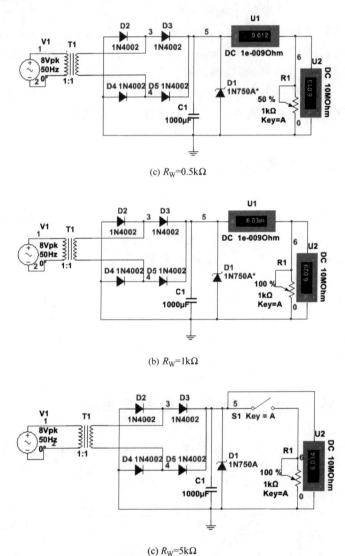

(c) $R_W=0.5kΩ$

(b) $R_W=1kΩ$

(c) $R_W=5kΩ$

图 9-13 例 9-2 图解(1)

求稳压电源输出电阻 R_o 的电路如图 9-13(c)所示。开关打开时,测得 $U_O'=6.034V$,开关闭合时,测得 $U_O=6.024V$,因此求得

$$R_o = \frac{U'_o - U_o}{U_o} \cdot R_L = \frac{6.034 - 6.024}{6.024} \times 1k\Omega \approx 1.66\Omega$$

(2) 取 R_W 为 $1k\Omega$，当输入电压 u_2 增大 20% 时，仿真电路如图 9-14 所示，测得负载电压 $U_O = 6.391V$。

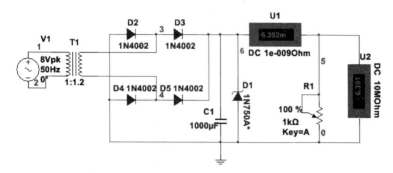

图 9-14　例 9-2 图解(2)

比较图 9-14 和图 9-13(b)的测试结果，由稳压系数的定义可求得稳压系数为

$$S_r = \frac{\Delta U_O / U_O}{\Delta U_1 / U_1} \times 100\% = \frac{(6.391 - 6.029)/6.029}{0.2} \times 100\% \approx 30\%$$

思考题与习题

【9-1】 判断下列说法是否正确，并在相应的括号中填√或×。

(1) 单相桥式整流电路中，因为有四只二极管，所以流过每只二极管的平均电流 I_D 等于总平均电流 I_O 的四分之一(　　)。由于电流通过的两只二极管串联，故每管承受的最大反向电压 U_{RM} 应为 $\frac{\sqrt{2}}{2}U_2$(　　)。如果有一只二极管的极性接反了，则会使变压器次级短路，造成器件损坏(　　)。

(2) 整流电路加了滤波电容后，输出电压的直流成分提高了(　　)。二极管的导通时间加大了(　　)。

(3) 由于整流滤波电路的输出电压中仍存在交流分量，所以需要加稳压电路(　　)。利用稳压管实现稳压时，稳压管应与负载并联连接(　　)。

【9-2】 单相桥式整流电容滤波电路如图 9-15 所示。电网频率 $f = 50Hz$。为了使负载能得到 20V 的直流电压，试完成下列各题:

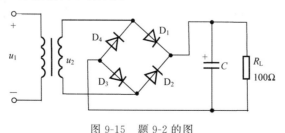

图 9-15　题 9-2 的图

（1）计算变压器二次侧电压的有效值 U_2；

（2）试选择整流二极管；

（3）试选择滤波电容。

【9-3】 电路如图 9-16 所示。若 $U_{21} = U_{22} = 20\text{V}$，试回答下列问题：

（1）标出 u_{O1} 和 u_{O2} 对地的极性。u_{O1} 和 u_{O2} 中的平均值各为多大？

（2）u_{O1} 和 u_{O2} 的波形是全波整流还是半波整流？

（3）若 $U_{21} = 18\text{V}$，$U_{22} = 22\text{V}$，画出 u_{O1} 和 u_{O2} 的波形，并计算 u_{O1} 和 u_{O2} 的平均值。

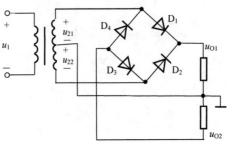

图 9-16 题 9-3 的图

【9-4】 某稳压电源如图 9-17 所示，试问：

（1）输出电压的极性和大小如何？

（2）电容器 C_1 和 C_2 的极性如何？

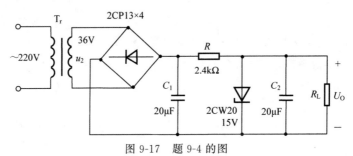

图 9-17 题 9-4 的图

【9-5】 如图 9-18 所示是由三端集成稳压电路 W7805 组成的恒流源电路。已知 W7805 的引脚 2 输出电流 $I = 5\text{mA}$，$R = 1\text{k}\Omega$，$R_L = 100 \sim 200\Omega$，求流过负载 R_L 上的电流 I_O 值及输出电压 U_O 的范围。

【9-6】 可调恒流源电路如图 9-19 所示。假设 $I_{adj} \approx 0$，当 $U_{21} = U_{REF} = 1.2\text{V}$，$R$ 从 $0.8 \sim 120\Omega$ 变化时，恒流电流 I_O 的变化范围是多少？

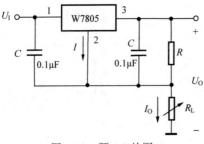

图 9-18 题 9-5 的图

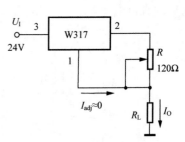

图 9-19 题 9-6 的图

【9-7】 电路如图 9-20 所示。已知 u_2 的有效值足够大,合理连线,使之构成一个 5V 的直流电源。

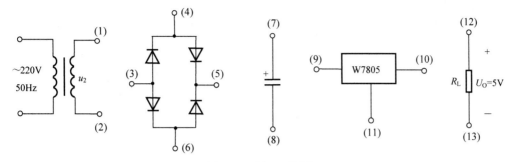

图 9-20 题 9-7 的图

※ 第 10 章

CHAPTER 10

在系统可编程模拟器件

及其开发平台

本章主要讨论在系统可编程模拟器件及其软件开发平台,ispPAC 器件的特性及 PAC-Designer 软件的使用,并给出了几个开发实例。

10.1 引言

1999 年 11 月,美国 Lattice 公司率先推出在系统可编程模拟集成电路(in system programmable analog circuit)及其软件开发平台,从而开拓了模拟可编程技术的广阔前景。在系统可编程模拟器件允许设计者使用开发软件在计算机上设计、修改电路,进行电路特性的仿真。仿真合格后,通过编程电缆将设计的电路下载到芯片中即可完成硬件设计。

在系统可编程模拟器件把高集成度、高精确度的设计集于一片 ispPAC 中,取代了许多传统的独立标准器件所能实现的电路功能。它的功能有:对信号进行放大、衰减、滤波、求和、求差、积分等,并且可以将数字信号转换为模拟信号;还可以把器件中的多个功能块进行互连,对电路进行重构;能简单容易地调整电路的增益、带宽、偏移等。**ispPAC 器件的最大优点是可以反复编程**,次数可达 10000 次之多。

10.2 主要 ispPAC 器件的特性及应用

Lattice 公司发布的 ispPAC 系列模拟可编程器件共有 5 种,其特性及应用如表 10-1 所示。

表 10-1 主要可编程模拟器件的特性及应用

器 件 名 称	特　　性	应　　用
ispPAC10	内含 8 个可编程增益放大器、4 个输出放大器(可构成放大、低通滤波、积分电路),电路可编程互连	放大器 差分信号与单路信号的相互转换 低通滤波器(1～4 阶) 带通滤波器(2～4 阶)

续表

器 件 名 称	特　　性	应　　用
ispPAC20	内含 4 个可编程增益放大器、两个输出放大器、调制器、8 位 DAC、两个模拟比较器、模拟多路器(可构成放大、低通滤波、积分电路)、电路可编程互连	放大器 差分信号与单路信号的相互转换 低通滤波器(1～4 阶) 带通滤波器(2 阶) 自校正电路 同步解调电路 脉宽调制电路 电压频率转换电路 温度控制电路
ispPAC30	内含 4 个可编程增益放大器、两个输出放大器、两个模拟多路器、两个复合 8 位 DAC(可构成放大、低通滤波、积分电路)、电路可编程互连	放大器 差分信号与单路信号的相互转换 可编程电压源 可编程电流源 自适应电路 激光及射频电路的偏置电路 温度控制电路
ispPAC80	内含 5 阶低通滤波器核,支持多种滤波器的类型：贝塞尔(Bessel)滤波器、巴特沃思(Butterworth)滤波器、切比雪夫(Chebyshev)滤波器、椭圆(elliptical)滤波器、线性(linear)滤波器,50～750kHz 1/2/5/10 可编程增益放大器	5 阶低通滤波器 抗混叠滤波器 放大器
ispPAC81	内含 5 阶低通滤波器核,支持多种滤波器的类型：巴特沃思(Butterworth)滤波器、切比雪夫(Chebyshev)滤波器、椭圆(elliptical)滤波器,10～750kHz 1/2/5/10 可编程增益放大器	5 阶低通滤波器 放大器 DSP 系统前端传感器信号调节

其中,ispPAC10 和 ispPAC20 是通用型的,ispPAC80/81 是高阶滤波器。虽然这些器件的规模和功能有差别,但内部结构、制造工艺和工作原理等基本相似,下面将分别予以简要介绍。

10.2.1　ispPAC10

ispPAC10 的内部结构框图如图 10-1(a)所示。其中包括 4 个独立的 PAC 块、配置存储器、模拟布线池、参考电压和自动校正单元及 isp 接口等。器件用＋5V 电源供电。ispPAC10 为 28 引脚双列直插封装,引脚排列如图 10-1(b)所示。

基本单元 PAC 的简化电路如图 10-2 所示。

每个 PAC 块由两个差分输入的仪用放大器(IA)和一个双端输出的输出放大器组成。输入阻抗高达 $10^9\Omega$,共模抑制比为 69dB,增益调节范围为－10～＋10 dB。输出放大器的反馈电容 C_f 有 128 种值(1.07～62pF),可以在 10～100kHz 的范围内实现 120 多个极点位置。反馈电阻 R_f 可接入或断开。各 PAC 块或 PAC 块之间可通过模拟布线池实现可编程

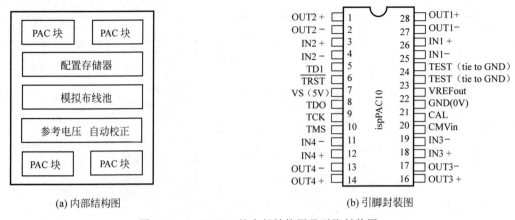

(a) 内部结构图　　　　　　　　　　　　　　　　(b) 引脚封装图

图 10-1　ispPAC10 的内部结构图及引脚封装图

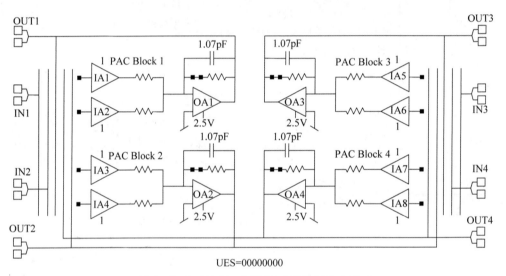

UES=00000000

图 10-2　ispPAC10 内部 PAC 块的简化电路

和级联,以构成 1~10 000 倍的放大器或复杂的滤波器电路。

10.2.2　ispPAC20

　　ispPAC20 的内部结构框图如图 10-3(a)所示。它有两个基本单元 PAC 块、两个比较器、一个 8 位 D/A 转换器、配置存储器、参考电压、自动校正单元、模拟布线池及 isp 接口所组成。该器件为 44 引脚封装,引脚排列如图 10-3(b)所示。该器件具有独特的自动校准能力,可以达到很低的失调误差(PAC 块增益为 10 时,输入失调$<100\mu V$)。

　　ispPAC20 的内部电路原理图如图 10-4 所示,其性能特点简述如下。

1. 输入控制

　　如图 10-4 所示,当外部引脚 MSEL=0 时,输入 IN1 被接至 IA1 的 a 端;反之,MSEL=1时,输入 IN1 被接至 IA1 的 b 端。

2. 极性控制

　　在 ispPAC20 中,前置互导放大器 IA1、IA2、IA3 的增益为 $-10\sim+10$;而 IA4 的增益

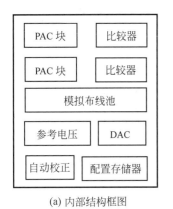

(a) 内部结构框图

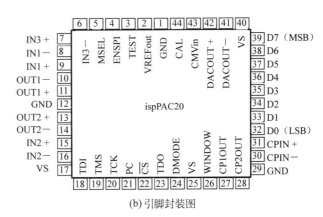

(b) 引脚封装图

图 10-3　ispPAC20 的内部结构框图及引脚封装图

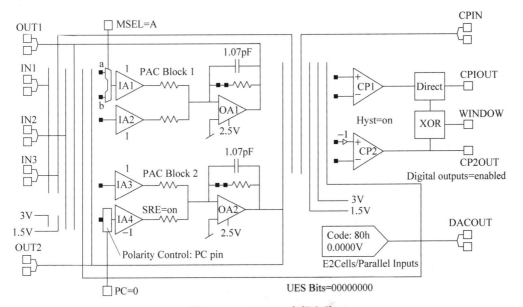

图 10-4　ispPAC20 内部电路

范围限制为－10～－1,没有正增益,这样做的原因在于可以通过 IA4 的输入信号反相来实现正增益,其输入信号是否反相由外部引脚 PC 控制,当外部引脚 PC＝1 时,增益调整范围为－10～－1,而当外部引脚 PC＝0 时,增益调整范围为＋10～＋1。

3. 比较器 CP1 和 CP2

在 ispPAC20 中,有两个可编程双差分比较器 CP1 和 CP2。该电压比较器与普通的电压比较器没有太大的差别,只是它们的输入是可编程的,即可来自外部输入,也可以是基本单元电路 PAC 块的输出或是固定的参考电压 1.5V 或 3V,还可以来自 DAC 的输出等。当输入的比较信号变化缓慢或混有较大噪声和干扰时,也可以施加正反馈而改接成迟滞比较器。

比较器 CP1 和 CP2 可直接输出,也可以经异或门输出。

4. 8 位 D/A 转换器

在 ispPAC20 中,是一个 8 位、电压输出的 DAC。接口方式可自由选择:8 位并行方式、串行 JTAG 寻址方式、串行 SPI 寻址方式等。DAC 输出是差分的,可以与器件内部的比较器相连或与仪用放大器的输入端相连,也可以直接输出。

10.2.3　ispPAC30

ispPAC30 的内部包含 4 个输入仪表放大器,两个独立的内部可控参考源(可分为 7 级,64mV～2.5V)和两个复合 8 位 DAC。其中 DAC 的输入信号可以为外部模拟信号,也可以为内部模拟信号,还可以是内部的 DC 信号,使用非常灵活。ispPAC30 的封装形式有两种,28 引脚的双列直插封装和 24 引脚的贴片封装,对应型号分别为 ispPAC30-01PI 和 ispPAC30- 01SI,相应的引脚排列如图 10-5 所示。

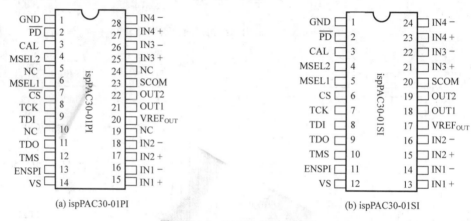

(a) ispPAC30-01PI　　　　　　　(b) ispPAC30-01SI

图 10-5　ispPAC30 的引脚排列

10.2.4　ispPAC80/81

ispPAC80/81 的内部包含 5 阶低通滤波器核,支持多种滤波器的类型。两个配置存储器 CfgA、CfgB 用来存放各种类型的 5 阶低通滤波器的参数。两个配置存储器存放的滤波器参数经选择器送给 5 阶低通滤波器。此外,ispPAC80/81 的内部还包括可编程增益放大器。ispPAC80、ispPAC81 的主要差别是滤波频率范围不同。图 10-6 是 ispPAC80 的引脚排列图,它也有两种封装形式:双列直插式封装和贴片式封装,对应的型号分别是 ispPAC80-01PI 和 ispPAC80-01SI。

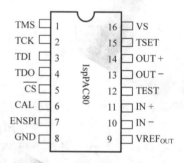

图 10-6　ispPAC80 的引脚排列

10.3　PAC-Designer 软件及开发实例

PAC-Designer 是 Lattic 公司专为 ispPAC 系列器件开发而配备的工具软件,可提供支持 ispPAC 器件设计、仿真和编程等全过程的集成开发环境。该套软件还附带有大量的设计实例、技术文档,并可产生用于 PSpice 仿真的器件模型,是开发 ispPAC 系列器件的必备工具和有力手段。

10.3.1　PAC-Designer 的基本用法

1. 主要功能

PAC-Designer 是工作于 Microsoft Windows 环境下的集成化应用软件,支持现有的全部 ispPAC 器件,包括如图 10-7 所示的基本功能。

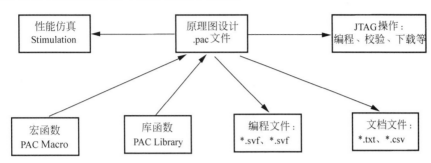

图 10-7　PAC-Designer 软件功能框图

(1) 原理图设计。以对应于器件内部结构的基本原理图为基础(该图由 PAC-Designer 软件自动画出,简称器件原图),通过确定内部连线、各单元工作模式、工作参数等方式描述电路设计。

(2) 性能仿真。原理图设计完后需借助仿真来验证电路的功能。该软件同时给出 4 组幅频、相频特性曲线,特别适合于放大器、衰减器及滤波器的仿真。4 组曲线的参数(包括输入、输出、起始频率、数据点数)均可独立设置,以便更细致地观察设计者所关心的频率范围等。

(3) 只需配备下载电缆和电路板上的 ISP 接口、+5V 电源,便可利用在系统编程方式将设计结果下载至用户系统中。

(4) 可生成第三方编程器编程所需的 JED 文件。

(5) 可生成存档所需的原理图文件、格式化文本文件、仿真数据文件。

(6) 可生成 PSpice 软件需要的仿真模型库文件,用于对含有 ispPAC 器件的电路进行仿真。

2. 设计过程

PAC-Designer 的设计过程主要包括 4 大步骤,如图 10-8 所示。

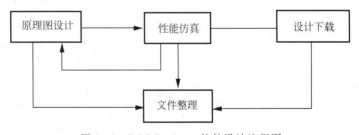

图 10-8　PAC-Designer 软件设计流程图

(1) 原理图设计。这一步是整个设计过程的核心,主要有 4 种设计方法。

① 在器件基本原理图上直接连接内部连线并修改各单元的电路参数。内部连线主要

是与放大器单元、DAC 单元和比较器的输入、输出等有关的连线,它反映信号的传递关系。可修改的电路参数包括放大器增益、DAC 的 E^2CMOS 配置、滤波器电容取值、比较器工作方式、UES(用户电子标签)等。

② 引用 PAC-Designer 软件提供的库函数(仅对 ispPAC10、ispPAC20 等适用)。

③ 引用 PAC-Designer 软件提供的宏函数(仅对 ispPAC10、ispPAC20 等适用)。

④ 引用 PAC-Designer 软件提供的滤波器库(仅对 ispPAC80 等适用)。

(2) 功能仿真。在原理图设计完成后,利用软件提供的幅频特性曲线验证设计结果。当对设计结果不满意时可修改设计,重复这个过程直到满意为止。

(3) 下载设计。当对设计结果满意后,可将器件的配置文件传送到器件内部的 E^2CMOS 存储器中,即下载设计。这一步需要用到下载电缆和器件的 JTAG 接口。

(4) 文件整理。这一步可在前 3 步过程中随时进行。可存档的文件包括如下 6 种。

① *.pac 文件。设计原理图文件,可由 Open 命令直接调入。

② *.txt 文件。设计原理图文本格式,可用于存档等。

③ *.jed 文件。提供给第三方编程器用的文件,可由 Import 命令调入原理图中。

④ *.csv 文件。仿真结果文本输出形式,可由 Microsoft Excel 打开。

⑤ *.lib 文件。提供 PSpice 软件仿真使用的元件库文件。

⑥ *.svf 文件。也称为串行矢量文件,可直接用于 JTAG 编程。

3. 用户界面

PAC-Designer 是一个完全集成的图形化设计软件,支持 ispPAC 系列产品从设计到性能仿真、芯片配置的开发全过程。 图 10-9 为该软件的基本界面,主要由菜单栏、工具栏、显示窗口和状态行等组成。

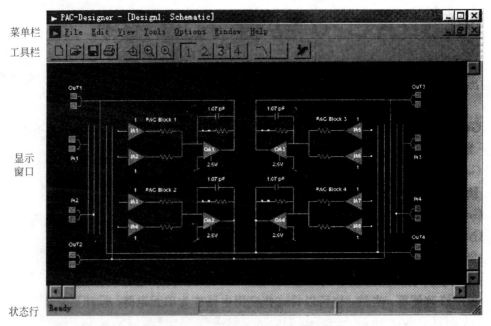

图 10-9　PAC-Designer 软件的基本界面

菜单栏中列出了所有的下拉菜单的标题,单击菜单标题或按下相应的快捷键(Alt＋首字母),即可弹出下拉菜单,各下拉菜单的名称和作用如下。

(1) File　提供 PAC-Designer 软件需要的文件类的全部操作,包括文件的创建、打开、导入、导出、存盘、打印及打印机设置等。

(2) Edit　可设计、修改原理图参数及器件的安全属性。

(3) View　控制编辑区的显示内容(工具栏、状态行)及原理图显示尺寸。

(4) Tools　执行原理图的幅频特性仿真、JTAG 操作(下载、上传、校验等)。

(5) Options　完成仿真选项、JTAG 配置的设置。

(6) Windows　设置窗口显示方式,包括重叠、平铺等。

(7) Help　提供帮助信息,包括器件特点、软件使用等。

10.3.2　设计实例

本节通过两个设计实例简要介绍一下 PAC-Designer 软件的设计及仿真过程。

1. 用 ispPAC10 设计加法器

设计要求:

用 ispPAC10 设计一个两路输入的加法器,电路原理框图如图 10-10 所示。第一路信号 U_1 从 IN1 端输入,需放大 4 倍; 第二路信号 U_2 从 IN2 端输入,需放大 10 倍; 结果 U_{OUT} 从 OUT1 输出。

设计过程:

(1) 启动 PAC-Designer 软件。依次选择命令“开始”→“程序”→Lattice Semiconductor→PAC-Designer。

(2) 建立新的设计文件。在 File 菜单下选择 New 命令,弹出如图 10-11 所示的对话框,从中选择 ispPAC10 Schematic,即指定使用 ispPAC10 和原理图描述方式。此后,界面中的窗口便会显示 ispPAC10 的基本原理图。

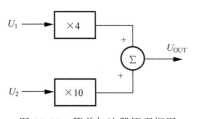

图 10-10　简单加法器原理框图

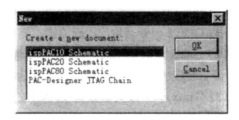

图 10-11　建立新设计文件对话框

(3) 编辑原理图,包括连线和设置电路参数。如图 10-12 所示,需要指定选用 PAC Block1;两个输入分别用 IN1、IN2,直接连接到两个输入级 IA1、IA2 上; 输出为 OUT1。具体操作如下。

① 将光标移至 IA1 的输入端处,光标形状变为 ◥◣ (元件有效编辑处)。双击鼠标左键,在对话框中选择 IN1,单击 OK 按钮,便可完成 IN1 与 IA1 的连接。

② 将光标移至 IA2 的输入端处,光标形状变为 ◥◣。双击鼠标左键,在对话框中选择

IN2,单击 OK 按钮,便可完成 IN2 与 IA2 的连接。

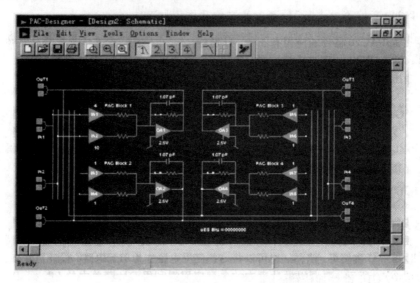

图 10-12　用 ispPAC10 实现加法器

③ 将光标移至 OA1 上方的反馈元件连接处,光标形状变为 。双击鼠标左键,将对话框中的 Feedback Path Enabled 属性选中,使两端连接起来。

④ 将光标移至 IA1 上,光标形状变为 。双击鼠标左键,在对话框中选择 4,单击 OK 按钮,便可指定对 IN1 信号的放大倍数为 4。

⑤ 将光标移至 IA2 上,光标形状变为 。双击鼠标左键,在对话框中选择 10,单击 OK 按钮,便可指定对 IN2 信号的放大倍数为 10。

上述五步也可利用 Edit 菜单下的 Symbol 命令,逐一选择实现。

(4) 将设计存盘。在 File 菜单下选择 Save 命令即可将设计存盘。

2. 用 ispPAC10 实现双二次电路

双二次电路用于实现二阶滤波,图 10-13 给出了利用 ispPAC10 实现双二次电路的结构框图。其中,U_{IN} 为输入,U_{OUT1} 和 U_{OUT2} 为输出。可以看出,双二次电路由加法器、积分器和有损积分器构成。由图可推得其传递函数为

$$H_1(s)=\frac{U_{\mathrm{OUT1}}(s)}{U_{\mathrm{OUT2}}(s)}=\frac{\rho Bs}{s^2+\rho s+\rho AB} \tag{10-1}$$

$$H_2(s)=\frac{U_{\mathrm{OUT2}}(s)}{U_{\mathrm{IN}}(s)}=\frac{\rho\dfrac{B}{A}}{s^2+\rho s+\rho AB} \tag{10-2}$$

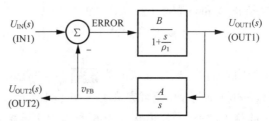

图 10-13　实现双二次电路的结构框图

式(10-1)表明,U_{OUT1} 为带通滤波输出;式(10-2)表明,U_{OUT2} 为低通滤波输出。

实现及仿真过程如下。

(1) 启动 PAC-Designer 软件。

(2) 执行菜单命令:File→New,在对话框中选择 ispPAC10 Schematic,单击 OK 按钮,窗口中便会显示 ispPAC10 的基本原理图,如图 10-14 所示。

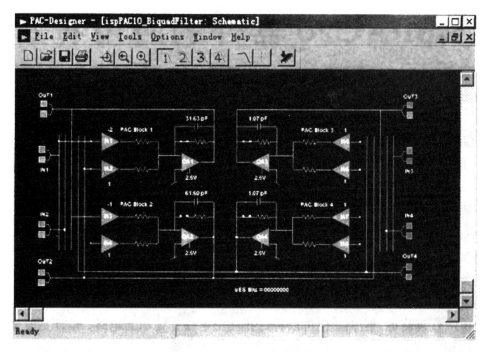

图 10-14 ispPAC10 实现双二次滤波的原理图

(3) 执行菜单命令:File→Browse Library,选择 ispPAC10 Biquad Filter.pac,单击 Open File 按钮,便可得到如图 10-14 所示的双二次滤波原理图,修改原理图的增益及电容量便可得到不同的滤波特性。对于本例中的双二次滤波器应用特例,还有一种更方便的输入方法,即利用软件提供的宏函数:执行 Tools→Run Macro 命令,选择 ispPAC10 Biquad Filter,修改 F0、Q、G 等参数即可。其中 IN1 为输入,OUT1 为带通输出,OUT2 为低通输出,加法器和有损耗积分器由 PAC Block1 实现,理想积分器由 PAC Block2 实现。

(4) 进行特性仿真。

① 仿真设定。执行 Options→Simulator 菜单命令,在如图 10-15 所示的对话框中设置各曲线参数。

第 1 条曲线:单击标签 Curve 1,设置输入 Input=$V_{in}1$,输出 Output=$V_{out}1$,起始频率 F Start=10,终止频率 F Stop=10M,数据密度 Points/Decade=500。

第 2 条曲线:单击标签 Curve 2,设置输入 Input=$V_{in}2$,输出 Output=$V_{out}2$,起始频率 F Start=10,终止频率 F Stop=10M,数据密度 Points/Decade=500。

设置完毕后单击 确定 按钮。

② 仿真。单击工具栏中的快捷按钮 🔲,然后按仿真按钮 🔲,给出第 1 条曲线;单击

工具栏中的快捷按钮 [图] ,然后单击仿真按钮 [图] ,给出第 2 条曲线;单击工具栏快捷按钮 [图] ,可以查看当前光标处的幅度、相位数值,如图 10-16 所示。修改 PAC 块的电容和增益取值,直到获得满意的结果为止。

图 10-15　双二次滤波器仿真曲线参数设定

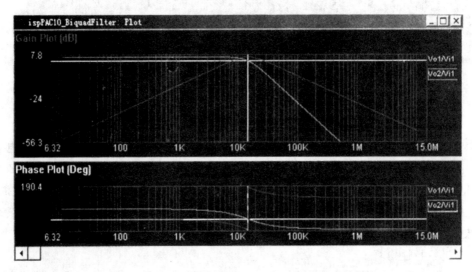

图 10-16　ispPAC10 实现 Biquad Filter 的仿真结果

（5）原理图文件的存盘。执行 File→Save 命令,输入文件名及路径,单击"保存"按钮即可。

（6）产生其他文档。执行 File→Export 命令,可产生所需要的 ∗.jed、∗.csv、∗.txt 等文件。

（7）器件下载。先连接好下载电缆,插入芯片,接通＋5V 电源,再执行 Tools→Download命令,按照提示操作即可。

思考题与习题

【10-1】　用 ispPAC10 器件分别构成增益为 4、20、-40 的放大器。

【10-2】　用 ispPAC10 器件设计一个上限截止频率 $f_{\mathrm{H}}=50\mathrm{kHz}$，$Q=4$，通带内增益为 20dB 的二阶低通滤波器，并且进行幅频特性和相频特性的仿真。

电路仿真软件

——Multisim 软件简介

Multisim 电路仿真软件是美国国家仪器(NI)有限公司推出的一个专门用于电子线路仿真与设计的仿真工具软件。Multisim 是以 Windows 为基础,符合工业标准,具有 SPICE 的仿真标准环境,它可以对数字电路、模拟电路以及模拟/数字混合电路进行仿真,克服了传统电子产品设计受实验室客观条件的局限性,用虚拟元件搭建各种电路,用虚拟仪表进行各种参数和性能指标的测试。Multisim 9 版本之后增加了单片机和 LabVIEW 虚拟仪器的仿真,可通过 Multisim 和 LabVIEW 软件进行电路设计和联合仿真。

Multisim 14 中增加了探针功能、可编程逻辑图和新的嵌入式硬件的集成,同时还增加了 MPLAB 的联合仿真的接口,下载和安装相关环境和套件后可以在 Multisim 中进行 PIC 微处理器的电路仿真。MPLAB 的联合仿真中包括高阶工程应用,可实现模拟电路、数字电路和嵌入式系统与微处理器的结合。推出和实物近似的虚拟实验面包板以提升电路的感性认识,Ultiboard 中新增 Gerber 和 PCB 制造文件导出函数以完成高级设计项目。同时,新版软件具有直观的原理图捕捉和交互式仿真,拥有 SPICE 分析功能和 3D ELVIS 虚拟原型。

A.1 Multisim 集成环境

1. 基本界面

Multisim 软件安装后,在 Windows 窗口选择"开始"→"所有程序"命令找到 National Instruments 中的 Circuit Design Suite 下包含电路仿真软件 Multisim 和 PCB 制作软件 Ultiboard,选择 Multisim 就会出现如图 A-1 所示的界面。

在 Multisim 界面中,第 1 行为菜单栏,包含电路仿真的各种命令,第 2、3 行为快捷工具栏,其上显示了电路仿真常用的命令,且都可以在菜单中找到对应的命令,可用菜单 View 下的 Toolsbar 命令来显示或隐藏这些快捷工具。快捷工具栏的下方从左到右依次是元器件栏、设计工具栏、电路仿真工作区和仪器仪表栏。元器件栏中每个按钮对应一类元器件,分类方式与 Multisim 元器件数据库中的分类相对应,通过按钮上的图标可快捷选择元器件;设计工具栏用于操作设计项目中各种类型的文件(如原理图文件、PCB 文件、报告清单等);电路仿真工作区是用户搭建电路的区域;仪器仪表栏显示 Multisim 能够提供的各种仪表。最下方的窗口是电子表格视窗,主要用于快速地显示编辑元件的参数,如封装、参考值、属性和设计约束条件等。

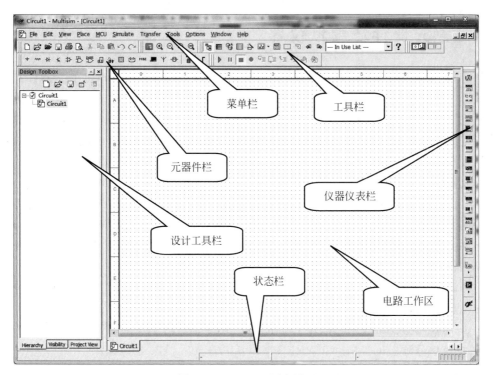

图 A-1　Multisim 用户界面

对于文件基本操作,Multisim 与 Windows 常用的文件操作一样,也有 New(新建)文件、Open(打开)文件、Save(保存)文件、Save As(另存为)文件、Print(打印)文件、Print Setup(打印设置)和 Exit(退出)等相关操作。这些操作可以通过菜单栏 File 子菜单进行选择,也可以使用快捷键或工具栏的图标进行快捷操作。

对于元器件的基本操作,常用的元器件编辑功能有:顺时针旋转 90°(90 Clockwise)、逆时针旋转 90°(90 CounterCW)、水平翻转(Flip Horizontal)、垂直翻转(Flip Vertical)、元器件属性(Component Properties)等。对元器件的操作可以通过菜单栏 Edit 子菜单进行选择,也可以使用快捷键进行快捷操作。

2. 创建电路

运行 Multisim 后,软件会自动打开文件名为 Circuit1 的电路图。在这个电路图的绘制区中,没有任何元件及连线,初始的绘图区类似于做实验的面包板,电路图需要用户来创建。首先在绘图区放置元件,软件提供 3 个元器件数据库:主元器件库(Master Database)、用户元器件库(User Database)和合作元器件库(Corporate Database)。一般来说,电路图文件中均采用主元器件库,其他两个元器件库是由用户或者合作人创建的,在新安装的软件中为空元件库,需要用户添加元件。

在元器件栏中单击要选择的元器件库图标,打开该元器件库,在屏幕出现的元器件库对话框中选择所需的元器件。常用元器件库有 13 个,用鼠标单击元器件,可选中该元器件,单击鼠标右键,可通过菜单进行操作。

同样,也可以双击元件对它的基本属性进行设置,通过仪器仪表栏对电路添加仪器,通过电路仿真分析菜单设置电路的分析内容等。

A.2 元器件及虚拟仪器

Multisim 除了保持原有的 EWB 图形界面直观的特点外,还包含丰富的元器件和众多虚拟仪器。Multisim 自带元器件库中的元器件数量已超过 17 000 个,不仅含有大量虚拟分立元件、集成电路,还含有大量的实物元器件模型。同时,用户可以编辑这些元件参数,并利用模型生成器及代码模式创建自己的元器件。虚拟仪器从最早的 7 个发展到 22 种,这些仪器的设置和使用与真实仪表一样,能动态交互显示。

1. 元器件库

Multisim 中默认元器件库为主元器件库(Master Database),也是最常用的元件库。库中又分信号源库、基本元件库、二极管库、晶体管库、模拟器件库、TTL 数字集成电路库、CMOS 数字集成电路库、其他数字器件库、混合器件库、指示器件库、其他器件库、射频器件库、机电器件库等。

信号源库共有 7 个系列,分别是:
- 电源(POWER_SOURCES);
- 电压信号源(SIGNAL_VOLTAGE_SOURCES);
- 电流信号源(SIGNAL_CURRENT_SOURCES);
- 函数控制模块(CONTROL_FUNCTION_BLOCKS);
- 受控电压源(CONTROLLED_VOLTAGE_SOURCES);
- 受控电流源(CONTROLLED_CURRENT_SOURCES);
- 数字信号源(DIGITAL_SOURCE)。

每个系列又含有许多电源或信号源。

基本元件库有 16 个系列,包含:
- 基本虚拟器件(BASIC_VIRTUAL);
- 设置额定值的虚拟器件(RATED_VIRTUAL);
- 电阻(RESISTOR)、排阻(RESISTOR_PACK);
- 电位器(POTENTIONMETER);
- 电容(CAPACITOR);
- 电解电容(CAP_ELECTROLIT);
- 可变电容(VARIABLE CAPACITO);
- 电感(INDUCTOR);
- 可变电感(VARIABLE INDUCTOR);
- 开关(SWITCH);
- 变压器(TRANSFORMER);
- 非线性变压器(NONLINEAR TRANSFORMER);
- 继电器(RELAY)、连接器(CONNECTOR)和插座(SOCKET)等。

二极管库中有:
- 虚拟二极管(DIODE_VIRTUAL);
- 二极管(DIODE);

- 齐纳二极管(ZENER);
- 发光二极管(LED);
- 全波桥式整流器(FWB);
- 可控硅整流器(SCR);
- 双向开关二极管(DIAC);
- 三端开关可控硅开关(TRIAC);
- 变容二极管(VARACTOR)和 PIN 二极管(PIN_DIODE)等。

晶体管库有 20 个系列,分别是:

- 虚拟晶体管(BJT_NPN_VIRTUAL);
- NPN 晶体管(BJT_NPN);
- PNP 晶体管(BJT_PNP);
- 达灵顿 NPN 晶体管(DARLINGTON_NPN);
- 达灵顿 PNP 晶体管(DARLINGTON_PNP);
- 达灵顿晶体管阵列(DARLINGTON_ARRAY)
- 含电阻 NPN 晶体管(BJT_NRES);
- 含电阻 PNP 晶体管(BJT_PRES);
- BJT 晶体管阵列(ARRAY);
- 绝缘栅双极型晶体管(IGBT);
- 三端 N 沟道耗尽型 MOS 管(MOS_3TDN);
- 三端 N 沟道增强型 MOS 管(MOS_3TEN);
- 三端 P 沟道增强型 MOS 管(MOS_3TEP);
- N 沟道 JFET(JFET_N);
- P 沟道 JFET(JFET_P);
- N 沟道功率 MOSFET(POWER_MOS_N);
- P 沟道功率 MOSFET(POWER_MOS_P);
- 单结晶体管(UJT);
- MOSFET 半桥(POWER_MOS_COMP);
- 热效应管(THERMAL_MODELS)。

模拟器件库含有 6 个系列,分别是:

- 模拟虚拟器件(ANALOG_VIRTUAL);
- 运算放大器(OPAMP);
- 诺顿运算放大器(OPAMP_NORTON);
- 比较器(COMPARATOR);
- 宽带放大器(WIDEBAND_AMPS);
- 特殊功能运算放大器(SPECIAL_FUNCTION)。

TTL 数字集成电路库含有 9 个系列,分别是:

- 74STD;
- 74STD_IC;
- 74S;

- 74S_IC；
- 74LS；
- 74LS_IC；
- 74F；
- 74ALS；
- 74AS。

CMOS 数字集成电路库有 14 个系列,包括：

- CMOS_5V；
- CMOS_5V_IC；
- CMOS_10V_IC；
- CMOS_10V；
- CMOS_15V；
- 74HC_2V；
- 74HC_4V；
- 74HC_4V_IC；
- 74HC_6V；
- Tiny_logic_2V；
- Tiny_logic_3V；
- Tiny_logic_4V；
- Tiny_logic_5V；
- Tiny_logic_6V。

其他数字器件库中的元器件是按元器件功能进行分类排列的,它包含 TIL 系列、Line_Drive 系列和 Line_Transceiver 系列。

混合器件库中有 5 个系列,分别是：

- 虚拟混合器件库(Mixed_Virtual)；
- 模拟开关(Analog_Switch)；
- 定时器(Timer)；
- 模数-数模转换器(ADC_DAC)；
- 多谐振荡器(MultiviBrators)。

指示器件库有 8 个系列,分别是：

- 电压表(Voltmeter)；
- 电流表(Ammeter)；
- 探测器(Probe)；
- 蜂鸣器(Buzzer)；
- 灯泡(Lamp)；
- 虚拟灯泡(Lamp_Virtual)；
- 十六进制计数器(Hex Display)；
- 条形光柱(Bar Graph)。

2. 虚拟仪器

1）数字万用表

数字万用表（Multimeter）的外观与操作和实际万用表相似，有正极和负极两个引线端，如图 A-2 所示，可以测量直流或交流信号，例如电流 A、电压 V、电阻 Ω 和分贝值 dB 等。

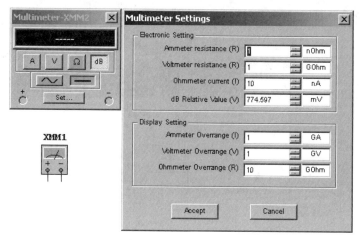

图 A-2 数字万用表

2）函数发生器

函数发生器（Function Generator）如图 A-3 所示。它可以产生正弦波、三角波和方波。

信号频率可在 1Hz～999MHz 调整，信号的幅值以及占空比等参数也可以进行调节。信号发生器有三个引线端口：正极、负极和公共端。

3）瓦特表

瓦特表（Wattmeter）有四个引线端口：电压正极和负极、电流正极和负极，如图 A-4 所示。瓦特表可以用来测量电路的交流或者直流功率。

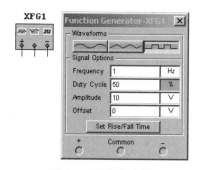

图 A-3 函数发生器

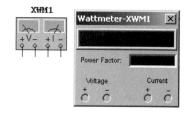

图 A-4 瓦特表

4）双通道示波器

双通道示波器（Oscilloscope）与实际的示波器的外观和基本操作基本相同，如图 A-5 所示。它不仅用来显示信号的波形，还可以用来测量信号的频率、幅度和周期等参数，时间基准可在秒和纳秒之间调节。示波器图标上有三组接线端：A、B 两组端点分别为两个通道，Ext. Trigger 是外触发输入端。

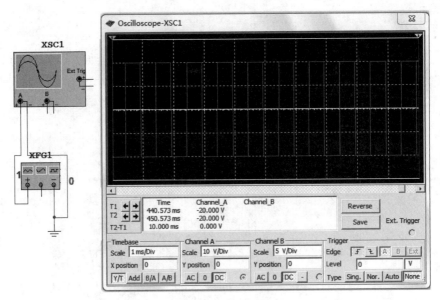

图 A-5　双通道示波器

5）四通道示波器

四通道示波器（4 Channel Oscilloscope）如图 A-6 所示，它与双通道示波器的使用方法和内部参数设置方式完全一样，只是多了一个通道控制器旋钮，当旋钮拨到某个通道位置，才能对该通道的参数进行设置。

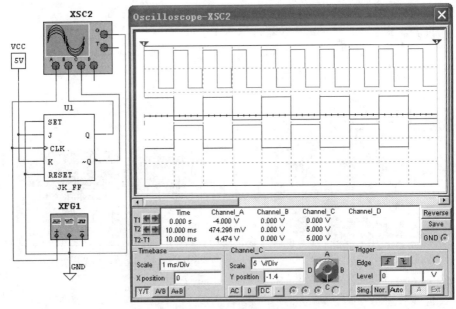

图 A-6　四通道示波器

6）波特图仪

波特图仪（Bode Plotter）是一种测量和显示被测电路幅频、相频特性曲线的仪表。波特图仪控制面板如图 A-7 所示，有幅值（Magnitude）或相位（Phase）的选择、横轴（Horizontal）

设置、纵轴(Vertical)设置、显示方式的其他控制信号,面板中的 F 指的是终值,I 指的是初值。

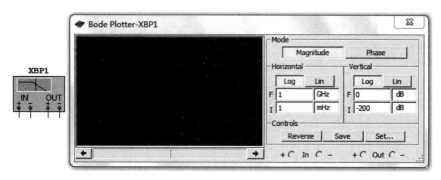

图 A-7　波特图仪

波特图仪适合于分析滤波电路或电路的频率特性,特别易于观察截止频率。波特图仪需要连接两路信号:一路是电路输入信号(需要接交流信号);另一路是电路输出信号。例如:构造一阶 RC 滤波电路,如图 A-8 所示。输入端加入正弦波信号源,电路输出端与示波器相连,可观察不同频率的输入信号经过 RC 滤波电路后输出信号的变化情况。

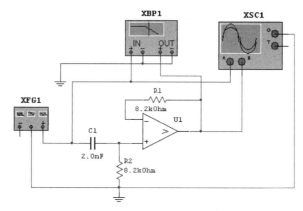

图 A-8　波特图仪在一阶 RC 滤波电路中的使用

打开仿真开关,单击幅频特性,在观察窗口可以看到幅频特性曲线,如图 A-9 所示;单击相频特性,可以在观察窗口显示相频特性曲线,如图 A-10 所示。

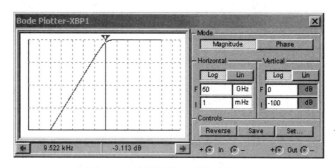

图 A-9　波特图仪查看幅频特性

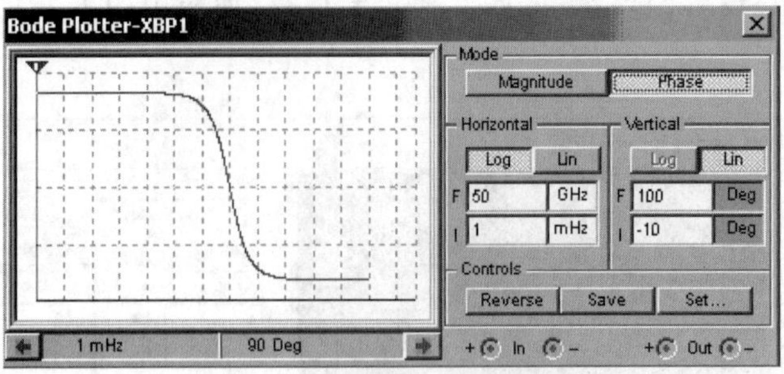

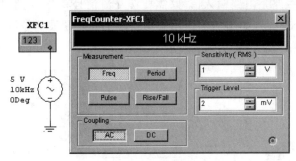

图 A-10　波特图仪查看相频特性

7）频率计

频率计（Frequency Counter）如图 A-11 所示，主要用来测量信号的频率、周期、相位，脉冲信号的上升沿和下降沿，频率计只有 1 个接线端用于连接被测电路节点，使用过程中需要根据输入信号的幅值调整频率计的灵敏度（Sensitivity）和触发电平（Trigger Level）。

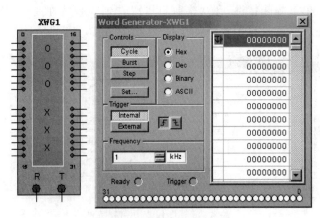

图 A-11　频率计

8）数字信号发生器

数字信号发生器（Word Generator）是一个产生 32 位同步逻辑信号的通用数字激励源编辑器，如图 A-12 所示。左侧是控制面板，右侧是数字信号发生器的字符窗口。控制面板分为控制方式（Controls）、显示方式（Display）、触发（Trigger）、频率（Frequency）等几个部分。

图 A-12　数字信号发生器

9) 逻辑分析仪

逻辑分析仪(Logic Analyzer)可以同步记录和显示 16 路逻辑信号,常用于数字逻辑电路的时序分析和大型数字系统的故障分析。逻辑分析仪的图标如图 A-13 所示。逻辑分析仪的连接端口有:16 路信号输入端、外部时钟输入端 C、时钟控制输入端 Q 以及触发控制输入端 T。显示面板分两个部分:上半部分是显示窗口;下半部分是逻辑分析仪的控制窗口。控制信号有停止(Stop)、复位(Reset)、反相显示(Reverse)、时钟(Clock)设置和触发(Trigger)。

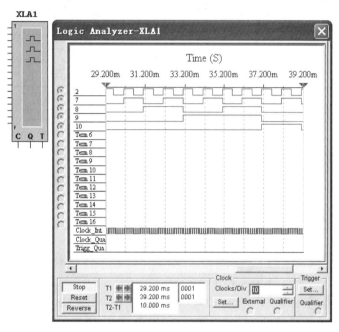

图 A-13　逻辑分析仪

10) 逻辑转换器

逻辑转换器(Logic Converter)是虚拟仪表,实际中并不存在,逻辑转换器可以在逻辑电路、真值表和逻辑表达式之间进行转换。它有 8 路信号输入端,1 路信号输出端,如图 A-14 所示。其转换功能有:逻辑电路转换为真值表、真值表转换为逻辑表达式、真值表转换为最简表达式、逻辑表达式转换为真值表、逻辑表达式转换为逻辑电路、逻辑表达式转换为与非门电路。

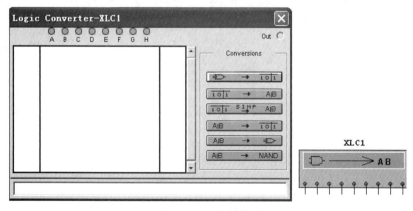

图 A-14　逻辑转换器

11) 伏安特性分析仪

伏安特性分析仪(IV Analyzer)如图 A-15 所示。它专门用来分析晶体管的伏安特性曲线,如二极管、晶体管和 MOS 等器件。伏安特性分析仪相当于实验室的晶体管图示仪,需要将晶体管与连接电路完全断开,才能进行伏安特性分析仪的连接和测试。伏安特性分析仪有三个连接点,实现与晶体管的连接。

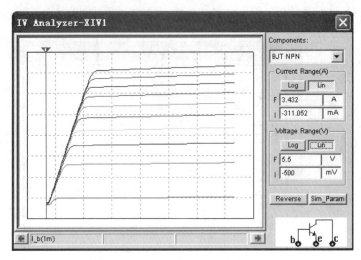

图 A-15　伏安特性分析仪

12) Agilent33120A 型函数发生器

Agilent33120A 是常用函数发生器,如图 A-16 所示,由安捷伦公司生产,这里虚拟仪器面板和真实仪器面板相同。仪器能够产生正弦波、方波、三角波、锯齿波、噪声源和直流电压6 种标准波形,因宽频带、多用途和高性能等特点使用受众广泛。此外,Agilent33120A 还能产生随指数下降和上升的波形、负斜率波函数、Sa(x) 和 Cardiac(心律波) 等特殊波形,及由8~256 点描述的任意波形,还提供通用接口总线(GPIB)和 RS-232 标准总线接口。

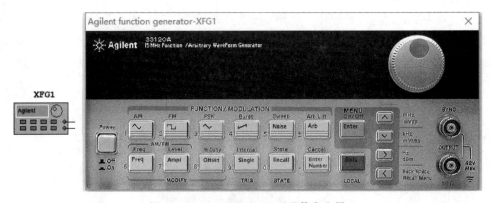

图 A-16　Agilent33120A 型函数发生器

13) Agilent34401A 型数字万用表

Agilent34401A 如图 A-17 所示,是具有 12 种测量功能的 6 位半高性能数字万用表。传统的基本测量功能可在设置面板上直接操作完成,如数字运算、零位、dB、Dbm、界限测试、最大最小平均值测量和 512 个读数存储至内部存储器等高级测量,还包含易接入测量系统的 GPIB 和 RS-232 标准总线。

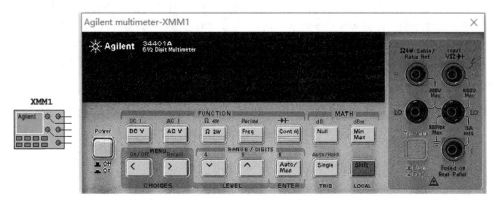

图 A-17　Agilent34401A 型数字万用表

14) Agilent54622D 型数字示波器

Agilent54622D 如图 A-18 所示,是包含 2 个模拟输入通道、16 个逻辑输入通道、带宽为 100MHz,右侧有触发端、数字地和探针补偿输出的高端示波器。

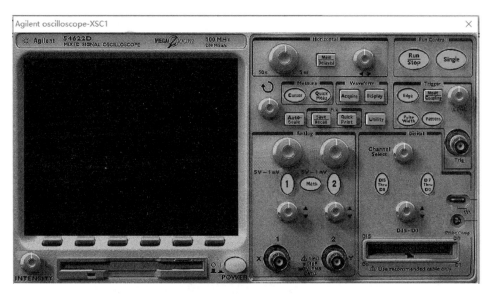

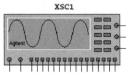

图 A-18　Agilent54622D 型数字示波器

15) TektronixTDS2024 型数字示波器

TektronixTDS2024 如图 A-19 所示,是带宽为 200MHz、取样速率为 2GS/s、四模拟测试通道、可记录 2500 个点的彩色存储示波器。同时,还包含自动设置菜单,实现 11 种自动测量,具有波形平均值和峰值测量,光标自带读数等功能。

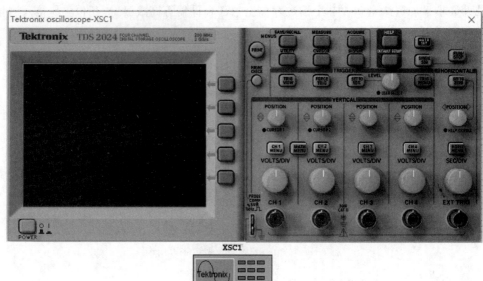

图 A-19　TektronixTDS2024 型数字示波器

16）探针

探针如图 A-20 所示，方便获取电路性能，包括电压、电流、功率和数字探针。其中，增加被测节点的参数可以自动显示在注释框中；在电路分析时，可以放置探针的节点自动出现在分析与仿真的输出页中，运行仿真后可以看到节点的相应输出信息。电流测试探针模拟工业应用中的电流夹，夹住通过有电流的导线，同时将电流夹的输出端口接入示波器的输入端，示波器就可同时测量出该点的电压值。

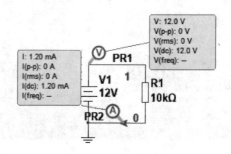

图 A-20　电压和电流探针

A.3　Multisim 仿真功能简介

NI Multisim 教育版菜单中提供了 19 种基本分析方法，分别是：直流工作点分析、交流分析、单一频率交流分析、瞬态分析、傅里叶分析、噪声分析、噪声系数分析、失真分析、直流扫描分析、灵敏度分析、参数扫描分析、温度扫描分析、零-极点分析、传输函数分析、最坏情况分析、蒙特卡罗分析、线宽分析、批处理分析、用户自定义分析等。

1. 直流工作点分析(DC Operating Point Analysis)

当进行直流工作点分析时,电路中的电感全部短路,电容全部开路,电路中交流信号源置零,分析电路仅受电路中直流电压源或直流电流源的作用,分析结果包括电路每个节点相对于参考点的电压值和在此工作点下的有源器件模型的参数值。

2. 交流分析(AC Analysis)

交流分析用于对线性电路进行交流频率响应分析。在交流分析中,先对电路进行直流工作点分析,建立电路中非线性元器件的交流小信号模型,然后对电路进行交流分析,且输入信号都被认为是正弦波信号。

3. 单一频率交流分析(Single Frequency AC Analysis)

单一频率交流分析可以测试电路对某个特定频率的交流频率响应分析,以输出信号的实部/虚部或幅度/相位的形式给出。

4. 瞬态分析(Transient Analysis)

瞬态分析是一种非线性时域分析方法,是在给定输入激励信号时,分析电路输出端的瞬态响应。分析时,电路的初始状态可由用户自行设置,也可以将软件对电路进行直流分析的结果作为电路初始状态。当瞬态分析的对象是节点的电压波形时,结果通常与用示波器观察到的结果相同。

5. 傅里叶分析(Fourier Analysis)

傅里叶分析是一种分析复杂周期性信号的方法,求解一个时域信号的直流分量、基波分量和各谐波分量的幅度。根据傅里叶级数的数学原理,周期函数 $f(t)$ 可以写为

$$f(t) = A_0 + A_1\cos\omega t + A_2\cos2\omega t + \cdots + B_1\sin\omega t + B_2\sin2\omega t + \cdots$$

傅里叶分析以图表或图形方式给出信号电压分量的幅值频谱和相位频谱。傅里叶分析同时也计算了信号的总谐波失真(THD),THD定义为信号的各次谐波幅度平方和的平方根再除以信号的基波幅度,并以百分数表示,即

$$\mathrm{THD} = \left[\left\{ \sum_{i=2} U_i^2 \right\}^{\frac{1}{2}} \middle/ U_1 \right] \times 100\%$$

6. 噪声分析(Noise Analysis)

噪声分析用于检测电路输出信号的噪声功率谱密度和总噪声。电路中的电阻和半导体器件在工作时都会产生噪声,噪声分析是将这些电路中的噪声进行定量分析。软件为分析电路建立电路的噪声模型,用电阻和半导体器件的噪声模型代替交流模型,然后在分析对话框指定的频率范围内,执行类似于交流分析,计算每个元器件产生的噪声及其在电路的输出端产生的影响。

7. 噪声系数分析(Noise Figure Analysis)

噪声系数分析是分析元器件模型中噪声参数对电路的影响。在二端口网络(如放大器或衰减器)的输入端不仅有信号,还会伴随噪声,同时电路中的无源器件(如电阻)会增加热噪声,有源器件则增加散粒噪声和闪烁噪声。无论何种噪声,经过电路放大后,将全部汇总到输出端,对输出信号产生影响。信噪比是衡量一个信号质量好坏的重要参数,而噪声系数(F)则是衡量二端口网络性能的重要参数,其定义为:网络的输入信噪比/输出信噪比。

8. 失真分析(Distortion Analysis)

失真分析用于检测电路中那些采用瞬态分析不易察觉的微小失真,其中包括增益的非

线性产生的谐波失真和相位不一致产生的互调失真。如果电路中有一个交流信号,失真分析将检测电路中每个节点的二次谐波和三次谐波所造成的失真。如果有两个频率不同的交流信号,则分析 f_1+f_2、f_1-f_2、$2f_1-f_2$ 三个不同频率上的失真。

9. 直流扫描分析(DC Sweep Analysis)

直流扫描分析用来分析电路中某一节点的直流工作点随电路中一个或两个直流电源变化的情况。利用直流扫描分析的直流电源的变化范围可以快速确定电路的可用直流工作点。在进行直流扫描分析时,电路中的所有电容视为开路,所有电感视为短路。

10. 参数扫描分析(Parameter Sweep Analysis)

参数扫描分析是检测电路中某个元器件的参数在一定取值范围内变化时对电路直流工作点、瞬态特性、交流频率特性等的影响。在参数扫描分析中,变化的参数可以从温度参数扩展为独立电压源、独立电流源、温度、模型参数和全局参数等多种参数。显然,温度扫描分析也可以通过参数扫描分析来完成。在实际电路设计中,可以利用该方法针对电路的某些技术指标进行优化。

11. 温度扫描分析(Temperature Sweep Analysis)

温度扫描分析是研究不同温度条件下的电路特性。在晶体三极管中,电流放大系数 β,发射结导通电压 U_{be} 和穿透电流 I_{ceo} 等参数都是温度的函数,当工作环境温度变化很大时,会导致放大电路性能指标变差。为获得最佳参数,在实际工作中,通常需要把放大电路实物放入烘箱,进行实际温度条件测试,并需要不断调整电路参数直至满意为止。采用温度扫描分析方法则方便了对电路温度特性进行仿真分析和对电路参数的优化设计工作。

12. 灵敏度分析(Sensitivity Analysis)

灵敏度分析是当电路中某个元器件的参数发生变化时,对电路节点电压或支路电流的影响程度。灵敏度分析可分为直流灵敏度分析和交流灵敏度分析,直流灵敏度分析的仿真结果以数值形式显示,而交流灵敏度分析的仿真结果则绘出相应的曲线。

13. 零-极点分析(Pole-Zero Analysis)

零-极点分析可以获得交流小信号电路传递函数中极点和零点的个数和数值,因而广泛应用于负反馈放大器和自动控制系统的稳定性分析中。零-极点分析时,首先计算电路的直流工作点,并求得非线性元器件在交流小信号条件下的线性化模型,然后在此基础上求出电路传递函数中的极点和零点。

14. 传递函数分析(Transfer Function Analysis)

传递函数分析是对电路中一个输入源与两个节点的输出电压之间,或一个输入源和一个输出电流变量之间在直流小信号状态下的传递函数。传递函数分析也具有计算电路输入和输出阻抗的功能。对电路进行传递函数分析时,首先需要计算直流工作点,然后再求出电路中非线性器件的直流小信号线性化模型,最后求出电路传递函数的各参数。

15. 最坏情况分析(Worst Case Analysis)

最坏情况分析是一种统计分析,在电路中的元器件参数在其容差域边界点上取某种组合以造成电路性能的最大误差,也就是在给定电路元器件参数容差的情况下,估算出电路性能相对于标称值时的最大偏差。

16. 蒙特卡罗分析(Monte Carlo Analysis)

蒙特卡罗分析是利用一种统计分析方法,分析电路元器件的参数在一定数值范围内按照指定的误差分布变化时对电路特性的影响,它可以预测电路在批量生产时的合格率和生产成本。进行蒙特卡罗分析时,一般需要进行多次仿真分析。首先按电路元器件参数标称数值进行仿真分析,然后在电路元器件参数标称数值基础上加减一个 σ 值再进行仿真分析,所取的 σ 值大小取决于所选择的概率分布类型。

17. 线宽分析(Trace Width Analysis)

线宽分析是用来确定在设计 PCB 时为使导线有效地传输电流所允许的最小导线宽度。导线所散发的功率不仅与电流有关,还与导线的电阻有关,而导线的电阻又与导线的横截面积有关。在 PCB 制板时,导线的厚度受板材的限制,其电阻主要取决于对导线宽度的设置。

18. 批处理分析(Batched Analysis)

批处理分析是将同一电路的不同分析或不同电路的同一分析放在一起依次执行。如在振荡器电路中,可以先做直流工作点的分析来确定电路的静态工作点,再做交流分析来观测其频率特性,通过瞬态分析来观察其输出波形。

19. 用户自定义分析(User Defined Analysis)

用户自定义分析是用户通过 SPICE 命令来定义某些仿真分析功能,以达到扩充仿真分析的目的。SPICE 是 Multisim 的仿真核心,SPICE 以命令行的形式供用户使用。

A.4　其他功能

1. 虚拟面包板

Multisim 14 中设有虚拟面包板,如图 A-21 所示,可以根据电路的复杂程度设置虚拟面包板的大小和插孔。在面包板上搭建电路,首先要完成 Multisim 软件中的电路原理图设计,然后在当前电路原理图的目录下选择面包板界面,进入所选电路原理图的 3D View 面包板的操作界面。

在 3D 视图中可以采用 3D 元器件搭建电路板,流程与真实电路搭建过程相同,先选择面包板,再选择元器件盒中的某个元器件,拖曳至适当位置,当元器件引脚插入面包板插孔时,面包板的接插孔会变成红色,当红色插孔与其他插孔连通时会显示绿色,方便辨识电路连接状态,如图 A-22 所示。

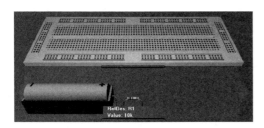

图 A-21　虚拟面包板

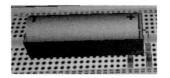

图 A-22　虚拟面包板连接元器件

2. NI ELVIS

NI ELVIS 作为 NI 公司的教学实验室虚拟仪器套件,是设计将硬件和软件组合使用的原型设计平台,可以通过 Multisim 14 中的虚拟 ELVIS Schematic 平台上的电路原理图反映出电路的正确性和进度。其中虚拟 ELVIS 和 NI ELVIS 功能基本一致,操作也和真实的

NI ELVIS 原型平台相同,但真实平台需要实际搭建电路,虚拟 ELVIS 需要在 Schematic 环境中先画好电路原理图再将电路转移到 Virtual ELVIS 的面包板上才能用虚拟 3D 电子元器件搭建电路。当通过 ELVIS 虚拟环境搭建电路后,就可在 NI ELVIS 原型设计板的真实环境中搭建电路。

3. LabView 虚拟仪器使用

LabView 是采用图形化的 G 编程语言,编写框图形式的程序,用于简化开发环境,和学习创建自定义的自动化测量虚拟仪器。好处是电路仿真结果与测试结果比较直观。在 NI 电路设计套件中选择安装 LabView 8.0 和相应运行引擎,就可以在 Multisim 14 中使用虚拟仪器。可以在菜单项"仿真"中找到"仪器"后选择 LabView 仪器,可以看到可以使用的 7 种虚拟仪器,如图 A-23 所示。其中,包括 BJT 分析仪(BJT Analysis)、阻抗计(Impedance Meter)、麦克风(Microphone)、Speaker(扬声器)、信号分析仪(Signal Analyzer)、信号发生器(Signal Generator)和流信号发生器(Streaming Signal Generator)。当然也可以通过输入模板将 LabView 中创建好的虚拟仪器导入 Multisim 中。

4. 梯形图程序仿真

Multisim 14 中可通过梯形图(Ladder Diagrams,LA)进行可编程序控制器的设计和仿真,如图 A-24 所示。在软件中涉及的控制器和被控制对象和真实情况相同,可用于 PLC 实验,绘制梯形图,然后按所需逻辑控制设置梯形图中的各种继电器触点、继电器线圈等梯形图元器件。可先在主菜单放置中选择 place Ladder Rungs 选择梯形图。

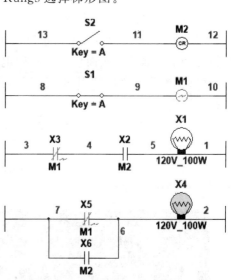

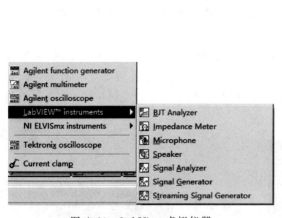

图 A-23　LabView 虚拟仪器　　　　　　图 A-24　简单梯形图编程

附录 B	
APPENDIX B	部分习题参考答案

第 2 章

【2-1】 关联参考方向就是电流和电压方向一致,反之,则是非关联。

【2-2】 b。

【2-3】 (a)是电源,(b)是负载,(c)、(d)均为负载。

【2-4】 (1)$U_3 = -14\text{V}, U_4 = 9\text{V}, U_5 = -7\text{V}, I_5 = -1\text{A}, I_4 = 2\text{A}$;

(2)$U_{ad} = U_1 + (-U_5) = (-U_3) + U_7 = U_1 + U_2 + (-U_6)$。

【2-5】 (a)断开 +6V,闭合 0V;(b)断开 4.73V,闭合 6.78V。

【2-6】 (a)$U = 25/3\text{V}$;(b)$I = 0.6\text{A}$;(c)$U = 7.2\text{V}, I = 1.4\text{A}$。

【2-7】 1/5A,1/6A,1/8A。

【2-8】 (1)戴维南定理 $U_0 = 110\text{V}, R_0 = 25\Omega, I_L = 1.47\text{A}$;(2)诺顿定理 $I_S = 4.4\text{A}$,
$R_0 = 25\Omega, I_L = 1.47\text{A}$。

【2-9】 (a)$R_i = 6\Omega$;(b)$R_i = 7.5\Omega$。

【2-10】 $u = 3\text{V}, i_1 = 2\text{A}$。

第 3 章

【3-1】 (1)相位差是 75°;(2)略;(3)i_1 超前,i_2 滞后。

【3-2】 不对。

【3-3】 10A。

【3-4】 略。

【3-5】 (1)$i = 0.64\sin(314t + \pi/6)\text{A}$;(2)12kWh。

【3-6】 (1)6.28Ω;(2)$i = 35\sqrt{2}\sin(314t - 60°)\text{A}$;(3)7700Var;(4)略;(5)略。

【3-7】 (1)637Ω;(2)$i = 0.35\sqrt{2}\sin(100\pi t + 90°)\text{A}$;(3)③77Var;(4)略。

【3-8】 (1)0.37A;(2)293V 不等于 220V。

【3-9】 (a)14.14A;(b)2A;(c)80V;(d)14.14V。

【3-10】 (1)$f_0 = 2.3 \times 10^5\text{Hz}, Q = 433$;(2)$I_0 = 1.5\text{A}, U_L = U_C = 6495\text{V}$。

【3-11】 $R = 100\Omega, L = 0.67\text{H}, C = 0.17\mu\text{F}, Q = 20\text{var}$。

【3-12】 380V,127V。

【3-13】 $U_{线}=\sqrt{3}U_{相}$。

【3-14】 不一定,阻抗相等,不等于电阻和电抗也相等。

【3-15】 无影响,S 闭合时电流为 0.18A,S 断开时电流为 0.16A。

【3-16】 星形(22+j22)A,视在功率为 31.11A,有功功率和无功功率均为 14520W;三角形(38+j38)A,视在功率为 53.74A,有功功率和无功功率均为 43320W。

第 4 章

【4-1】 (1)小,大;(2)锗,硅,硅;(3)反向工作状态;(4)正向,反向;(5)50;(6)980μA;(7)增大,增大,减小;(8)电流,电压,输入电阻高。

【4-2】 (b)。

【4-3】 闭合时,233Ω≤R≤700Ω。

【4-4】 串联 3 种电压,14V、1.4V、6.7V、8.7V;并联两种电压:6V、0.7V。

【4-5】 图 4-28(a)PNP 型锗管,①、②、③分别是 B、E、C 极;

图 4-28(b)NPN 型硅管,①、②、③分别是 C、E、B 极;

图 4-28(c)NPN 型锗管,①、②、③分别是 B、C、E 极;

图 4-28(d)PNP 型硅管,①、②、③分别是 C、E、B 极。

【4-6】 应该选第二个,I_{CEO} 是集电极与发射极之间的穿透电流,这个数值越小,三极管性能越稳定

【4-7】 图 4-29(a)PNP 管,发射结正偏,集电结反偏,有可能工作在放大区;

图 4-29(b)NPN 管,发射结正偏,集电结反偏,有可能工作在放大区;

图 4-29(c)PNP 管,发射结反偏,集电结零偏压,工作在截止区;

图 4-29(d)NPN 管,发射结正偏,集电结反偏,有可能工作在放大区;

图 4-29(e)PNP 管,发射结正偏,集电结反偏,有可能工作在放大区。

【4-8】 (1)C、E、B;(2)40;(3)PNP。

【4-9】 (a)P 沟道耗尽型 MOS,$I_{DSS}=3mA$,$U_{GS(off)}=+3V$;(b)N 沟道增强型 MOS,$U_{GS(th)}=+3V$。

第 5 章

【5-1】 (1)√;(2)×;(3)×;(4)×;(5)×。

【5-2】 (1)直流,直流加交流,直流信号通路,交流信号通路,截止,饱和,电阻,受控电流源;(2)输入电阻高,输出电阻低;输入级、输出级和隔离级;(3)效率高,非线性,微导通;(4)窄,低;(5)80dB,10000。

【5-3】 (a)无,管型与电源不符;(b)无,R_B 应接在电容右边;(c)无,电容接法不对;

(d)无,输入端无耦合电容;(e)无,基极无偏置电阻;(f)有,工作在放大区。

【5-4】 10kΩ,1.11kΩ。

【5-5】 1.5kΩ,0.91V。

【5-6】 (1)图 4-50(a)截止失真;图 4-50(b)饱和失真;(2)略。

【5-7】 (1)$U_{CC}=9V$,$R_E=1k\Omega$,$U_{CEQ}=12V$,$R_{B1}=63k\Omega$,$R_{B2}=27k\Omega$,$R_L=2k\Omega$;(2)截止失真,$U_{opp}=4V$。

【5-8】　-99、-60。

【5-9】　(1)略；(2)$\dot{A}_{u1} \approx -0.97$，$R_{o1} \approx 2\text{k}\Omega$，$\dot{A}_{u2} \approx 0.98$，$R_{o2} \approx 30\Omega$，$\beta \gg 1$ 时，二者大小趋近于相等，相位相反。

【5-10】　(1)$I_{DQ} = 1\text{mA}$；(2)$R_{S1} = 2\text{k}\Omega$；(3)$R_{S2max} = 6\text{k}\Omega$；(4)$\dot{A}_u = -\dfrac{10000}{3000 + R_{S2}}$；(5)$R_i = R_G + 334R_{S2}$，$R_o = 10\text{k}\Omega$。

【5-11】　$\dot{A}_u = 12$，$u_o = 12\text{mV}$。

【5-12】　(1)$R_2 = 19.2\text{k}\Omega$；(2)$u_o = -580\sin\omega t\,\text{mV}$；(3)$R_i = 8.3\text{k}\Omega$，$R_o = 44\Omega$。

【5-13】　$\dot{A}_u = \dfrac{g_m[R_D // (r_{be2} + (1+\beta)R_E)]}{1 + g_m R} \cdot \dfrac{\beta(R_C // R_L)}{r_{be2} + (1+\beta)R_E}$，$R_i = R_{G3} + R_{G1} // R_{G1}$，$R_o \approx R_C$。

【5-14】　(1)T_1 共发射极，T_2 共发射极，T_3 共集电极；(2)$I_{CQ1} = 2\text{mA}$，$I_{CQ2} = 3\text{mA}$，$I_{CQ3} = 4\text{mA}$，$R_{B1} = 31\text{k}\Omega$；(3)$\dot{A}_u = 568$；(4)$R_i = 1.2\text{k}\Omega$，$R_o = 48\Omega$。

【5-15】　(1)$U_{CCmin} = 18\text{V}$；(2)$I_{CM} = 1.125\text{A}$，$U_{(BR)CEO} = 36\text{V}$；(3)$P_V = 12.89\text{W}$；(4)$P_{CM} = 2\text{W}$；(5)$U = 12.7\text{V}$。

【5-16】　(1)$P_{omax} = 10.125\text{W}$；(2)$P_{CM} = 2.5\text{W}$，$U_{(BR)CEO} = 38\text{V}$，$I_{CM} = 1.125\text{A}$。

【5-17】　(1)$U_C = 5\text{V}$，调整 R_1 或 R_3；(2)调整 R_2，使其增大；(3)烧毁三极管。

【5-18】　(1)$P_o = 3.5\text{W}$；(2)$P_V = 5\text{W}$；(3)$P_{T1} = P_{T2} = 0.75\text{W}$。

【5-19】　(1)不产生；(2)不产生；(3)产生相位失真；(4)产生；(5)产生；(6)产生。

【5-20】　$r_{b'e} = 1.3\text{k}\Omega$，$r_{bb'} = 200\Omega$，$g_m = 80\text{mS}$，$C_{b'e} = 63\text{pF}$。

【5-21】　$\dot{A}_{usm} = -36$，$f_H = 0.72\text{MHz}$，$f_L = 40\text{Hz}$，$G_{BW} = 25.9\text{MHz}$。

第6章

【6-1】　(1)提供直流偏置和用作有源负载；(2)大，小，差模放大倍数与共模放大倍数，抑制温漂；(3)减小，减小，基本不变；(4)减小，增大，减小；(5)不变；(6)输入级，中间级，输出级，偏置电路，差动放大，减小零漂，互补射极跟随器，降低输出电阻，提高带负载能力；(7)同相输入端，反相输入端，前者的极性和输出端相同，后者的极性和输出端相反；(8)输出端为零时输入端的等效补偿电压，差；(9)$A_{od} \to \infty$，$R_{id} \to \infty$，$R_{od} \to 0$，$K_{CMR} \to \infty$，$I_{IB} \to 0$，$U_{IO} = 0$，$I_{IO} = 0$，$\Delta U_{IO}/\Delta T = 0$，$\Delta I_{IO}/\Delta T = 0$；(10)"虚断"和"虚短"，"虚断"；$u_+ > u_-$ 时，$u_O = +U_{OM}$，$u_+ < u_-$ 时，$u_O = -U_{OM}$。

【6-2】　(1)$I_{C4} = 0.365\text{mA}$；(2)$R_1 \approx 3.3\text{k}\Omega$。

【6-3】　$A_i \approx 6$。

【6-4】　(1)$I_{CQ1} = 1\text{mA}$，$U_{CEQ1} = 10\text{V}$；(2)$A_u = -11.3$；(3)$R_i = 3.3\text{k}\Omega$，$R_o = 6\text{k}\Omega$。

【6-5】　(1)$I_{CQ1} = I_{CQ2} = 0.5\text{mA}$，$U_{CEQ1} = U_{CEQ2} = 9.7\text{V}$；$I_{CQ3} = 1\text{mA}$，$U_{CEQ3} = 10.8\text{V}$，$I_{CQ4} = 0.5\text{mA}$，$U_{CEQ4} = 0.7\text{V}$；(2)$U_{idmax} = 0.112\text{V}$；(3)最大正向共模输入电压 $U_{icmax} = 9.4\text{V}$，最大负向共模输入电压 $U_{icmax} = -10.5\text{V}$。

【6-6】　(1)$U_{oQ} = 2.9\text{V}$；(2)$A_u = \dfrac{\beta(R_L // R_{C2})}{2[R_{B1} + r_{be1} + (1+\beta)R_{E1}]}$。

【6-7】　(1)$I_{CQ1} = I_{CQ2} \approx 0.37\text{mA}$，$I_{CQ3} = 1\text{mA}$，$U_{CEQ1} = U_{CEQ2} = 9\text{V}$，$U_{CEQ3} = -9\text{V}$，$R_{E2} \approx 5.27\text{k}\Omega$；(2)$U_o = -1.24\text{V}$。

【6-8】 (1)略;(2)D_1 的作用是为 T_6 管提供一个偏置电压,使静态时 T_6 管的发射极比基极高出一个门限电压;(3)3 端为同相输入端,2 端为反相输入端。

【6-9】 (1)略;(2)T_8、T_9 管组成镜像电流源,作为输入级的有源负载,从而提高电压增益;I_{o1} 为差动输入级的恒流源,内阻极大,可提高电路的共模抑制比;I_{o2} 为 T_{10} 管的射极有源负载,用以提高其输入电阻;I_{o3} 为 T_{12} 管的集电极有源负载,用以增大其电压增益和输出电流,提高驱动能力。

第 7 章

【7-1】 (1)a. 串联负反馈; b. 电压负反馈; c. 电压串联负反馈; d. 电压串联负反馈; e. 电流并联负反馈; f. 电压并联负反馈;(2)0.34V,0.19V,0.15V;(3)10,0.009;(4)909,900。

【7-2】 (a)交流电流并联负反馈;(b)交流电流串联负反馈;(c)交流电压串联负反馈;(d)交流电压并联负反馈。

【7-3】 (1)上负下正;(2)电压串联负反馈。

【7-4】 (a)本级反馈:R_{E1} 第一级交、直流电流串联负反馈;R'_{E2} 第二级交、直流电流串联负反馈,R'_{E2}、R''_{E2}、C_E 第二级交流电流串联负反馈;级间反馈:R_{f1}、R_{E1} 交、直流电压串联负反馈;R_{f2}、R''_{E2}、C_E 直流电流并联负反馈;(b)R_f、R_1 电压并联负反馈。

【7-5】 (a)$A_u = -\dfrac{R_3}{R_1}$;(b)$A_u = -\dfrac{R_2}{R_3}$。

【7-6】 电压串联负反馈 $F_u = 1 + \dfrac{R_1 R_E}{R_2(R_D + R_E)}$。

【7-7】 电压串联负反馈 $A_{uf} = \left(1 + \dfrac{R_7}{R_1}\right)\left(\dfrac{R_9}{R_8 + R_9}\right)\left(1 + \dfrac{R_5}{R_6}\right)$。

【7-8】 (1)$U_{CQ1} = 7\text{V}$,$U_{EQ1} = -0.7\text{V}$;(2)$u_{C1} = 6.576\text{V}$,$u_{C2} = 7.424\text{V}$;(3)b_3 应与 c_1 相连;(4)$R_f = 9\text{k}\Omega$。

【7-9】 (1)$U_{C1} = U_{C2} = 5\text{V}$;(2)$c_1$ 接运放的反相端,c_2 接运放的同相端;(3)$A_{uf} = 10$;(4)c_1 接运放的同相端,c_2 接运放的反相端,R_f 接 b_1,$A_{uf} = -9$。

【7-10】 (1)能,$\varphi_m = 45°$;(2)略;(3)补偿前后的 BW 分别为 1MHz 和 0.1MHz。

第 8 章

【8-1】 (a)$u_o = 0.45\text{V}$;(b)$u_o = 0.9\text{V}$;(c)$u_o = -0.15\text{V}$;(d)$u_o = 0.15\text{V}$。

【8-2】 (1)$u_{o1} = -\dfrac{R_2}{R_1} u_i$,$u_o = -\dfrac{R_2}{R_1}\left(\dfrac{R_4}{R_3 + R_4}\right) u_i$;(2)略。

【8-3】 (1)$u_o = -\dfrac{R_2}{R_1}\left(\dfrac{R_6}{R_3 + R_6}\right) u_i$;(2)略。

【8-4】 略。

【8-5】 $A_u = -2500$。

【8-6】 $u_o = -84 u_i + 500$。

【8-7】 (1)$u_o(t) = -\dfrac{1}{C}\displaystyle\int\left(\dfrac{u_{i1}(t)}{R_1} + \dfrac{u_{i2}(t)}{R_2}\right)\text{d}t$;(2)略。

【8-8】 (1)每个节点由 3 个支路构成,每个支路的电阻为 $2R$;(2)$u_o =$

$$-\frac{U_{\text{ref}}R_f}{2^n \cdot 3R}\Big[\Big(\sum_{i=0}^{n-1}d_i 2^i\Big)\Big]; \quad (3)0\text{V}\leqslant u_o\leqslant 10\text{V}。$$

【8-9】　$u_{o1}(t)=-\dfrac{\text{d}u_i(t)}{\text{d}t}$，$u_o(t)=2u_i(t)$。

【8-10】　(1)图 8-54(a)反相比例运算电路,图 8-54(b)乘法器;(2)图 8-54(a)$u_o=$
$-R_4 I_{S2}\Big(\dfrac{u_i}{R_1 I_{S1}}\Big)^{R_3/R_2}$,图 8-54(b)$u_o=-RI_S(u_{i1}\cdot u_{i2})$。

【8-11】　(1)带通;(2)高通;(3)带阻;(4)低通。

【8-12】　(1)$A_1(s)=-\dfrac{sR_1 C}{1+sR_1 C}$,$A(s)=-\dfrac{1}{1+sR_1 C}$;(2)分别为一阶高通滤波电路和
一阶低通滤波电路。

【8-13】　(1)过零电压比较器;(2)单门限电压比较器;(3)迟滞电压比较器。

【8-14】　(1)A_1、A_4 虚地,A_2、A_3 虚短;(2)A_1 为反相加法器,A_2 为电压跟随器;A_3 为
减法器,A_4 为积分器,A_5 为过零比较器;(3)$u_{o1}=-u_{i1}-0.2u_{i2}-5u_{i3}$,$u_{o2}=u_{i4}$,$u_{o3}=$
$2(u_{o2}-u_{o1})$,$u_{o4}=-U_C(0)-\dfrac{u_{o3}}{2}t$;(4)$u_{o4}=1.2\text{V}$,$u_{o5}=-15\text{V}$。

【8-15】　(1)A_1 构成积分器,A_2 构成迟滞比较器;(2)20ms;(3)80ms;(4)略。

【8-16】　实际是个窗口比较器,当 $u_i>U_A$ 或 $u_i<U_B$ 时,输出为低电平;否则输出为高
电平。

【8-17】　A_1 为积分器,A_2、A_3 组成窗口比较器。

$$u_{o1}=\begin{cases}-3t, & 0\leqslant t\leqslant 1\text{s}\\ 5t-8, & 1\text{s}\leqslant t\leqslant 3\text{s}\\ -3t+16, & 3\text{s}\leqslant t\leqslant 4\text{s}\end{cases}\qquad u_o=\begin{cases}6\text{V}, & 0\leqslant t\leqslant 0.67\text{s}\\ 0.3\text{V}, & 0.67\text{s}\leqslant t\leqslant 1.2\text{s}\\ 6\text{V}, & 1.2\text{s}\leqslant t\leqslant 2.6\text{s}\\ 0.3\text{V}, & 2.6\text{s}\leqslant t\leqslant 3.67\text{s}\\ 6\text{V}, & 3.67\text{s}\leqslant t\leqslant 4\text{s}\end{cases}$$

【8-18】　图 8-61(a)、(b)不可能,图 8-61(c)、(d)可能。

【8-19】　n 接 j,n 接 k;$f_0=9.7\text{Hz}$。

【8-20】　(1)$f_0=97\text{Hz}$;(2)可能不满足起振条件,可以增大 R_f;(3)不影响起振的条件
下,减小 R_f,增强负反馈。

【8-21】　可能振荡,为串联型。

【8-22】　(1)$U_R=0$,$U_S=0$;(2)$U_S=0$,U_R 为一合适电压,当 $U_R>0$ 时,整个波形上移;
(3)$U_R=0$,U_S 为一合适电压,当 $U_S<0$ 时,占空比减小。

第 9 章

【9-1】　(1)× × √;(2)√ ×;(3)× √。

【9-2】　(1)$U_2\approx 16.67\text{V}$;(2)略;(3)略。

【9-3】　(1)$u_{O1}>0$,$u_{O2}<0$,$U_{O1}=U_{O2}=18\text{V}$;(2)全波整流;(3)$U_{O1}=U_{O2}=18\text{V}$。

【9-4】　(1)上"−"下"+",$U_O=15\text{V}$;(2)上"−"下"+"。

【9-5】　$I_O=10\text{mA}$,$U_O=(6\sim 7)\text{V}$。

【9-6】　$0.01\text{A}\leqslant I_O\leqslant 1.5\text{A}$。

【9-7】　(1)—(4),(2)—(6),(3)—(8)—(11)—(13),(5)—(7)—(9),(10)—(12)。

参 考 文 献

[1] 王成华,潘双来,江爱华.电路与模拟电子学[M].2 版.北京:科学出版社,2007.
[2] 杨凌,董力,耿惊涛.电工电子技术[M].3 版.北京:化学工业出版社,2015.
[3] 徐淑华.电工电子技术[M].4 版.北京:电子工业出版社,2017.
[4] 殷瑞祥.电路与模拟电子技术[M].3 版.北京:高等教育出版社,2017.
[5] 邱关源,罗先觉.电路[M].5 版.北京:高等教育出版社,2011.
[6] 于歆杰,朱桂萍,陆文娟.电路原理[M].北京:清华大学出版社,2007.
[7] 童诗白,华成英.模拟电子技术基础[M].5 版.北京:高等教育出版社,2015.
[8] 康华光,陈大钦,张林.电子技术基础——模拟部分[M].6 版.北京:高等教育出版社,2013.
[9] 冯军,谢嘉奎.电子线路[M].5 版.北京:高等教育出版社,2010.
[10] 杨凌,阎石,高晖.模拟电子线路[M].2 版.北京:清华大学出版社,2019.

图书资源支持

感谢您一直以来对清华大学出版社图书的支持和爱护。为了配合本书的使用，本书提供配套的资源，有需求的读者请扫描下方的"书圈"微信公众号二维码，在图书专区下载，也可以拨打电话或发送电子邮件咨询。

如果您在使用本书的过程中遇到了什么问题，或者有相关图书出版计划，也请您发邮件告诉我们，以便我们更好地为您服务。

我们的联系方式：

地　　址：北京市海淀区双清路学研大厦 A 座 714

邮　　编：100084

电　　话：010-83470236　010-83470237

资源下载：http://www.tup.com.cn

客服邮箱：tupjsj@vip.163.com

QQ：2301891038（请写明您的单位和姓名）

用微信扫一扫右边的二维码,即可关注清华大学出版社公众号。

教学资源·教学样书·新书信息

人工智能科学与技术
人工智能|电子通信|自动控制

资料下载·样书申请

书圈